2011年度
浙江省哲学社会科学规划一般课题
《基于建筑界面的西方错视画艺术的起源与发展研究》成果
课题编号：11JCWH17YB

Trompe L 'Oeil and Architectural Space

A Research on the Origin and Development of the Westward Trompe L' Oeil on Architecture interfaces

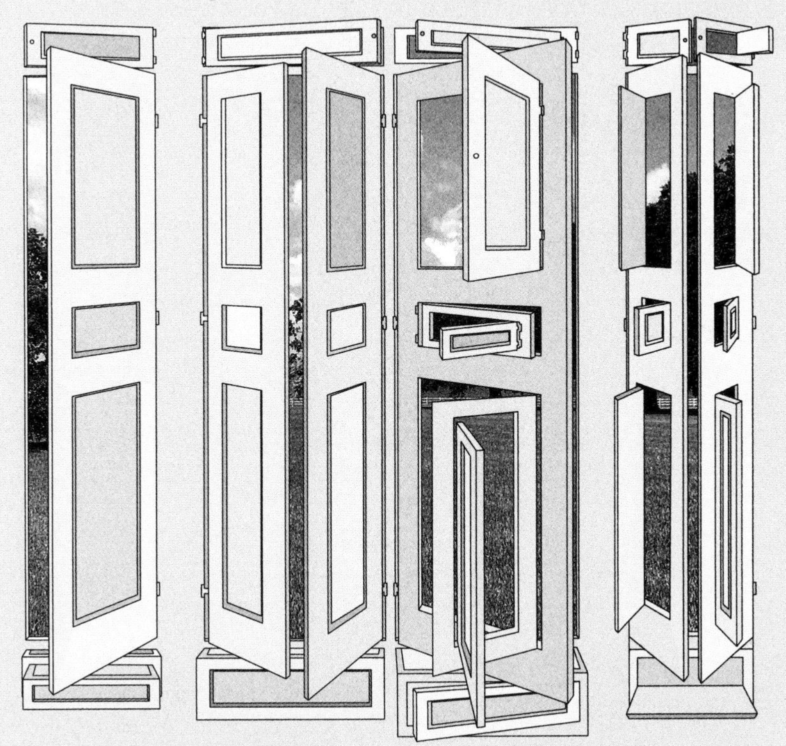

错视画与建筑空间

——基于建筑界面的西方错视画艺术的起源与发展研究

黄倩 著

中国建筑工业出版社

目录

第一章 绪论

手摸上去明明是平面；而眼睛看到的却是立体；你也许因此会问哲学家，这两种相互矛盾的感觉，究竟哪一种才是假的呢？

——狄德罗（Diderot），1761 年沙龙①

绘画就是欺骗，因此，最好的画家就是最大的骗子。

——本威努托・切利尼（Benvenuto Cellini）②

绘画是最让人吃惊的女巫。她会用最明显的虚伪，让我们相信她是完全真实的。

——让・利奥塔尔（Jean Etienne Liotard）③

1.1 别有洞天：欺骗眼睛的视觉魔术

1981 年 4 月 18 日，美国加州州立大学奇科（Chico）分校的师生骇然发现，校内泰勒礼堂（Taylor Hall）一面原本完好的混凝土外墙（图 1-1）竟然被什么不明物“炸”出了一个不规则的巨洞（图 1-2），涂层剥落，裂痕崎岖蜿蜒，巨洞边缘的混凝土碎块有的向内悬折，有的向外翻起，还有一大块坠落在墙脚，一根根截断的钢筋锈迹斑斑，一如遒曲的血管兀自向着天空徒然伸张……而隐藏在“受伤”的外墙之后的，竟是神秘而幽深的古希腊神庙，一排雪白挺拔的多立克式圆柱形成的柱廊，静谧而优雅……是有人蓄意破坏造成的吗？此情此景令人们困惑不已。

傍晚时分，几个酷爱骑摩托飙车的青年来到这里，见到这个被“炸”开的巨洞兴奋不已，一致认为这是一处比赛车技的绝佳场所，并且商定，谁能以最优美的姿势驾驶摩托车穿越柱廊，谁就将当之无愧地成为他们之中的王者。一阵引擎的轰鸣声过后，第一辆摩托车在喝彩声中冲了出去——然而，“砰”地一声闷响，

---

① 转引自 Miriam Milan. *The Illusions of Reality: Trompe-L'oeil Painting*[M]. London：Skira, 1982: 1.

② 转引自 Eckhard Hollmann, Jürgen Tesch. *A Trick of the Eye: Trompe L'Oeil Masterpieces*[M], New York: Prestel Publishing, 2004: 5.

③ 转引自（英）E.H. 贡布里希 . 艺术与错觉——图画再现的心理学研究 [M]. 林夕，李本正，范景中译 . 长沙：湖南科学技术出版社，2004: 21.

图 1–1　未有壁画装饰前的泰勒礼堂，加州州立大学奇科分校，美国

伴以一片惊呼，摩托车轰然倒地！究竟发生了什么？青年立起身来，满腹狐疑地伸出手去触摸那个巨洞的边缘，天！是魔术吗？眼睛看到的明明是一个巨洞，然而，摸上去却是一面墙！[①]

① 参见 http://paper.sznews.com/tqb/20070304/ca2597192.htm.

图 1–2　约翰·普夫，壁画《学院》，1981 年，丙烯颜料绘于混凝土表面上，24 英尺 ×36 英尺，泰勒礼堂，加州州立大学奇科分校，美国

原来，这是当代著名壁画艺术家约翰·普夫（John Pugh，1957—）的一幅名为《学院》的错视画（Trompe-l'oeil）壁画。据报道，这幅壁画曾欺骗了许多人。一位在泰勒礼堂对面工作的雇员在壁画完工后，曾给管理部门打电话，问什么时候可以派人来修理墙壁。加州州立大学公共事务办公室的办事员鲍勃·潘塞（Bob Pentzer）则说，破裂墙壁的强烈错觉令许多汽车驾驶人感到迷惑，这造成了街道对面停车标志处多起汽车追尾的事故。①

尽管如此，这类欺骗眼睛的绘画在观者发现实情之后恍然大悟所带给他的强烈感受，绝对是其他艺术形式所无法比拟的。因此，卢瑟（Luther）说："错视画壁画是最令人感兴趣的。人们真的很喜欢它们，并且记住它们。"②普夫本人也说："似乎所有人都乐于视觉上的欺骗。我还从未遇到过一个对于错觉一点不感兴趣的人。"③事实上，《学院》是普夫创作的第一幅大型错视画壁画，如今，它已成为奇科市公认的城市地标，为普夫赢得了巨大的国际声誉，并且正式开启了普夫辉煌的错视画壁画家艺术生涯。

1.2 文本中的错视画艺术传奇

Trompe-l'oeil 原是法语，其中，Trompe 意为迷惑、欺骗，l'oeil 意为眼睛，合起来，Trompe-l'oeil 可以理解为"欺骗眼睛"、"迷惑眼睛"，在英语中，Trompe-l'oeil 也可以省去中间的连字符，写作 Trompe L'oeil，汉语译为"错视画"，也译为"乱真之作"、"逼真画"或"视觉陷阱"，英语译为"trick of the eye"或者"to fool the eye"。这是一种在二维平面上创造出极端逼真的三维幻觉的艺术形式，它能令观者误以为艺术家的假想图景是真实的状态。

错视画极端的立体感和逼真性，几近于一种视觉魔术，常常予人深深的震撼，震撼之余，则是发自内心的钦佩与赞叹。这一点甚至在我国四大古典名著之一的《红楼梦》中亦有所呈现，如第四十一回《贾宝玉品茶栊翠庵　刘姥姥醉卧怡红院》中，就有这么一段对错视画的生动描述："刘老老便踱过石去，顺着石子甬路走去。转了两个弯子，只见有个房门，于是进了房门，——便见迎面一个女孩儿，满面含笑的迎出来。刘老老忙笑道：'姑娘们把我丢下了，叫我碰头碰到这里来了。'说了，只觉那女孩儿不答，刘老老便赶来拉他的手，——'咕咚'一声，却撞到板壁上，把头磞的生疼。细瞧了一瞧，原来是一幅画儿。刘老老自忖道：'怎么画儿有这样凸出来的？'一面想，一面看，一面又用手摸去，却是一色平的，点头叹了两声。"④

---

① 参见 Kevin Bruce. *The Murals of John Pugh: Beyond Trompe l'Oeil*[M]. California: Ten Speed Press, 2006: 17.
② 引自 Kevin Bruce. *The Murals of John Pugh: Beyond Trompe l'Oeil*[M]. California: Ten Speed Press, 2006: viii.
③ 引自 Kevin Bruce. *The Murals of John Pugh: Beyond Trompe l'Oeil*[M]. California: Ten Speed Press, 2006: 2.
④ 引自曹雪芹，高鹗．红楼梦 [M]. 北京：人民文学出版社，1974: 509.

尽管 Trompe-l'oeil 这一概念，迟至巴洛克时期才出现，但错视画这种艺术形式却有着十分悠久的历史，可以追溯到公元前四五百年左右的古希腊时期。老普林尼（Pliny the Elder，公元 23—公元 79）在《博物志》（*Naturalis Historia*）中记载的两位画家宙克西斯（Zeuxis）与巴尔拉修（Parrhasius）竞赛的故事，我们都耳熟能详。宙克西斯所画的葡萄让麻雀们误以为真，纷纷飞来啄食。然而，当他试图掀开盖在巴尔拉修画作上的幕布时，却骇然发现，原来，那幕布竟然是画出来的！宙克西斯不得不承认巴尔拉修比他高明："我骗过了麻雀，而你却骗过了我！"

类似的故事还有很多，几乎是罗列不尽的。

在古代史料中已可见到一些类似的记载：例如，阿佩莱斯（Apelles）画了一匹如此逼真的马，以至于真马跑来向它嘶鸣，还传说他能够画出如此令人信服的屋瓦，以至于乌鸦试图飞落其上[①]；普鲁托格尼斯（Protogenes）画在背景上的鹌鹑引来几只真的鹌鹑，而画中的一条蛇使得小鸟的喊喳声嘎然而止。[②]

在随后的若干世纪，贯穿于艺术文献中的许多故事都可以追溯到这一古典原形：例如，在维切利纳门外，布拉曼蒂诺（Bramantino）为该城附近的许多马厩作了饰画，其中，他刻画了许多仆人刷洗马匹的情景，有一匹马刻画得尤其逼真，致使一匹真马误以为真，不停地用蹄子踢它。[③]提香（Titian）所画的一幅圣徒约翰带来羊羔的画，激发了一只母羊愉快的咩咩叫声。[④]牟利罗（Murillo）在塞维利（Seville）教堂所作的《帕多瓦的安东尼》（*Anfhony of Padua*）一画中的睡莲，引来小鸟企图栖息其上。[⑤]人们可以无限制地继续讲出许多类似的故事来。一个发生在维多利亚时代的英国故事颇具代表性。埃菲·米莱（Effie Millais）在日记中谈到她丈夫的一幅画的奇妙效果："当'春之花'这幅画放在画架上，拿到阳光明媚的室外时，蜜蜂总会飞到这些花枝上来，以为那是它们可以从中采蜜的鲜花。"[⑥]

完美地摹写自然这一主题被广泛用来表现艺术家高超的技艺。有一个故事说，一个学生在他老师的画上画了一只虫子，老师开始没有看出来，就想把这只虫子轻轻赶走。[⑦]瓦萨里（Vasari）在乔托（Giotto）的传说中也讲了类似的故事。"据说，当乔托还只是个孩子时，有一次，他在奇马布埃（Cimabue）[⑧]画的一个人像鼻尖上画了只栩

---

① 参见 Eckhard Hollmann, Jürgen Tesch. *A Trick of the Eye: Trompe L'Oeil Masterpieces*[M]. New York: Prestel Publishing, 2004: 5.
② 参见（奥）恩斯特·克里斯，奥托·库尔茨．艺术家的传奇 [M]. 潘耀珠译．杭州：中国美术学院出版社，1990: 53.
③ 参见（意）乔尔乔·瓦萨里．意大利艺苑名人传·辉煌的复兴 [M]. 徐波，刘君，毕玉译．武汉：湖北美术出版社、长江文艺出版社，2003: 137.
④ 参见（奥）恩斯特·克里斯，奥托·库尔茨．艺术家的传奇 [M]. 潘耀珠译．杭州：中国美术学院出版社，1990: 54.
⑤ 参见（奥）恩斯特·克里斯，奥托·库尔茨．艺术家的传奇 [M]. 潘耀珠译．杭州：中国美术学院出版社，1990: 54.
⑥ 参见（奥）恩斯特·克里斯，奥托·库尔茨．艺术家的传奇 [M]. 潘耀珠译．杭州：中国美术学院出版社，1990: 54.
⑦ 参见（奥）恩斯特·克里斯，奥托·库尔茨．艺术家的传奇 [M]. 潘耀珠译．杭州：中国美术学院出版社，1990: 54.
⑧ 奇马布埃是乔托的老师。

栩如生的苍蝇。当奇马布埃转身继续工作时，竟误以为真，几次试图把它赶走，最后才发觉自己弄错了。”[①]

此外，有关逼真的人物形象欺骗了观者眼睛的记载也为数众多，例如，提香画了一幅教皇保罗三世的像，把它放在窗前晾干，经过的人们都对这幅画表示敬意，因为他们以为看到了保罗本人。更有趣的是，据说，一位红衣主教把笔和墨水递给拉斐尔（Raphael）所作的教皇莱奥十世（Pop Leo X）的画像，请求教皇签名。[②]

事实上，类似的传奇轶事也见于亚洲的文献资料中，例如，在中国，有“误笔成蝇”、“夜闻水声”的传说；在阿美尼亚，一位插图画家因为所画的黄蜂太过逼真，让观者几次想赶走而不得，于是得了个“大黄蜂”的绰号；在印度，一位国王为了捡起画在地上的一根孔雀羽毛甚至弄断了手指。[③]这一类的趣闻轶事不胜枚举，限于篇幅，就不一一赘述了。

总之，有关艺术品欺骗眼睛、以假乱真的轶事，在世界范围内广泛流传，但大抵不外是画中逼真的形象引来真的动物，并使观者信以为真这样的程式。然而，这些轶事通常非常简短，三言两语，并不能给人留下多么深刻的印象。相比之下，在文艺复兴之后发展、成熟起来的小说中，对于欺骗眼睛的错视画的神秘魔力以及画家魔术师般创造真实幻觉的才能给予了更富传奇色彩，也更有意味、更富内涵的探讨。

巴尔扎克的短篇小说《不为人知的杰作》（1831 年）是法国第一篇以画家为主人公、讲述画家故事的小说：

1612 年末，青年画家普森来到巴黎求见波布斯大师，在画室中，巧遇老画家弗朗霍费——著名画家玛布兹唯一的学生。关于玛布兹的高超画技，小说中是这样描述的：“玛布兹非常擅长再现生命的技巧，有一天，他喝酒卖掉了那件印花缎衣衫，那是觐见查理五世时他要穿的服装，于是他穿了一件仿画的纸衣服来陪伴他的主子。玛布兹身上衣服的特殊光辉使皇帝十分吃惊，皇帝本想夸奖老酒鬼的保护人，这时发现了是捣的鬼。”[④]可以说，玛布兹以假乱真的错视画效果已经够惊人了，然而，玛布兹与弗朗霍费的超乎神技相比，真可谓是小巫见大巫了。

面对波布斯的一幅圣女画像，弗朗霍费批评道：“这个好女人的画像画得不坏，可是她没有生命。你们这些人，当正确地画好一幅肖像，依据解剖学法则，每个部位都各得其所时，就以为一切都做到了！……您认为是摹拟了自然，您自以为已厕身画家的行列，窃取了上帝的奥秘！……嗨！要做一个伟大的诗人，仅仅深入了解句法和不犯语病，那是不够的！波布斯，好好瞧瞧你这

---

① 引自（意）乔尔乔·瓦萨里．意大利艺苑名人传·中世纪的反叛 [M]. 刘耀春译．武汉：湖北美术出版社、长江文艺出版社，2003: 103.
② 参见（奥）恩斯特·克里斯．奥托·库尔茨．艺术家的传奇 [M]. 潘耀珠译．杭州：中国美术学院出版社，1990: 54.
③ 参见（奥）恩斯特·克里斯．奥托·库尔茨．艺术家的传奇 [M]. 潘耀珠译．杭州：中国美术学院出版社，1990: 54.
④ 引自（法）奥诺瑞·德·巴尔扎克．巴尔扎克中短篇小说集 [M]. 郑克鲁译．武汉：长江文艺出版社，2011: 427.

幅圣女！乍一看，她是画得出色的，但瞧第二眼就会发现，她是贴在画布背景上的，不能绕着她转一圈。这是一个侧影，它只有一个侧面；这是一幅剪影，这个形象既不能回转身，也不能变换位置。在这只手臂和画幅的背景之间，我感觉不到气息；缺乏空间与深度；远看一切都好，天空变化的层次观察得很准确；尽管做了如此值得赞赏的努力，但教我相信不了，生命的温暖的气息在激发着这美丽的身体。我觉得，假如我把手放在这圆鼓鼓的、结实的胸脯上，那我会感到像大理石一样冰凉！我的朋友，血液不会在这象牙般的皮肤下流动；两鬓和胸脯琥珀般透明的表皮下交织如网的血管和细纤维，生命也不会以绯红的琼浆使它们鼓胀起来。这个地方翕动着，而另一个地方木然不动，生命与死亡在每一个细节中斗争着：这儿显出是个女人，那儿却是个雕像，再过去一点是一具尸首。"[①]巴尔扎克借弗朗霍费之口，进而提出了给画像注入灵魂、赋予生命的理想："艺术的任务不在于摹写自然，而是再现自然！你不要做一个平庸的摹画者，而要做一个诗人！……我们要的是抓住事物和人的精神、灵魂和面貌。"[②]

在波布斯的请求下，弗朗霍费拿起画笔和调色板，以迅疾的速度开始改画："你看看怎样用三四笔，用淡蓝的透明色彩涂上去，使这个可怜的圣女头上的空气流动起来，她被禁锢在这重浊的气氛中，都要窒息了！你瞧，现在这件衣服飘拂起来了吧，使人觉得是和风把它掀起来的！以前它画得好像用别针别住和贴紧在画布上似的。你注意到了吗？我刚画在胸脯上闪闪发光、光滑如缎的一层，恰到好处地还原了少女皮肤的丰腴柔软，褐红和朱红混合成的色调使得这一大片阴影造成的灰冷感觉重新变得温热起来，而在这儿，刚才血液不是畅流，而是凝固着。"[③]

弗朗霍费的一番高谈阔论及其无比高超的画技令两个青年绝倒。然而，末了，弗朗霍费面对着这幅经过他手变得光芒四射的绘画停住了，说："这幅还比不上我的《美丽的诺瓦塞女人》。"[④]

弗朗霍费画《美丽的诺瓦塞女人》已经画了十年，但还没有一个人看到过这幅杰作，他说："我觉得她的眼睛显出湿润了，她的肉体活动起来了。她的发辫也在晃动。她在呼吸！我已找到了方法，在平展展的画布上画出实体的突出部分和圆鼓鼓的形状……"[⑤]而当两位画家恳求弗朗霍费给他们看看这幅画时，却遭到了弗朗霍费的拒绝："展出我的创造，我的妻子？在这幅画上我圣洁地倾注了我的幸福，难道要把它撕掉？这等于可怕的卖淫！我同这个女人已经生活了十年，她属于我，专属于我一个人，她爱我。她对着我给她加上的每一笔，不是都对我露出微笑吗？她

---

① 引自（法）奥诺瑞·德·巴尔扎克．巴尔扎克中短篇小说集[M]. 郑克鲁译．武汉：长江文艺出版社，2011: 416-417.
② 引自（法）奥诺瑞·德·巴尔扎克．巴尔扎克中短篇小说集[M]. 郑克鲁译．武汉：长江文艺出版社，2011: 418.
③ 引自（法）奥诺瑞·德·巴尔扎克．巴尔扎克中短篇小说集[M]. 郑克鲁译．武汉：长江文艺出版社，2011: 421-422.
④ 引自（法）奥诺瑞·德·巴尔扎克．巴尔扎克中短篇小说集[M]. 郑克鲁译．武汉：长江文艺出版社，2011: 422.
⑤ 引自（法）奥诺瑞·德·巴尔扎克．巴尔扎克中短篇小说集[M]. 郑克鲁译．武汉：长江文艺出版社，2011: 424.

有灵魂，是我给她的。如果不是我而是别人的眼光落在她身上，她会脸红的。让人看她！坏到把自己的妻子推到耻辱的地步，这样的情人，这样的丈夫是什么东西？你为宫廷作画时，不会把整个心灵都倾注其中，你卖给廷臣的都是些上彩的纸人儿。我的画不光是画，而是一种感情，一种激情！她生在我的画室，就应在那里保持处女身，穿戴好了才能出来……这不是一幅画，而是一个女子！我同她一起哭泣、嬉笑、谈天和思索……我咽气时还有力气把我的《美丽的诺瓦塞女人》烧毁的；要让她承受一个男人，一个年轻男人，一个画家的注视？不，不！我会第二天就把那个用目光玷污她的人杀死的！"①

在巴尔扎克笔下，植入灵魂的画像，成为一个有呼吸的生命体，甚至能令人坠入情爱而无法自拔，不可不谓为神奇。而在唯美主义代表人物王尔德唯一的长篇小说《道连·葛雷的画像》（1891年）中，王尔德更以其丰富的想象、离奇的情节进一步探讨了灵魂与画像之间神秘的、超自然的联系，它甚至能代替人变老：

道连·葛雷是一位美得惊人的贵族少年，当他看到画家霍尔沃德为自己所作的等身画像时，"不禁倒退一步，两腮顷刻间泛起欣喜的红潮。他的眼睛里闪现出愉快的火花，仿佛破题儿第一遭认出了自己。他惊讶地一动不动站在那里出神……对自己的美貌的认识在他是一大发现。"②然而，亨利勋爵的一番青春易逝的危言打动了道连的心，当他端详着自己的丰姿写照时，他想，是的，总有一天他的容颜会起皱、憔悴，他的眼睛会暗淡、褪色，他的体态会拱曲、变形。鲜红的色彩将从他的嘴唇上脱落，金黄的光泽将从他的发丝上消失。生命本当造就他的灵魂，结果把他的肉体破坏了。他将变成一个毫无风度可言的丑八怪。③于是，道连叹道："太可悲了！我会变得又老又丑，可是这幅画像却能永葆青春。它永远不会比这六月的一天年龄稍大……要是倒过来该多好！如果我能够永葆青春，而让这幅画像去变老，要什么我都给！是的，任何代价我都愿意付！我愿意拿我的灵魂换青春！"④不料此言一出，竟一语成谶！此后的道连一天天走向堕落，那幅画像也随着他的一次次恶行而变得愈来愈丑、愈来愈狰狞，但道连自己却始终青春貌美。

渐渐变丑的画像常常使道连夜不成寐，他把画像藏起来，生怕别人窥见自己的秘密。18年后，终于有一天，道连再也无法忍受这种精神上的折磨，决定把记录自己罪恶的画像毁

---

26 引自（法）奥诺瑞·德·巴尔扎克．巴尔扎克中短篇小说集[M]．郑克鲁译．武汉：长江文艺出版社，2011: 431-432.
27 引自（英）王尔德．道连·葛雷的画像[M]．荣如德译．上海：上海译文出版社，2011: 30.
28 引自（英）王尔德．道连·葛雷的画像[M]．荣如德译．上海：上海译文出版社，2011: 30.
29 引自（英）王尔德．道连·葛雷的画像[M]．荣如德译．上海：上海译文出版社，2011: 31.

掉。当他看到那把曾经捅死画家霍尔渥德的刀子时，心想，既然它杀死过画家，那就让它把画家的作品及其象征意义也一起毁了吧……于是他抓起刀子，对准画像猛戳过去……[1]不曾想，刀子却戳进了道连自己的心窝！死去的道连形容枯槁，皮肤皱缩，面目可憎。而墙上挂着的画像却容光焕发，洋溢着奇妙的青春和罕见的美。[2]

最后，让我们以美国著名短篇小说家欧·亨利的代表作之一《最后一片藤叶》（1908年）来结束这一系列有关错视画艺术的传奇吧，这是一个温馨的故事，神奇的错视画竟然挽救了一条年轻的生命，这部小说如今在全世界可谓家喻户晓：

女画家琼曦得了肺炎，躺在病床上，眼睛睁得大大的，专注地盯着窗外的常春藤，轻声地倒数着："五、四、三……"原来，她有一个古怪的想法，随着藤叶一片片落下，她的生命也将一点点地逝去。"等到最后一片藤叶飘落下来的时候，我也该去了……"[3]

可是，等到早晨，琼曦的好友苏拉开窗帘——"看呀！经过了漫长一夜的风吹雨打，那堵墙上竟然还挂着一片常春藤叶。那是最后一片藤叶了。它靠近茎的地方仍然是深绿色，可是锯齿形的叶子边缘已经枯萎发黄，正傲然挂在一根离地二十多英尺的藤枝上。'这是最后一片藤叶了，'琼曦说，'我以为它昨晚一定会落掉的。我听见了风声。今天，它一定会落掉，我也会跟着死去。'"[4]

第二天，天刚蒙蒙亮，琼曦又毫不留情地吩咐拉起窗帘，惊讶地看到那片藤叶仍然挂在那里！她终于幡然醒悟，说："冥冥之中的天意让那最后一片藤叶留在那儿，让我看到了自己的邪恶。想死是一种罪过……苏娣，我希望有一天能去那不勒斯海湾写生。"[5]

琼曦脱离危险后，苏对她说："亲爱的，瞧瞧窗外，瞧瞧墙上那最后一片藤叶。难道你没有想过，为什么风刮得那样厉害，它却一直纹丝不动呢？唉，亲爱的，这片叶子就是贝尔曼的杰作——最后一片藤叶掉下来的那天夜里，他把它画在了砖墙上。"[6]

贝尔曼是一位失意的老画家，他总是在准备画出一幅惊世杰作，可却迟迟没有动笔。当他得知琼曦的想法后，夜里冒着暴雨，在墙上画了那最后一片藤叶，而他自己却不幸染上肺炎去世了。结尾出人意料，又在情理之中，折射出人性的光辉与伟大，深深地震撼了每一位读者的心。

---

① 引自（英）王尔德．道连·葛雷的画像 [M]. 荣如德译．上海：上海译文出版社，2011: 246-247.
② 参见（英）王尔德．道连·葛雷的画像 [M]. 荣如德译．上海：上海译文出版社，2011: 247.
③ 引自（美）欧·亨利．欧·亨利短篇小说集 [M]. 牛振华译．上海：上海三联书店，2013: 25.
④ 引自（美）欧·亨利．欧·亨利短篇小说集 [M]. 牛振华译．上海：上海三联书店，2013: 27.
⑤ 引自（美）欧·亨利．欧·亨利短篇小说集 [M]. 牛振华译．上海：上海三联书店，2013: 28.
⑥ 引自（美）欧·亨利．欧·亨利短篇小说集 [M]. 牛振华译．上海：上海三联书店，2013: 29.

1.3 错视画的类型

理论上，错视画可以描绘在任何二维的表面上。依据其载体，错视画可以分为：架上错视画以及建筑界面上、家具表面上、服饰上，甚至人体上的错视画等许多种类型。

1.3.1 架上错视画

架上错视画指在画架上绘制的错视画。一般采用油画材料在画布、木板或纸板上绘制。15 世纪时，尼德兰画家杨·凡·艾克（Jan Van Eyck，1385—1441）改进绘画技术，发明了油画。由于采用植物油调和油画颜料作画，干燥速度较慢，色彩之间得以缓慢地相互转化，过渡十分柔和；同时，油画颜料不透明、覆盖力强，作画时允许多次覆盖与修改，具有极强的可塑性，可以非常精致细腻地表现对象的全部视觉特征——光影、明暗、体积、空间、材质、肌理……因而使画面达到异常逼真的效果。

《前后翻转的画》（图 1-3，1668 年）是错视画大师科尼里斯·吉贾布里克斯（Cornelis Norbertus Gijsbrechts，约 1630—1683）采用油画材料画在画布上的一幅错视画名作。这幅画放在地面上，背靠着墙壁，画得如此逼真——双层木画框、框上弯折的小钉子、灰暗粗糙的油画布背面、红红的火漆、编号 36 的小纸条，让每个看到它的人都误以为这幅画是被人不小心放反了，在好奇心的驱使下，人们伸出手去将它翻转过来，想看看这幅画的正面究竟画了什么——然而，正面并不存在。观者震惊之余，经过长时间的观察之后，才能将现实与错觉区分开来。表面上看来是个欺骗眼睛的恶作剧，但仔细想想，却有着深刻的内涵，它是对于艺术作品本质的否定，充满哲理的诘问，单纯而有力，让人深深地为之震撼且久久难以忘怀。

《逃离批评》（图 1-4，1874 年）是西班牙画家佩雷·博雷尔·德尔·卡索（Pere Borrell del Caso，1835—1910）最为人所熟知的作品。画中一个小男孩两只手撑在画框两侧的边条上，右脚踏在画框底边上，正探出头来，左顾右盼，他是如此逼真，仿佛具有生命，似乎正要从画中的世界跃到外面的世界来。在这里，卡索混淆了真实的空间与虚构的空间之间的界限，开创了错视画的一种新形式，带给观者强烈的视觉冲击力和一种愉悦的“受骗”体验。

《人类的状态》（图 1-5，1933 年）是比利时魔幻超现实主义代表画家雷尼·马格里特（René Magritte，1898—1967）的杰作，它向我们呈现了一幅窗前架上的绘画，画面上的风景与窗外的风景精确相连，融为一体，也即是说，画面恰好补足了被画板遮住的风景。在这里，马格里特同时运用了 3 种错视画原理，即画中画、打开墙壁以及帘幕。画面仅在左侧与帘幕稍稍重叠，这个微妙的处理恰好将画面从背景中突显出来，此外，画架与画面右侧的白边也起到了同样的作用。因此，这幅画既存在于室内，又存在于室外，它是真实与幻觉、内与外、图像与想象的交会，充满了深邃的隐喻。1943 年，在写给超现实主义发起人安德烈·布鲁东（André Breton，1896—1966）的一封信中，马格里特解释道："这是我们观看世界的方式，我们观看身外的世界，然而，我们仅仅保留了它的图像。"[①]这与他的另一幅名作《谬误之镜》表达了同样的思想——人的眼睛只不过是一面谬误的镜子，具有欺骗性，用眼睛看到的世界，只是世界的幻影，而不是世界本身。"真实"永远无法为眼睛所见，而绘画的"真实"只不过图解了人眼的幻觉罢了。

图 1-3　科尼里斯·吉贾布里克斯，1668 年，《前后翻转的画》，画布油画

图 1-4　佩雷·博雷尔·德尔·卡索，1874 年，《逃离批评》，画布油画

图 1-5　雷尼·马格里特，1933 年，《人类的状态》，画布油画，100 厘米 ×81 厘米

① 引自 Eckhard Hollmann，Jürgen Tesch. *A Trick of the Eye: Trompe L'Oeil Masterpieces*[M]. New York: Prestel Publishing, 2004: 68.

1.3.2 建筑界面上的错视画

建筑界面上的错视画指描绘在墙壁（内墙、外墙）、天花板和地面（室内、室外）等建筑界面上的错视画，是最典型也是最重要的错视画类型，包括湿壁画、干壁画、蜡壁画、蛋彩画、胶彩画、油画、丙烯画等。

此一类型的错视画，是以建筑空间为依托的绘画。值得注意的是，空间（space）作为建筑的基本要素之一，18 世纪之前还没有在建筑论文中出现过，[①] 1941 年吉迪恩（Sigfried Giedion）出版了历史性巨著《空间、时间、建筑》，此后，空间才逐渐在理论层面上被认为是建筑的本质。但事实上，空间的营造一直伴随着建筑的起源与发展，甚至包括人类第一次建造栖身之所的时候。在西方，架上绘画繁荣兴盛起来之前，绘画多依附于建筑，艺术家们通常依据建筑架构以及建筑与绘画之间的平衡关系来构思画面。描绘在建筑界面上的错视画也是如此。它们往往通过空间与情节的巧妙设计，使整个墙壁、天花板乃至地面“消失”，使绘画空间与建筑空间融为一体，从而扩展空间，制造幻境，建构梦想，调整空间比例，挽救那些沉闷、压抑、缺乏魅力的空间，将局促转变为无穷的奢华，进而带给人们一种无与伦比的魔术体验。

与架上错视画可以搬运、可以随意改变位置欣赏不同，建筑界面上的错视画是固定不动的，观者只有来到特定的建筑空间中才能充分欣赏与体验。可以说，任何画册都无法将原作的规模、气势、氛围及其与建筑空间之间相互作用的关系充分表达出来，因而也无法呈现原作的真正价值与美。作为本书论述的主体，这里暂不列举实例，留待后文详细展开。

---

① 参见（英）彼得·柯林斯．现代建筑设计思想的演变 [M]．英若聪译．北京：中国建筑工业出版社，2003: 286.

1.3.3 家具表面上的错视画

家具表面上的错视画指描绘在橱柜立面、抽屉立面、桌面等一切可以承载绘画的表面上的错视画。当错视画融入到家具中时，往往成为纯粹的装饰元素，随心所欲地改变家具的色彩、材质，带来奢华富丽的效果。例如，采用单色画（monochrome painting）技法可以成功模仿青铜雕刻片断，采用纯灰色画技法（grisaille）可以成功模仿大理石镶嵌和象牙刻饰，等等。一个突出的实例可见于路易十六的写字台（图 1-6），在这里，雷尼・杜布瓦（René Dubois，1737—1799）以纯灰色画技法描绘的象牙浮雕，说它可以欺骗所有人的眼睛一点也不为过。再如，在现实世界中，在钢琴上镶嵌虎眼石（Tiger's eye）、青金石（Lapis lazuli）以及高山大理石（Alpine Verde marble）等石头是不可行的，但是当代艺术家托马斯・马萨里克（Thomas Masaryk）却创造出了这一令人叹为观止的幻想形式（图 1-7），他运错视画制造了这样的效果，而一点也没有妨碍到钢琴精彩的演奏。①

图 1-6　雷尼・杜布瓦，以纯灰色画技法描绘的路易十六写字台细部，木板油画，刻有"J・杜布瓦"的字样

图 1-7　托马斯・马萨里克，虎眼石、青金石及大理石等镶嵌，钢琴上的错视画

① 参见 Karen S, Chambers. *Trompe L'oeil at Home: Faux finishes and Fantasy Settings* [M]. New York: RIZZOLI, 1993: 179.

除了纯粹的装饰，错视画还可以高度逼真地在家具表面上模仿各种静物，制造各种有趣的情节，让你尽情体验被艺术家“捉弄”的乐趣。例如，错视画大师科尼里斯·吉贾布里克斯画在橱柜门上的错视画作品（图 1-8，1670 年）。如我们所见，嵌有透明玻璃的橱柜门，在微微生锈的铁条焊成的格网与玻璃之间夹有信件、卡片、鹅毛笔和裁纸刀……我们毫不生疑，伸手打开橱柜门，于是很自然地透过玻璃看到这些事物的背面……然而，令人难以置信的是：玻璃、铁格网、信件、卡片、鹅毛笔、裁纸刀……所有这一切竟然都是画出来的！在这里，实际上有两幅画，都是用油画材料描绘在油画布上的，一幅画的是这些事物的正面，另一幅画的是这些事物的背面，分别贴在橱柜门的内外两面上，画家极其小心地使这些事物的正面和背面一一对齐。于是，通过对透明玻璃材质和光影极其逼真的模仿，画家穿透并消解了这扇不透明的木头橱柜门——简直如同魔术！这种双重错视画的魅力让我们在 3 个多世纪之后仍为之着迷不已！

杰·凡·德·瓦特（Jan van der Vaart，1647—1721）1674 年为伦敦的德文郡住宅（Devonshire House）画了一把逼真的小提琴，是用油画材料描绘在油画布上，然后再贴到门板上的。一切看起来都是如此真实。一个世纪之后，这扇门被迁往切兹沃斯（Chatsworth），安插在音乐室的门后。透过音乐室打开的门，我们可以窥见它（图 1-9）。这幅完美的错视画，几乎欺骗了所有来宾的眼睛，大家都以为有一把真的小提琴挂在门上，毫不怀疑地经过，只是偶尔向它一瞥。

外面

内面

图 1–8　科尼里斯·吉贾布里克斯，橱柜门上的错视画，1670 年，画布油画粘贴在橱柜门上

图 1-9　杰·凡·德·瓦特，小提琴，1674 年，画布油画，粘贴在门板上

图 1–10　查尔斯 – 约瑟夫 • 弗利帕特，镶嵌大理石的桌面，1760～1770 年

而在查尔斯 - 约瑟夫 • 弗利帕特（Charles -Joseph Flipart，1721—1797）设计的镶嵌大理石的桌面（图 1-10，1760～1770 年）上，你会看到许多翻开的书、带画框的画、小刀、散落的信件、卷起的纸……一切都是那么自然，恰是你最常见到的书桌景象，然而，当你想要从桌子上拿起什么时——却发现扑了个空。

路易斯 • 雷奥波德 • 波伊里（Louis Léopold Boilly，1761—1845）在木制的帝国写字台台面上描绘了扑克牌、硬币、小像章、碎玻璃片、鹅毛笔、大头针、放大镜、小纸片……（图 1-11，1808～1814 年）。试想，当这些画的事物与真实事物同时并置时，孰真孰假？着实能让你的视觉与触觉矛盾激化，真实与幻觉混淆不分。对此，你除非用手去触摸，否则是无法发现个中奥秘的。据说，正是这些异乎寻常的视觉欺骗曾为波伊里在那个时期的巴黎沙龙赢得了巨大的成功。①

① 参见 Miriam Milan. *The Illusions of Reality: Trompe-L'oeil Painting*[M]. London: Skira, 1982: 89.

1.3.4 服饰上的错视画

错视画在服饰上的运用也不乏实例。有着“巴黎坏孩子”、“时装界天才顽童”之誉的法国服装大师让·保罗·戈尔捷（Jean Paul Gaultier，1952—）以其天马行空的想象力和多元化的思维著称于世，这位似乎永远玩不够的老顽童说：“我全部的设计来源于对现有东西的汲取，并力图在某些方面改变它，将其扭曲变成戈尔捷式的外观。”[①]对于错视画这样古老而充满魔力的视觉元素，他又怎会错过呢？因此，在他的服饰设计中，我们看到错视画被一用再用。如1983年春/夏“达达主义”女装系列中的错视画内裤—外裤（图1-12），1993年春/夏“经典”女装系列中的错视画女胴体肉色紧身连衣裤（图1-13），甚至2004～2005年秋/冬的“错视画”男装系列等。这些错视画服饰，令人真假难辨，叹为观止，同时也折射出设计师的机智与幽默。这正是游戏人间的戈尔捷所追求的效果，他说：“时装如果没有乐趣就什么都不是。”[②]还说：“如果你没有幽默感就算不上天才，因为幽默表示你看透了一切。当我们看到星星时已经是在120亿光年之后，有些在十亿年前就已经不存在了，这说明什么都不必较真，什么都不存在，唯一真正存在的，就是现在发生在你我之间的共鸣。所以一切到头来都非常简单，就是爱和游戏。”[③]

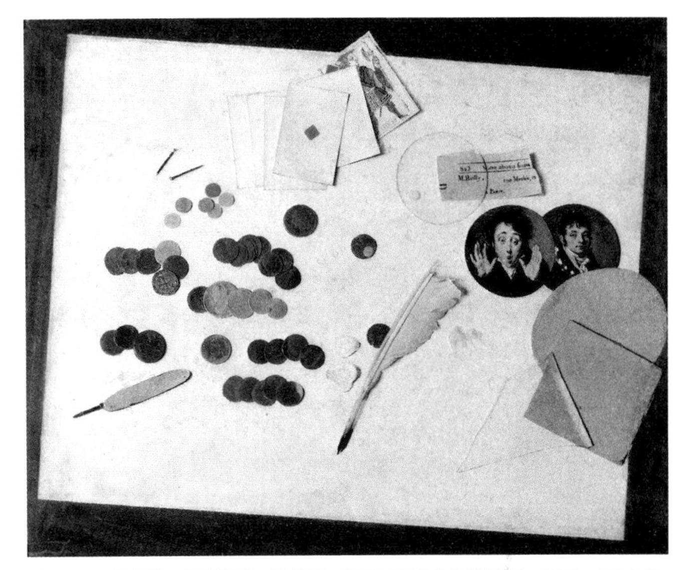

图1-11　路易斯·雷奥波德·波伊里，帝国写字台台面错视画，1808～1814年

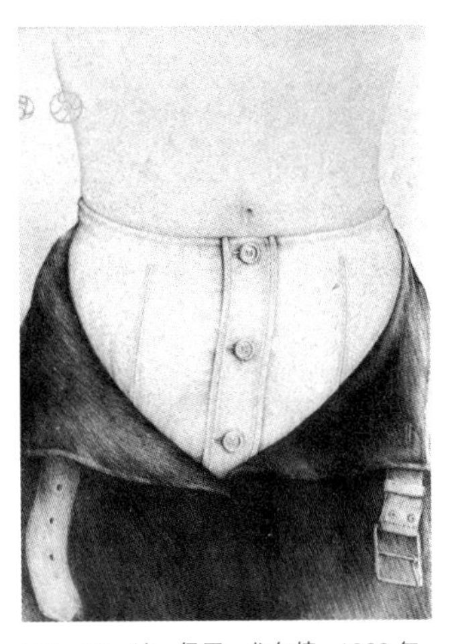

图1-12　让·保罗·戈尔捷，1983年，错视画内裤－外裤，1983年春/夏“达达主义”女装系列

图1-13　让·保罗·戈尔捷，1993年，错视画女胴体肉色紧身连衣裤，1993年春/夏“经典”女装系列

① 引自毛春义．Fashion就是翻新——让·保罗·戈尔捷时装“性与颠覆”的辨析[J]．湖北美术学院学报，2006（2）：18．
② 引自毛春义．Fashion就是翻新——让·保罗·戈尔捷时装“性与颠覆”的辨析[J]．湖北美术学院学报，2006（2）：13．
③ 引自毛春义．Fashion就是翻新——让·保罗·戈尔捷时装“性与颠覆”的辨析[J]．湖北美术学院学报，2006（2）：13．

1.3.5 人体上的错视画

与画在衣服上的错视画相比，直接画在人体上的错视画似乎更加匪夷所思。

据英国《每日邮报》2014 年 11 月 14 日报道，美国女模特利亚・荣格（Leah Jung）下身画着彩绘“牛仔裤”半裸逛纽约曼哈顿街头进行社会实验，以检测纽约人的观察力。彩绘“牛仔裤”看起来十分逼真，连裤缝和时髦的补丁都栩栩如生。荣格就这样穿着绘制的“牛仔裤”乘坐地铁、在时代广场上下台阶、进入麦当劳买午餐……甚至，还前往时装连锁店 Forever21，询问店员能否买到同款式的牛仔裤。那名店员看着她的“裤子”告诉她可以到楼下的店去看看。然而，全程竟然无人识破荣格的牛仔裤是画出来的！实际上，她自腰部以下什么衣物也没穿！①

另据美国 Odditycentral 网站 2015 年 7 月 27 日报道，意大利化妆艺术家卢卡・卢斯（Luca Luce）将阴影艺术和逼真绘画有机结合起来，并将它们融入自己独特的手掌绘画作品（图 1-14、图 1-15）中，创造出惊人的三维图像，如拼图、深沟、丝带、充电器、铁钩、小白鼠甚至是小妖怪等。无论他在手掌上画什么，都令人真假莫辨，深深为之叹服。②

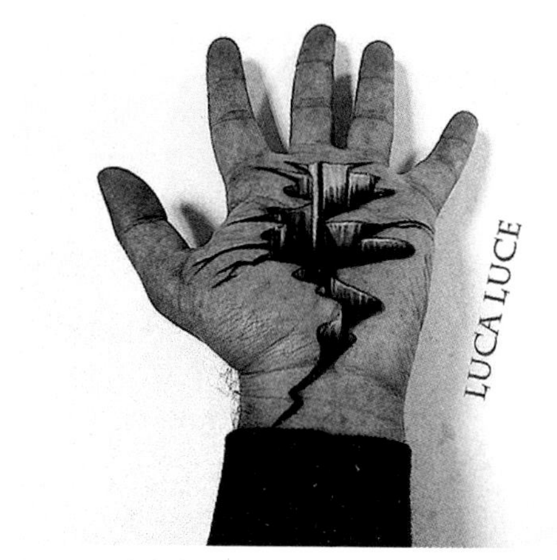

图 1-14　意大利化妆艺术家卢卡・卢斯的手掌错视画

图 1-15　意大利化妆艺术家卢卡・卢斯的手掌错视画

以上仅从载体的角度对错视画的类型进行了划分，需要说明的是，除了从载体的角度外，错视画的分类方式还有许多，比如从绘画题材、画幅大小、描绘技法、艺术风格等角度进行划分，限于篇幅，恕不赘述。

① 参见 http://gb.cri.cn/42071/2014/11/15/7831s4766613.htm.

② 参见 http://china.ynet.com/3.1/1507/29/10264187.html.

1.4 研究现状与意义

错视画与写实主义的绘画不同，虽然两者都追求逼真的描绘，但是错视画以欺骗眼睛为目的，观者除非伸出手去触摸，否则很难相信眼前所见并非三维实物。可见，错视画多少带有一点魔术、游戏、智巧甚至恶作剧的味道，因而长期以来被认为是比较低级的艺术形式，没能博得那些趣味高雅、严肃而有雄心的学者的青睐，可以说在众多的绘画体裁中，错视画一度最缺乏理论的探讨。

然而，在西方，近年来随着各种艺术逐渐从精英文化圈转为大众文化欣赏和消费，作为广受大众欢迎的艺术形式之一，错视画正逐渐成为研究的热点。各种错视画专题展陆续登场，其中具有国际性广泛影响的有：2009 年 10 月意大利佛罗伦萨（Florence）的斯特洛奇宫（Palazzo Strozzi）举办的"艺术与错觉：古往今来错视画杰作展（Art and Illusions：Masterpieces of Trompe l'oeil from Antiquity to the Present）"，2012 年 2 月法国巴黎的装饰艺术博物馆（Les Arts Décoratifs）举办的"错视画艺术展：仿制、模仿与其他错觉（Tromp-l'oeil：Imitations，Pastiches et Autres illusions）"等。值得一提的是，在巴黎的"错视画艺术展"中有一间十分有趣的、"以假乱真"的法国贵族风格客厅：大理石的壁炉、天花板上的雕刻、古老的地板都出自艺术家的画笔，甚至那张路易十四风格的安乐椅、茶几、堆放在一起的旧书……也尽皆虚晃之画，策划人还风趣地在展厅入口处注明"这间房间的摆设不是真的"。①

除了展览，有关错视画研究的文献也不断涌现，其中包括：

（1）以历代错视画作品为研究对象，较为全面、系统的研究。例如：米里亚姆·米兰（Miriam Milan）的《真实的错觉：错视画》（*The Illusions of Reality*：*Trompe-L'oeil Painting*），汇集了历代重要的错视画作品，较为全面地考察了错视画的各种类型；西比尔·艾伯特 - 雪佛（Sybille

---

① 引自 http://blog.sina.com.cn/s/blog_48670cb20102e48u.html.

Ebert-Schifferer）等人的《欺骗与错觉：错视画五百年》（*Deceptions and Illusions*：*Five Centuries of Trompe L'Oeil Painting*）考察了从15世纪至20世纪欧洲和美国的100多幅错视画，介绍了错视画艺术家的重要母题，首先是诸如信函、印刷品、美钞之类的二维物体，它们看起来逼真地依附于绘画表面之上，然后是各种三维物体，它们制造了向前凸进或向后延伸的错觉，混淆了真实与虚构的空间界限。埃克哈特·霍尔曼（Eckhard Hollmann）和尤尔根·堤斯基（Jürgen Tesch）的《欺骗眼睛：错视画杰作》（*A Trick of the Eye*：*Trompe L'Oeil Masterpieces*）考察了五百年来的错视画杰作，包括文艺复兴时期的大师诸如杨·凡·艾克、委罗内塞（Veronese）直至现代的艺术家雷尼·马格里特、杜安·汉森（Duane Hanson）等人的作品，每一件作品都附有生动的描述。

（2）以当代的错视画为研究对象。例如：厄休拉·E和马丁·巴尼德（Ursula E. and Martin Benad）的《当代错视画》（*Trompe L'Oeil Today*），考察了当代家居和商业机构中错视画的各种类型——材质的模仿、浮雕式灰色画、小型错视画和全景式壁画，探讨了错视画的绘画材料、表现技法、透视原理以及其他室内设计师、画家和业主们感兴趣的话题，全书共配有180幅插图。

（3）以某著名艺术家的错视画创作实践为研究对象的个案研究。例如：凯文·布鲁斯（Kevin Bruce）的《约翰·普夫的壁画：超越错视画》（*The Murals of John Pugh*：*Beyond Trompe l'Oeil*），汇集了约翰·普夫的众多作品，并探讨了他是如何使错视画再度成为充满活力的艺术表现形式的。

（4）以某个错视画母题为研究对象的专题研究。例如：厄休拉·E和马丁·巴尼德的《错视画海与天》（*Trompe L'oeil Sky And Sea*）以及《错视画：浮雕式灰色画、建筑与布帘》（*Trompe L'Oeil*：*Grisaille*，*Architecture & Drapery*）。

（5）以某个地区的错视画为研究对象的专题研究。例如：厄休拉·E和马丁·巴尼德的《错视画：意大利的古代与现代》（*Trompe L'Oeil*：*Italy Ancient and Modern*）。

此外，还有各种错视画资料的汇编。限于篇幅，不在此一一列举，详见参考文献部分。总体看来，在当前的西方学术界，关于错视画的研究正方兴未艾，已有数量可观的研究成果面世，各种崭新的研究角度正不断被发掘出来。

然而，在我国，目前关于错视画的研究专著和论文还几乎处于空白状态。究其原因，这或许与我国自古有之的“非理勿学”的学术正统观念有关，因此对那些光怪陆离、被认为是旁门左道的艺术形式避而远之。事实上，在进入后工业社会的今天，在审美取向越来越趋于多元化和个性化的今天，以包豪斯为代表的现代主义风格设计受到越来越多的质疑，针对现代主义建筑大师密斯·凡·德·罗（Mies van der Rohe）的设计理念“少就是多（Less is more）”，后现代主义建筑师罗伯特·文丘里

（Robert Venturi）提出的“少就是枯燥（Less is a bore）”可谓深得人心，通俗化、趣味化成为大势所趋。正是在这种背景下，错视画艺术风靡欧美各国及日本，被广泛应用于建筑室内及城市公共空间中，并以其幽默机智、神奇巧妙、真假难辨、魔术叙事等独特的艺术特质为美化人居环境、丰富视觉文化、弘扬场所精神、增进社区凝聚力做出了重要的贡献。例如，被联合国教科文组织定名为世界文化遗产古城、法国第二大城市的里昂，虽然是南下蔚蓝海岸和普罗旺斯的交通枢纽，然而，在各种热门的旅游线路中，却往往被人们遗忘。幸而，11位里昂美术学院的学生成立了一个名为“创造之城（Cité Création）”的团队，专门针对大量单调、乏味的城市闲置立面及冰冷的水泥墙展开了一系列城市壁画设计，如今，数不清的壁画使里昂成为名副其实的“壁画之都”。沿着狭窄的街巷信步游走，迎面而来的阳台、楼梯、汽车、商店、酒吧、餐厅、厨师、孩子……那么栩栩如生、呼之欲出，充满生活气息，却都是画出来的哦！真可谓是“人在画中游，一不留神撞到墙”！里昂的城市故事就这么被鲜活地叙述出来，时空混杂，古今交融。难怪里昂当地的旅游局还专门开辟了“壁画之旅”游览路线，当无数游客按图索骥穿梭于红黄相间的老城，逐一寻找那些著名的壁画时，怎不令人由衷感叹壁画带给这座城市的改变？可以说，正是这些几可乱真的错视画使这座一度被遗忘的历史名城重新焕发出生机与活力。①

有鉴于此，本书试图以最具代表性的、描绘在建筑界面上的错视画为研究对象，并从错视画与建筑空间之间相互影响的关系这一崭新的角度入手，试图对此类错视画的起源与发展作一番梳理，进而展开深入的剖析，引出对其审美价值的评论，希望能够填补国内这一方面理论研究的空白，进而为我国的城市设计、建筑设计、室内设计、景观设计、公共艺术等设计艺术实践提供一种新思路，这具有十分重要的意义。

① 参见长腿叔叔．法国里昂：一不留神撞到墙 [J]. 旅游世界，2012（3）：82-84.

第二章 错视画艺术溯源

画家用自己的艺术技巧使我们相信，一些物体是凸出于画面的，而另一些物体则是缩入背景的，但艺术家完全清楚，所有这些物体都位于同一平面。

——昆体良[①]

“绘画具有一种神性的力量，”文艺复兴时期伟大的人文主义者阿尔贝蒂（Leon Battista Alberti，1404—1472）在其名作《论绘画》（1435年）中写道，“它不仅能将缺席者呈现在眼前，而且给人以起死回生的神奇。”[②]毋庸置疑，绘画正源于人类希冀获得实物替代品的愿望。

在原始人的观念中，绘画拥有某种神秘的魔力，并认为绘画与实物具有同一性，对于什么是实物、什么是绘画往往分辨不清，并且认为对绘画的所作所为就是对所描绘对象的所作所为。他们在黑暗、难以抵达的岩洞内描绘兽群——显然不是为了装饰，因为装饰这些可怕的地下深处毫无意义——然后用武器砍杀它们，认为这样就能够保证他们在第二天狩猎时，捕获真正的动物。[③]因此，画面美不美不是原始人关心的问题，他们关心的是形象本身是否逼真。因为只有画得逼真才能将画与被画者混淆，两者越是相像才越可以相互替代，相应地，魔力也越大。

然而，如何在二维的表面上描绘三维的实体与空间可谓一大难题。这是因为我们的视网膜本身是平面的神经组织，因而外界事物反射的光或自身发出的光经由角膜、房水，由瞳孔进入眼球内部，经过晶状体和玻璃体的折射作用，最终在视网膜上形成倒立的、平面影像，这时理性介入进来，经过大脑一系列神秘的处理之后，我们将倒立的、平面影像还原为三维

---

① 引自昆体良．演说家的培训．II.XVII.21. 洛布古典丛书，VOL，I: 335.

② 引自（意）阿尔贝蒂．论绘画 [M].（美）胡珺、辛尘译注．南京：凤凰出版传媒股份有限公司、江苏教育出版社，2012: 26.

③ 参见（英）贡布里希．艺术的故事 [M]. 范景中译．林夕校．北京：生活·读书·新知三联书店，1999: 40-42.

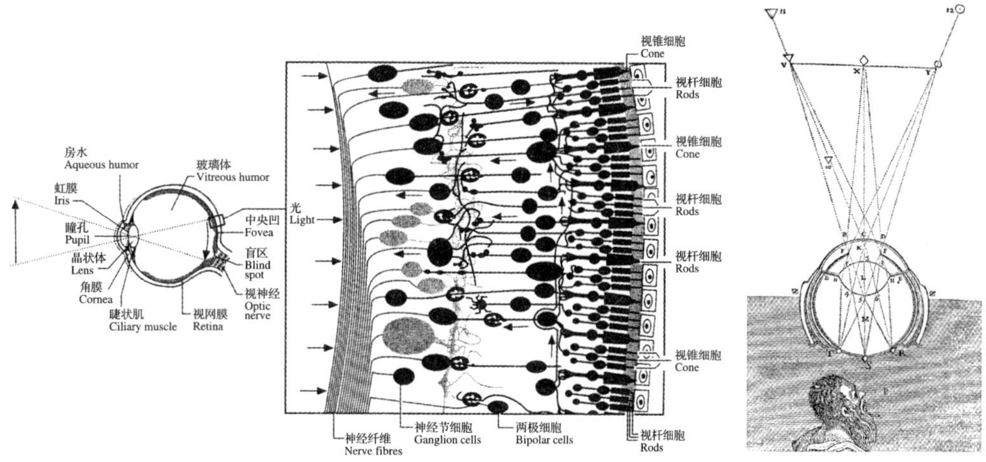

图 2-1　人眼与视网膜细节示意图

图 2-2　笛卡尔的公牛眼实验

的物体与空间，于是我们认为自己看到了三维的世界（图 2-1）。无怪乎约翰·缪尔（John Muir，1838—1914）感叹说：“如果上帝赋予我们一套新的感官，或者稍稍改变现有感官的结构，保持其余天然的部分不变，那么我们将毫不怀疑我们处于另一个世界之中，严格说来，我们将觉得，除了我们自己的感官，世界好像完全改变了。”①

西方伟大的哲学家普遍承认感官具有欺骗性。笛卡尔（René Descartes，1596—1650）在他的著作《折射光学》（1637 年）中，以一个公牛眼实验探讨了脊椎动物眼睛里视网膜图像的形成（图 2-2）：公牛眼的外膜被剥除并代之以白纸，来自物体上的点 VXY 的光线于是在纸上形成一个倒立像 RST。这让笛卡尔提出疑问：我能够相信直接观察的感觉经验吗？显然，直接观察往往是骗人的，不论怎样仔细地观察事物，都无法确定它是否就是像其所显现的那样。于是，笛卡尔说，唯一明智的是：再也不完全相信眼睛所看到的东西。另一位伟大的哲学家康德（Immanuel Kant，1724—1804）则认为，呈现于我们意识之中的是我们身体感官的产物，其形式由身体感官的性质决定。视觉、听觉、观念等是人对事物表象（现象界）的认识，仅仅存在于塑造它们的人体感官之中，与事实存在（本体界）是不同的。

① 引自 Robert L. Solso. *Cognition and the Visual Arts* [M]. Fourth printing, London: The MIT Press, 1999: 1.

另一方面，就艺术家而言，从一开始就面临着欺骗眼睛的任务。他们的目标是要将他们眼中所见的三维世界重新还原为二维图像，即在理性介入之前那个在视网膜上呈现的二维图像，并唤起观者三维的感觉。这就要求艺术家与理性相抗争，而这个还原的过程是相当令人敬畏的。可以说对这一难题漫长的求解过程是理解西方艺术史的一条重要线索。本章试图回溯到绘画的最初源头以探索逼真到能够欺骗眼睛的西方错视画艺术的起源。

2.1 投影的勾勒：绘画的起源

关于绘画的起源，老普林尼在《博物志》中写道，绘画始于用线条勾勒一个男子投影的轮廓。他讲述了如下故事：一个少女爱上了一个少年，在少年即将离开希腊到海外参战之时，少女将少年在灯光下投射在墙上的影子勾勒下来，成为第一幅绘画[①]（图 2-3）。通过创造一个替代物，少女能够回忆起离去的爱人的面孔，从而使不在场的缺席者变成了在场者，使瞬间得以永恒。类似地，昆体良说，最古先的画家勾勒太阳的投影，绘画艺术由此而生。[②]

图 2-3　爱德华·戴格，绘画的发明，1832 年，画布油画，现藏柏林国立美术馆

图 2-4　乔尔乔·瓦萨里，绘画的起源，1573 年，湿壁画，瓦萨里府邸，佛罗伦萨，意大利

① 参见 Victor I. Stoichita. *A Short History of the Shadow* [M]. London: Reaktion Book Ltd, 1999: 11.

② 转引自（意）阿尔贝蒂．论绘画 [M].（美）胡珺、辛尘译注．南京：凤凰出版传媒股份有限公司、江苏教育出版社，2012: 27.

被誉为“西方第一位艺术史家”的乔尔乔·瓦萨里（Giorgio Vasari，1511—1574）在撰写他的绘画史（1550年初版，1568年第二版）时，对于绘画的起源提出了如下推测：“这门艺术是通过吕底亚的居各斯（Gyges of Lydia）传入埃及的，此人在火边看到自己投下的影子后，便立即用一支碳笔在墙壁上勾画出他自己影子的轮廓图。在以后的一段时期内，只勾勒出轮廓而不着色成了一种习俗。”[①]瓦萨里为他自己在佛罗伦萨的府邸绘制的湿壁画中，有一幅向我们展示了上述绘画起源的场景（图2-4）。

阿尔贝蒂在《论绘画》中则声称：“从古诗看来，绘画的创始人是那喀索斯——那位化身为鲜花的王子。因为在所有的艺术中，绘画是花，那喀索斯[②]的故事和我们现在的话题是完全吻合的。绘画不正是艺术拥抱水面倒影的行为吗？”[③]如图2-5所示而在他的论文《论雕塑》中，阿尔贝蒂更大胆地推测：“我相信种种目的在于模仿自然创造物的艺术，起源于下述方式：有一天，人们在一棵树干上，在一块泥土上，或者在别的什么东西上，偶然发现了一些轮廓，只要稍加更改看起来就酷似某种自然物。觉察到这一点，人们就试图去看能否加以增减补足它作为完美的写真所缺少的那些东西。这样按照对象自身要求的方式去顺应、移动那些轮廓线和平面，人们就达到了他们的目的，而且不无欣慰。从此，人类创造物像的能力就飞速增长，一直发展到能创造任何写真为止，甚至在素材并无某种模糊的轮廓能够帮助他时，也不例外。”[④]

虽然我们今天已无从得知第一幅绘画诞生时的具体情形，但是有一点是可以确定的，那就是，第一幅绘画必定不会是直接观察、描摹对象的结果，毕竟在平面上表达立体对象的能力不是与生俱来的，而是经历了一个漫长的探索过程。绘画的起源可能有三种方式：一、勾勒对象在平面上的投影的轮廓获得一个与原物相似的替代品；二、勾勒对象在水面产生的投影，获得一个与原物相等的镜像；三、受到自然界已有轮廓的启发，将联想所得的形象投射其上并对之进行修正与补充。从本质上看来，这三种方式都是对投影的勾勒。投影将原本三维的对象投射到二维的平面上，勾勒其轮廓即解决了在二维平面表达三维对象的难题。

① 参见 Victor I. Stoichita. *A Short History of the Shadow* [M]. London: Reaktion Book Ltd, 1999: 39.

② 那喀索斯（Narcissus），希腊神话中的一位美少年，爱上自己在水中的倒影，最终为了拥抱倒影而溺水，化作水仙花。

③ 引自（意）阿尔贝蒂．论绘画 [M].（美）胡珺，辛尘译注．南京：凤凰出版传媒股份有限公司、江苏教育出版社，2012: 27.

④ 转引自（英）E.H. 贡布里希．艺术与错觉——图画再现的心理学研究 [M]. 林夕，李本正，范景中译．长沙：湖南科学技术出版社，2004: 75.

图2-5 吉罗拉莫·莫塞托（Girolamo Mocetto），池塘边的那喀索斯，1531年之前，木板蛋彩画，现藏雅克－马尔－安德烈博物馆，巴黎

2.2 巫术的魔力：远古洞窟画

早在远古时代，艺术家们在穴壁和岩石上，已能刻画出生动的单个动物。当代著名的艺术史家贡布里希爵士（Ernst Hans Josef Gombrich，1909—2001）利用阿尔贝蒂的推测解释了远古洞窟画的起源：原始人处于一种紧张的状态，倾向于把他的恐惧和希望投射到任何可以作相关联想的形状上。由于当时人的生活与动物息息相关，于是他们在那些神秘的洞穴中，面对奇特的岩石形态及洞壁上的裂纹，首先“发现”了一些动物的轮廓（图2-6），然后，艺术家或将颜料粉末装在管状的兽骨中吹喷，或以动物脂肪调和泥土颜料、以羽毛或蕨菜为画笔涂抹（图2-7）对其修正、敷色并定形。①此后，这些动物形象经历了数千年的发展，逐渐形成为一种成熟的图式。

迄今发现的最早的绘画记录是来自法国拉斯科（Lascaux）山洞的洞窟画，绘制于约公元前15000年～公元前10000年，是史前的艺术家们手举黯淡的油灯，反复刻画数百年之久遗留下来的，其中以马最多，还有牛、驯鹿、洞熊、狼等。每个动物的姿势都被想象地加以变化以“适配”洞顶与洞壁的各种断裂及凸起，而其头部则被表现成易于击打的样子，以便行施巫术。

今天，当我们看到这些利用洞壁表面天然的起伏变化与身体部位完美结合以成功地塑造出的动物形象之时，其生动逼真、栩栩如生的立体效果，简直令人难以置信竟出自旧石器时代。

但是，我们也应当注意到，当遇到表现这些动物所处的空间位置及其相互之间复杂的空间关系时，艺术家则显得束手无策，只能将它们逐一铺排开来，相互之间没有任何逻辑联系，既没有所谓空间的结构与概念，也没有场景的概念（图2-8）。类似情形还可见于与拉斯科洞窟画齐名的西班牙阿尔塔米拉（Altamira）洞窟画中（图2-9）。

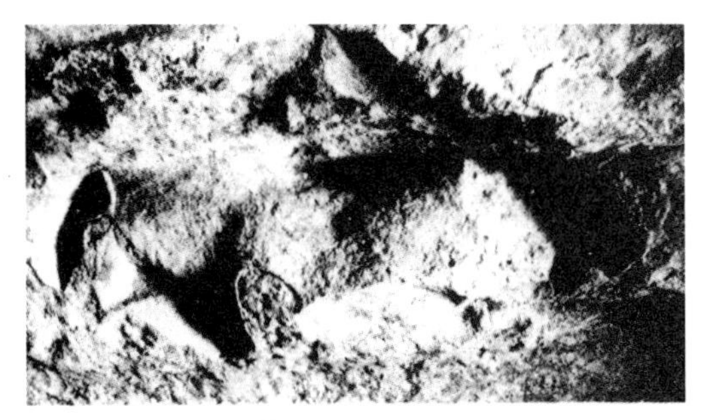

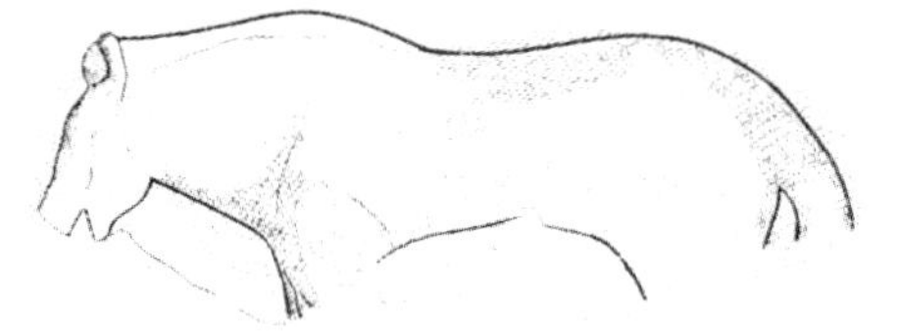

图2-6　马，岩刻，史前期，勒塞西厄（多尔多涅）附近的布朗角（Cap Blanc）极好地说明了这些人造的形状是如何出现在那些奇形怪状的岩石上

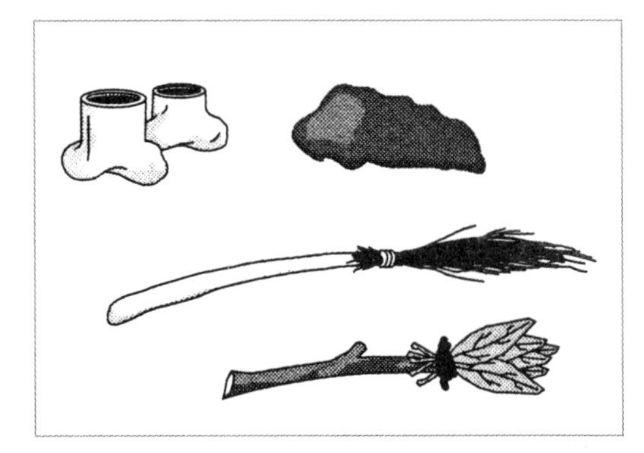

图2-7　远古时代艺术家的绘画工具

图2-8　拉斯科洞窟画，约公元前15000年～公元前10000年，法国

① 参见（英）E.H.贡布里希．艺术与错觉——图画再现的心理学研究[M].林夕，李本正，范景中译．长沙：湖南科学技术出版社，2004: 76-78.

尽管这些史前洞窟中的动物形象（图 2-10）堪称逼真，尤其是其所体现出来的蓬勃的生命力及凌厉之势（图 2-8、图 2-9）是后世文明社会中的人们所无法企及的，可以说在二维的表面上表达三维的实体方面取得了一定的成就，然而在表达统一的空间方面，则还远未探索出有效的解决方式。

图 2-9　阿尔塔米拉洞窟画，约公元前 15000 年 ~ 公元前 10000 年，西班牙

来自阿根廷的“手之洞”（Cueva de las Manos）中的手印（图 2-11）出现于约公元前 11000～公元前 7500 年，是美洲的狩猎——采集者在更新世晚期、全新世早期的艺术遗产。沿着洞壁长长的裂缝，我们看到一只只手印。有左手、有右手；有正形、有负形。正形的手可能是涂上颜料，然后按压在岩石表面上形成的；负形的手则可能是通过管状的兽骨将颜料粉末吹喷在按压于岩石表面上的手周围形成的。这些方向不同的手印可能与行施巫术有关，并具有某种神秘的含义。

图 2-10　野牛，阿尔塔米拉洞窟洞顶画局部，约公元前 15000 年，西班牙

正手印与负手印是旧石器时代的岩石艺术中常见的主题[1]，在法国与西班牙、澳大利亚及美洲各地，均极常见。这些手印表明，史前的艺术家发明了一种比勾勒投影更加简易的作画方法，即将对象直接按压在二维的表面上，从而得到这个对象真实大小与形状的替代物。正如童年时，我们所画的第一幅画：把蘸有颜料的手或其他什么按压在纸上，有时，还用笔沿着边缘勾勒其轮廓。我们大概都有过类似这样的经历吧！

图 2-11　手印，手之洞，约公元前 9500 年，阿根廷

① 参见 *30,000 Years of Art. The Story of Human Creativity Across Time & Space*[M]. London: Phaidon Press Limited, 2015: 9.

2.3 彼岸的关怀：古埃及墓室壁画

老普林尼在《博物志》中写道："埃及人声称是他们发明了绘画艺术，六千年之后才从那里传到了希腊。"①虽然他接下来说这是毫无根据的断言，并认定是希腊人发明了绘画。然而，事实胜于雄辩。正如贡布里希所说："我们今天的艺术，不管是哪一所房屋或者是哪一张招贴画，跟大约 5000 年前尼罗河流域的艺术之间，却有一个直接联系的传统，从师傅传给弟子，从弟子再传给爱好者或摹仿者。我们将看到希腊名家去跟埃及人求学，而我们又都是希腊人的弟子。于是埃及的艺术对我们就无比重要。"②

由于古埃及人认为人活着只是暂时的，死后才是永恒，相信人死后复活，因此，他们活着时就一直在为死亡做准备，在墓室中留下了大量色彩斑斓、表现现世生活的绘画，希望复活后能够继续享用这些活着时所拥有的一切，可谓"向死而生"的艺术。幸好如此，我们今天才得以一窥几千年前古埃及的绘画艺术。

对绘画魔力的信仰导致古埃及艺术家不是依据眼睛在某个特定时刻的所见来描绘场景，而是立足于他们所知道的为一个人或一个场景所具有的东西。③与远古艺术家不同，埃及艺术家认为形象看起来逼真不逼真并不重要，重要的是完整不完整，有没有变形。他们的观念很有趣，即所画的对象都必须完整、不能变形，否则等到墓主人复活的时候，还怎么能像生前一样生活呢？还有，献给神灵的贡品如果变形、不完整，神灵生气、降罪怎么办呢？因而，在描绘对象时，艺术家们总是选择先勾勒出最能表现对象本质、反映对象实际形状的正投影④的轮廓线。然后，在轮廓线内用植物纤维刷子填上颜色。⑤他们不去表现光影和明暗这些在他们看来瞬息万变的属性，而只以平涂的、有限的色彩表现对像永恒与本质的一面。最后，他们通过将这些图象规则地排列在横带中，横向表现对象之间的距离，从而回避了表现空间深度的复杂难题。

例如，第十八王朝国王哈特谢普苏特（King Hatshepsut）墓中壁画局部（图 2-12）。艺术家描绘了满满登登一墙壁献给诸神的贡品——一坛坛的酒水饮料，一盘盘的面包、牛肉片，一篮篮的各式水果、蔬菜……这些贡品整整齐齐地排列在一条条横带上。仔细观察，我们发现，艺术家并没有像后世的静物画家那样描绘从某个视点看到的统一的场景。酒坛和大多数食物被描绘成从

① 转引自 Victor I. Stoichita. *A Short History of the Shadow*[M]. London: Reaktion Book Ltd, 1999: 11.

② 引自（英）贡布里希．艺术的故事 [M]. 范景中译．林夕校．北京：生活·读书·新知三联书店，1999: 55.

③ 参见（英）贡布里希．艺术的故事 [M]. 范景中译．林夕校．北京：生活·读书·新知三联书店，1999: 61–62.

④ 用一个位于无限远处的光源（其投射线相互平行且垂直于画面）将平行于画面的对象表面投射到画面上所得到的投影，称为正投影，反映其实形。正投影分为从上向下投影得到俯视图、从前向后投影得到的立面图和从左向右投影得到的侧立面图 3 种。

⑤ 颜料的主要原料是矿物质，白色来自石灰和石膏，绿色来自铜，黄色来自赭石，红色来自氧化铁，蓝色则是蓝铜铁制作的。颜料在石钵中捣碎成粉末，然后在陶罐中与黏合剂（阿拉伯胶或蛋白）混合。参见（英）海伦·斯特拉德威克．古埃及史话—埃及的艺术 [M]. 刘雪婷，谭琪等译．上海：上海科学技术文献出版社，2014: 13.

前向后投影得到的、反映其实形的正立面图。而圆饼及面包圈如果也被描绘成正立面图的话，看起来将像一小截香肠，让人无从辨认，于是，艺术家把它们画成从上向下投影得到的俯视图，仿佛将圆饼和面包圈按压在墙面上，沿边勾勒出来的轮廓，从而保证其完整、不变形。结果，我们看到圆饼和面包圈不是符合理性地平躺着，而是竖立着，悬停在半空中。在此，艺术家完全不关心对象真实的空间位置，也不关心它们相互之间应有的空间关系，甚至也不考虑重力的作用，而是将他所知道的所有对象，以不发生变形的正投影法描绘，然后，规则地布满一面墙。

类似地，第十八王朝谷物书记官内巴蒙（Nebamun）墓室壁画局部（图 2-13，约公元前 1390 年），艺术家以一种非常有趣的方式表现了一座花园——一座带有矩形池塘的花园，池塘四周生长着一棵棵美丽的果树。埃及艺术家没有像后世的艺术家那样把池塘描绘成从某个视点看到的样子，也没有描绘成从前向后投影得到的正立面图，而是绘成从上向下投影得到的俯视图——只有这样，才能表达一个完整的、不被树木遮挡的、没有发生变形的矩形池塘。而一棵棵的果树则描绘成从前向后投影得到的正立面图，因为只有正立面才能充分表达每种果树的本质特征。上方的一排果树从池塘上边缘生长出来，下方的一排果树则顶着池塘的下边缘，最有趣的是，左边的一排果树竟然从池塘左边缘横着生长出来。至于池塘中的鱼禽、莲花等，也画成正立面图，规则地排列在矩形水面之中。通过这样平面化的处理，艺术家巧妙地回避了三维空间深度与透视变形等复杂的难题，呈现给观者一个以池塘为底面的方盒子将各个垂直面放倒平铺开来的图景。在第十九王朝的工匠森尼杰姆（Sennedjem）墓室东墙壁画（图 2-20，第十九

图 2-12　国王哈特谢普苏特墓中壁画局部，第十八王朝，干灰泥壁画，德尔巴赫里（Deir el-Bahri），底比斯，埃及

图 2-13　花园池塘，谷物书记官内巴蒙墓室壁画局部，第十八王朝，约公元前 1390 年，干灰泥壁画，72 厘米 ×62 厘米，底比斯西岸，埃及，现藏伦敦大英博物馆

王朝）中，我们再次看到这种有趣的描绘——以从上向下投影得到的俯视图来表现的长长的水渠环绕着整个场景，水渠四周生长着丰盛的谷物、亚麻、果树以及各种鲜艳的花草——罂粟、矢车菊、曼德拉草……这些植物都以从前向后投影得到的正立面图来表现。在同一个画面之中，从上向下看与从前向后看同时并存。

此外，特别值得注意的是，埃及艺术家在描绘人物时创造了一种非常有效的人体造型方法——“正面律”（图 2-14），将复杂的人体分解成为侧面的脸、正面的眼睛、正面的肩膀、侧面的手臂及腿等反映实形的正投影轮廓，然后将它们巧妙地拼合起来，于是回避了侧面眼睛与侧面肩膀等复杂的透视变形难题，这当然与他们强调对象必须完整、不变形的观念有关。另外，侧面的脸与手臂及腿也特别适合于生动地表达各种动态，并清晰易懂地展开叙事。至于画面中人物的大小，也不是像我们今天所习惯的那样，依据我们眼睛所看到的近大远小的透视效果来描绘，而是依据人物的身份地位，地位高的就画得大，地位低的就画得小。

让我们来看看第十八王朝太阳神阿蒙的祭司派里（Pairy）墓室中的壁画（图 2-15，约公元前 1380 年）。它以横带的方式展开叙事，表现了葬礼的场景，色彩范围是有限的——红、棕、白、黑、蓝、绿、黄——而且是薄薄地平涂在画面上，并不试图通过明暗产生立体感。至于这一场景中对象真实的空间位置及其相互之间复杂的空间关系，则被艺术家大大地简化了。我们看到最下方的那条横带上，4 条小船首尾相连地在海上行驶，而如此情形在现实中几乎是不可能发生的。上方，则是一条条布满送葬队伍的横带，人物采用“正面律”描绘，他们一个接一个、等距离地列队行进。顶部左端的神龛中端坐着冥神奥西里斯（Osiris），派里和他的妻子走在送葬队伍的最前面，正接受奥西里斯的审判。在此，奥西里斯、派里及其妻子描绘得很大，而其他人物则描绘得很小，以突出他们的重要性。神龛前的贡品，与第十八王朝国王哈特谢普苏特墓中壁画（图 2-12）如出一辙，我们再次见到了竖立着的圆饼和面包圈。在空间处理方面，值得注意的是，除了上述这种将对象一个个都拉到同一平面、以横向距离表现其相互关系的横带法之外，对于处于纵深方向的对象，艺术家往往采用斜重叠法及遮挡法来表现，对象及其间的空间被压平成为斜重叠及遮挡的剪影，以此来暗示空间的深度。瞧，居中的这条横带上，走在队伍最前列的两个奴隶驱赶着 4 头公牛，这 4 头公牛并没有像那 4 条小船一样，被画成头尾相连的一队，而是好像重影一般两两斜重叠在一起，跟在他们身后的是并肩行进的两条奴隶队列，也采用了同样的斜重叠法来描绘。另外，注意那第二个赶牛的奴隶，艺术家只描绘了他的上半身和小腿部分，他的髋部被公牛遮挡而没有画出来，通过这样的遮挡法，艺术家成功地暗示了对象在纵深方向上的远近关系。于是，艺术家以这样简化的、平面的空间处理方式来取代对于真实场景的描绘，从而形成简洁清晰的叙事。

除了上述的斜重叠法及遮挡法，当遇到描绘纵深方向上数量众多的对象时，埃及艺术家还创造了上下法——将对象平铺在画面上，近的在低处，远的高处，以此来暗示空间的深度。例如第十八王朝的大臣拉莫塞墓壁画局部（图 2-16），描绘了一群哭泣的女人。在此，除了运用斜重叠法描绘居中的 5 个女人之外，艺术家还运用了上下法，即通过将后排的人画得比前排的人高的方式解决了描绘由多人组成的复杂场景的难题。

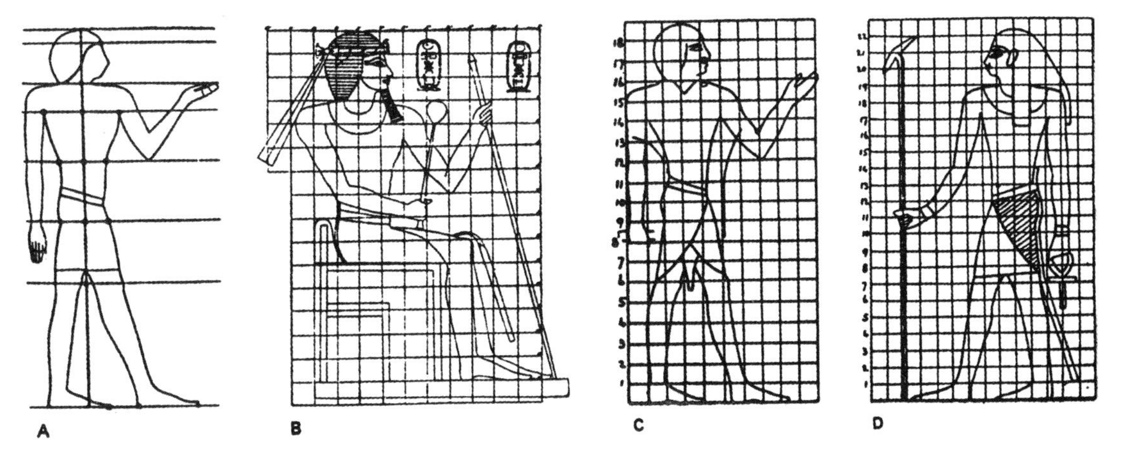

图 2–14　古埃及的“正面律”与比例准则：古王国时期（A）、新王国时期（B）、后期（C、D）

图 2–15　葬礼场景，太阳神阿蒙祭司派里墓室中壁画，第十八王朝，约公元前 1380 年，干灰泥壁画，底比斯西岸，埃及

图 2-16　女哀悼者，大臣拉莫塞墓壁画局部，约公元前 1355 年，第十八王朝，干灰泥壁画，底比斯西岸，埃及

图 2-17　谷物书记官内巴蒙在妻女陪同下在沼泽中猎鸟，内巴蒙墓室壁画局部，第十八王朝，约公元前 1390 年，干灰泥壁画，高约 81.3 厘米，底比斯西岸，埃及，现藏伦敦大英博物馆

图 2-18　蒙纳和家人在纸莎草茂盛的沼泽中快乐地猎鸟捕鱼，蒙纳墓室壁画，第十八王朝，约公元前 1425~公元前 1417 年，干灰泥壁画，底比斯西岸，埃及，现藏开罗埃及国家博物馆

图 2-19　宴会场景中的女乐师与女舞蹈家，内巴蒙墓室壁画局部，干灰泥壁画，第十八王朝，约公元前 1390 年，干灰泥壁画，底比斯西岸，69 厘米 ×30 厘米，伦敦大英博物馆藏

至此，通过将对象描绘成一个个没有视觉变形的平面图形，再通过横带法、斜重叠法、遮挡法、上下法等方法将这些平面图形拼接、组合在一起，追求永恒的埃及艺术家打破了我们今天所习惯的描绘特定时刻眼睛所见的定势。而一旦摆脱了视像的束缚，艺术家们立即变得几乎无所不能，任何题材、任何动作、任何场景、任何故事，都可以概念化、平面化地予以清晰表达。猎鸟（图 2-17、图 2-18）、捕鱼（图 2-18）、宴乐（图 2-19）、劳作（图 2-20、图 2-21）等复杂的场景描绘一一迎刃而解。

在第十八王朝的纳库特（Nakht）墓室壁画（图 2-21，约公元前 1390 年）中，上层横带描绘了酿造葡萄酒的一整套标准程序，下层横带则描绘了捕鸭和宰鸭的过程。如果以我们今天所习惯的表达法来描绘而没有经过严格的训练，将是非常复杂、难以完成的任务，而埃及艺术家却能够轻松胜任。让我们来看看其中特别有趣的“摘葡萄”场景。艺术家将葡萄架描绘成完全平面化的三个嵌套在一起的拱形，并让葡萄串均匀地分布其上，完全不理会真实的空间效果。有些葡萄串生长得特别有“个性”，没有在重力的作用下垂挂下来，而竟然从葡萄藤上向着天空生长，这完全是非理性的。葡萄架下，以“正面律”程式描绘的两个男人，正在摘取葡萄放入筐中，其动态十分轻松生动，回避了复杂的空间深度难题，但将“摘葡萄”这个概念表达得十分清晰简明。

埃及艺术家这种非理性、随心所欲地叙事的特点在第十一王朝的阿门哈特（Amenemhet）墓出土的“阿门哈特”石碑（图 2-22，约公元前 2000 年）中达到了极致。石碑左半部分描绘了父亲、儿子和儿媳相互勾肩搭背坐在一张水平长凳上的情景，艺术家完全不理会现实的合理性，而是十分巧妙地通过遮挡法来表现他们之间的前后远近，让他们的手臂和腿仿佛绳索一般穿插交织，拧在一起。但是，如果我们仔细观察就会发现许多问题：一、儿子坐在父亲的腿上，怎么又能同时坐在水平长凳的凳面上？二、既然三人坐在同一张水平长凳上，他们的双脚

图 2-20　在彼岸世界的工匠森尼杰姆与他的妻子，森尼杰姆墓室东墙壁画，第十九王朝，干灰泥壁画，德尔麦迪那（Deir el-Medina），底比斯，埃及

图 2-21　酿造葡萄酒与宰鸭，纳库特墓室壁画局部，第十八王朝，约公元前 1390 年，干灰泥壁画，底比斯西岸，埃及

图 2-22　阿门哈特石碑，阿门哈特墓，第十一王朝，约公元前 2000 年，彩色浅浮雕

图 2-23　葬祭官为森内费尔和他的妻子梅丽特举行受洗仪式，森内费尔墓室内景，约公元前 1410 年，第十八王朝，干灰泥壁画，底比斯西岸，埃及

也应当并列于同一空间中，可是，儿媳的双脚怎么会遮挡了父亲的双脚呢？三、那个堆满贡品的大食盘上，食物怎么能够悬停在半空中而不落下来呢？真实的情形应是：儿子坐在父亲的腿上，因而，他将高出坐在他两侧的父亲与儿媳，如此一来，原本呈镜像对称的父子俩的完美和谐将遭到破坏；儿媳的双脚应当搁在父亲的双脚脚面上，然而，如此一来，她的大腿就会向上倾斜，不得与水平长凳的凳面保持平行；而大食盘中的食物应当落下来，落在大食盘中，堆成一堆，可是，如此一来，食物将无法达到与画中人物肩膀齐平的高度。可以说，任何一点符合真实情形的改动，都会破坏原画面和谐对称的构图。这表明埃及艺术家并无意描绘对象所在的真实空间位置及其相互之间的空间关系，他们关心的是如何在一个平面上进行构图与设计，创造一种不表现空间深度的平面效果。

最后，让我们来看看用埃及艺术家所描绘的壁画“装饰”的墓室空间效果。在第十八王朝的森内费尔墓（图 2-23）中，四壁描绘了森内费尔与他的妻子梅丽特死后在彼岸世界所经历的一系列场景，而天顶则满绘蜿蜒的葡萄藤、饱满的葡萄串和圆圆的葡萄叶。虽然说“装饰”一词用于这些墓室绘画不很准确，因为除了死者的灵魂之外，这些绘画无意给人观看与欣赏[①]，然而，它们确实是美丽惊人，尤其是葡萄藤天顶的设计，将自然美景植入建筑空间，为庄严肃穆的室内平添几分野趣，其设计构思之精妙，点、线、面及色彩构成之完美和谐，不由我们不惊叹一声：“古埃及艺术家真是艺术设计的高手！”值得一提的是，葡萄藤架后来成为错视画艺术家热衷的天顶画主题之一，但这是后话了。

总之，在古埃及，基于建筑界面的所有绘画都是平面性的，不表现任何深度，既没有向前侵入观者的空间，也没有向后延伸、退到墙壁或天顶之后，因而不曾改变真实的建筑空间的任何界限。可以说，对于在二维的表面上表达三维的实体与空间这个问题的探索上，埃及艺术家并没有沿着远古洞窟壁画所开拓的道路继续推进，而是另辟蹊径，走出一条完全平面化的新路。这种平面化的埃及风格，在三千多年里几乎没有什么变化，其强大的影响力遍及两河流域乃至整个地中海的沿海区域。而其所特有的稚拙之美及几何秩序之美更赋予后世的艺术家无穷的灵感。纵览西方艺术设计史，我们发现埃及式的平面风格历经了多次复兴，具有强大的生命力，至今仍深深地吸引着全人类，其影响可谓至深至远。

2.4 视觉的觉醒：古希腊瓶画

对于我们的眼睛为什么能够看见对象这一问题，古希腊的哲学家满怀热情。恩培多克勒（Empedocles，约公元前 490—公元前 430）认为宇宙是由土、气、火与水 4 种元素构成，我们之所以能够看见对象，是因为我们的眼睛流出了火元素，当与从对象中流出的火元素相遇时，二者合为一体，这种合体物进入视野，对象就显现出形状与色彩。后来，柏拉图（Plato，约公元前 427—公元前 347）提出了类似的理论：我们的眼睛发出由微粒组成的视觉光线，这些光线与阳光结合在一起即产生了视力，最后这种视力又神奇地流回到灵魂（大脑）中，于是我们看见了对象。[②]

这些理论为古希腊数学家欧几里得（Euclid，约公元前 330—公元前 260）所继承。基于目标越远看起来越小的现象，欧几里得得出眼睛发出的光线必须是直线的结论，进而在其著作《光学》（*Optics*）中，提出了著名的“锥形视线”理论：以观者的眼睛为顶点，光线以直线运行，以所看对象周界为锥形的底面，形成一个锥形。同时，他还提出“平行线间的距离从远处看并不相等，二者逐渐靠拢”以及影响深远的反射定律——光线在镜面上的入射角与反射角相等。在此，欧几里得表达了古希腊人对于透视与光影的基本认识，并且运用数学原理来解释光线与视觉方面的问题，可说是视觉的伟大觉醒。

---

① 参见（英）贡布里希．艺术的故事 [M]. 范景中译．林夕校．北京：生活·读书·新知三联书店，1999: 58.

② 参见（美）马克·彭德格拉斯特．镜子的历史 [M]. 吴文忠译．北京：中信出版社，2005: 54.

伴随着认识的深入与视觉的觉醒，古希腊艺术家呈现出与古埃及艺术家完全不同的追求。古埃及艺术家认为绘画的任务是要尽可能完整、不变形且永久地保存对象，而古希腊艺术家最关心的则是如何将故事表现得更生动、更可信，让观众感到栩栩如生。为此，艺术家们努力探索各种新方法，尝试着按照眼睛所见的样子来描绘对象。

事实上，在公元前5世纪，艺术家已经能够通过透视短缩法（foreshorting）及光影明暗法来塑造立体感。正由于光线是直线传播的，当光线遇到不透明的对象时，那些照不到光之处就形成阴影。对光影明暗的描绘能够有效地突显对象的立体感、层次感，从而获得逼真感。各种古代文献及实物等证据都印证了这一点。昆体良（Marcus Fabius Quintilianus，约公元35—约公元100）（《演说家的培训》XII，10，4）指出，宙克西斯发现了明暗原理，巴尔拉修发现了线条的更精巧的描绘。而老普林尼则盛赞阿佩莱斯“用光和影来获得浮雕的效果”。可以说，正是古希腊人对于透视短缩法和光影明暗法的探索，为错视画艺术的起源奠定了坚实的基础。

然而，遗憾的是，古希腊的壁画①如今几乎荡然无存，因此，如果想要了解当时绘画的情况，唯有参考现存的希腊瓶画与古罗马时期的复制品，以及古代作家，如亚里士多德（Aristotle，公元前384—公元前322）、西塞罗（Cicero，公元前106—公元前43）、维特鲁威（Marcus Vitruvius Pollio，公元前84—公元前14）、老普林尼、普鲁塔克（Plutarchus，约公元46—公元120）等人对希腊绘画及画家的描述。

就大多数文明而言，瓶画艺术并非主流，然而，就古希腊而言，则决非如此。陶器生产在古希腊一度十分兴盛，不仅满足本地所需，而且还作为重要商品远销地中海各地。因而，至今仍有大量残片存世。这些在仪式与日常生活中必不可少的陶器统称为“希腊花瓶”，然而，事实上，它们都有明确的实用目的，仅偶尔用于摆设，但从未用于插花，“花瓶”之谓只是约定俗成罢了。希腊艺术家在装饰这些“花瓶”的过程中，发展了具有高度绘画性的瓶画艺术。以公元前6世纪为分水岭，之前，希腊瓶画深受埃及风格的影响，画面通常作平面处理，具有极强的装饰性。如阿里斯多诺托斯（Aristonothos）制作于约公元前650年的双柄大口罐（图2-24），瓶画故事取材于荷马史诗《奥德赛》第九篇，表现的是奥德修斯及其同伴刺瞎独眼巨人波吕斐摩斯（Polyphemus）的独眼。在此，我们又看到了侧面的脸、正面的眼睛、正面的肩膀、侧面的手臂及腿，横带式展开，相互遮挡，不描绘任何背景，仅仅单纯叙事的埃及模式。

---

① 古希腊的艺术家已经掌握了乳液绘画、蜡画及蜡蛋彩画等各种不同的方法来描绘壁画。参见（德）达格玛·卢茨．古希腊艺术如数家珍[M]．程奭译．长春：吉林出版集团有限责任公司，2012: 102.

公元前6世纪的最后30年，希腊瓶画经历了由平面再现到立体再现的巨大转变，与古埃及人以知识作为绘画的基础不同，希腊人这时开始描绘眼睛所见，发明了透视短缩法，这足以称得上是一场伟大的革命。

从一只约公元前530年的双耳细颈瓶瓶画（图2-25）上，我们看到希腊艺术家没有按照埃及惯例，把拉战车的4匹马画成从侧面看到的、反映其实形的立面，而是将它们画成从正面看和从背面看的样子，并进行了复杂的透视短缩！这真是震撼人心的一刻！因为这表明，古希腊艺术家创造出了一种全新的表达空间深度的方法！而这是多么困难的一件事！因为知识会妨碍眼睛，也就是说，如果你的理智告诉你对象的实际长度，而你却要依据眼睛看到的样子把它画得缩短、变形，这真是相当令人敬畏的事！然而，伟大的希腊艺术家却做到了！

公元前6世纪的最后10年，希腊出了一位重要的人物——欧泰米德斯（Euthymides），他的瓶画在创新能力与完美技艺方面，在当时无人堪与匹敌。他特别关注在二维的表面上描绘三维的实体与空间这一问题，能够运用透视短缩法把人物表现得浑圆、真实。让我们来看这只制作于约公元前510～公元前500年的双耳细颈瓶（图2-26），上面绘有3个饮酒狂欢者，欧泰米德斯以全新的视角来描绘他们——摒弃了生硬的埃及模式，而从半侧面及从背部予以表现，肩膀转了过去，并进行了复杂的透视缩短、变形。然而，并不彻底，我们看到，人物的腿和脚仍是侧面的，而且，侧面的脸上仍安放着正面的眼睛，这反映出埃及模式的顽固，同时也表明从二维平面模式向三维立体模式的过渡并非一蹴而就的事，艺术家的创新之路无比艰辛。

图2-24　阿里斯多诺托斯制作的双柄大口罐瓶画，表现奥德修斯及其同伴刺瞎独眼巨人波吕斐摩斯的独眼，约公元前650年，现藏罗马卡比托博物馆，罗马

图2-25　双耳细颈瓶瓶画，表现四马战车，约公元前530年，意大利南部或西西里，现藏阿格里琴托地区考古博物馆

图2-26　欧泰米德斯，饮酒狂欢者，阿提卡红像式双耳细颈瓶瓶画，约公元前510年～公元前500年，高60厘米，现藏慕尼黑国立古典文物与雕刻博物馆，德国

公元前 5 世纪之后，希腊艺术家在二维的平面上创造三维实体方面取得了突破性的进展。关于这一点，我们从一只约公元前 430 年绘有战士诀别场景的双柄瓶上可以领略一二（图 2-27）：首先，我们看到左方低着头的女子，她的肩膀已经不再是正面的了，而是依据眼睛所见进行了透视缩短，被描绘成从侧面看到的样子，手和手臂也不再像埃及风格那样生硬了；其次，右方的战士，虽然肩膀还是正面的，但他的腿已经不再像埃及风格那样被画成两条侧面的腿了，尤其值得注意的是他的左脚，画家把它画成从正面看到的样子，五个脚趾好像一串糖葫芦，是的，这只脚发生了复杂的透视缩短并且变形得很厉害；再次，画中人的眼睛，不再是正面的了，甚至那只盾牌上的眼睛，也被画成从侧面看到的样子。

图 2-27　画有战士诀别场景的双柄瓶瓶画，约公元前 430 年，慕尼黑

约公元前 400 年与约公元前 350 年的两块雅典红像式双柄大口罐残片（图 2-28、图 2-29）还向我们表明，希腊的艺术家甚至已经掌握了以简单的轴测投影图①来表达三维的实体与空间的方法。通过轴测投影图法，艺术家能够同时反映对象的正面、侧面和顶（底）面的形状，这是接近于人眼的视觉习惯的，因而比较形象、逼真且富有立体感。然而，由于轴测投影图是对象与观者的距离被假设为无限远的产物，它的最大特点是削减了一般意义上的近大远小的透视规律，与透视图存在着本质的区别。因而，看起来就显得不那么真实。

图 2-28　立于雅典娜神庙之前的雅典娜雕像，雅典红像式双柄大口罐残片，约公元前 400 年，现藏维尔茨堡大学马丁・凡・瓦格纳博物馆

最后，必须指出的是，瓶画的技艺毕竟与壁画、木板画等不同，因而，依据瓶画，只能提供对于古希腊绘画有限的想象，从中略窥希腊艺术家们的绘画造诣。然而，无论如何，作为仅存的硕果，瓶画毕竟见证了希腊艺术家逐渐摒弃埃及的平面程式转而描绘眼睛所见的全过程。

图 2-29 戏剧场景，雅典红像式双柄大口罐残片，约公元前 350 年，现藏维尔茨堡大学马丁・凡・瓦格纳博物馆

---

① 用一个位于无限远处的光源（其投射线相互平行）将对象投射到画面上所得到的投影图形，称为轴测投影图或轴测图。轴测投影图分为正轴测投影图与斜轴测投影图两种。正轴测投影图是对象倾斜于画面，而投射线垂直于画面所得的投影图（图 2-28）。斜轴测投影图是对象平行于画面，而投射线倾斜于画面所得的投影图（图 2-29）。

2.5 戏剧的愉悦：错视画艺术的起源

柏拉图在《理想国》卷十中举例说，床有三种：第一种是床之所以为床的那个床的“理式”；其次是木匠依床的理式所制造出来的个别的床；第三是画家摹仿个别的床所画的床。这三种床之中只有床的理式，即床之所以为床的道理或规律，是永恒不变的，为一切个别的床所自出，所以只有它才是真实的。木匠制造个别的床，虽然根据床的理式，却只摹仿得床的理式的某些方面，受到时间、空间、材料、用途种种有限事物的限制。这种床既没有永恒性和普遍性，所以不是真实的，只是一种“摹本”或“幻相”。至于画家所画的床虽根据木匠的床，他所摹仿的却只是从某一角度看的床的外形，不是床的实体，所以更不真实，只能算是“摹本的摹本”，“影子的影子”，“和真实隔着三层”。①

事实上，把艺术定义为“摹仿”，在古希腊并非自柏拉图始。赫拉克利特（Heraclitus，约公元前 540—公元前 470）说艺术摹仿自然。德谟克利特（Democritus，公元前 460—公元前 370）说人类从天鹅和黄莺等歌唱的鸟儿那里学会了歌唱。而作为柏拉图的学生，亚里士多德则说，我爱老师，但我更爱真理。他放弃了柏拉图的“理式”，肯定了现实世界的真实性，并赋予“摹仿”一种新的、远较深刻的意义。在他看来，艺术所摹仿的决非如柏拉图所说的仅是现象世界的表象，而是现实世界所具有的必然性和普遍性，即它的内在本质与规律。因此，艺术甚至比现实世界更为真实。②

公元前 5 世纪，希腊艺术家摹仿现实世界的能力已经达到了极高的水平，并曾经带给人们无限强烈的惊悸之感，以至于摹仿的逼真程度成为评价绘画艺术水平高低的一条重要标准。据说，希腊人经常举办各种绘画竞赛，类似于奥林匹克运动会，以展示艺术家们的艺术成就，最高奖为一根棕榈枝，称为“棕榈枝奖”，吸引了众多著名艺术家积极参与。老普林尼在《博物志》中讲到宙克西斯与巴尔拉修竞赛的故事（见第一章），最终巴尔拉修以能够欺骗艺术家的眼睛而夺得当年的“棕榈枝奖”。这个故事表明了当时错视画艺术（Trompe O'leil）的理想，而宙克西斯与巴尔拉修今天则被尊崇为错视画艺术的鼻祖。

---

① 参见朱光潜．西方美学史 [M]. 北京：人民文学出版社，1963: 44.
② 参见朱光潜．西方美学史 [M]. 北京：人民文学出版社，1963: 71.

然而，正如英国艺术理论家、艺术史家诺曼·布列逊（William Norman Bryson）所指出的那样，这个故事被如此频繁地引用，以至于会使人们很容易忽视其发生场所的奇特性，即，这是在一座公共的剧场里，而非在集市或画廊中，事实上，宙克西斯与巴尔拉修的画都是希腊人所称的剧场舞台布景（skenography）。[①]当宙克西斯拉开幕布，画面上的葡萄如此逼肖自然，以至于鸟儿飞到了舞台的墙上。而当他伸手去拉开巴尔拉修的幕布时，却发现幕布竟然是画出来的！幕布与布景画的交汇，舞台空间中植入虚构的空间，仿佛一场戏中之戏，可说达到了错觉的狂欢的极致。在此，尤其值得注意的是，故事中出现的戏剧观念及其所强调的布景画与舞台之间的关系。

渊源于酒神祭典的希腊戏剧是以诗的形式，以舞台为背景对现实生活的摹仿。自诞生之初，对于戏剧是否应当存在这一问题就曾引发了激烈的争论。柏拉图认为戏剧是对表象世界的摹仿，所以是一种欺骗，与哲学相比，戏剧不但不能使人提升自我，反而会让人沉浸在表象的世界里不可自拔，因而是蛊惑人心、引人堕落的事物。然而，亚里士多德则认为，摹仿非但不是有害的，还包含了许多美德。人类最初的知识即是从摹仿而来的。通过摹仿事物发展的内在规律，去除不符合规律、显不出事物内在联系的偶然性，戏剧呈现给观众的是来源于生活并高于生活的艺术美。

图 2-30　复原的古希腊戏剧面具

图 2-31　戴着面具扮成流浪汉的喜剧演员，约公元前 375 年 ~ 公元前 350 年，赤陶人像，高 12 厘米，现藏慕尼黑州立文物博物馆，德国

图 2-32　戴着面具扮成醉汉的喜剧演员，约公元前 375 年 ~ 公元前 350 年，赤陶人像，高 14 厘米，现藏柏林国立博物馆，德国

① 参见（英）诺曼·布列逊．注视被忽视的事物：静物画四论 [M]. 丁宁译．杭州：浙江摄影出版社，2000: 28–29.

无论持哪种观点，不可否认的是戏剧那无与伦比的愉悦性。戏剧不仅能够带给观众全方位的感官享受，而且能够激发想象，使观众通过他们在舞台上的代表——演员，间接地参与了在另外的时间与另外的地点发生的事件（有些可能经历过，有些也许永远无法经历），并从中看到自己及周围人的影子，进而引发了观众内心的情感与反思，情绪与精神都得到了宣泄。因而，在节日里观看戏剧演出无疑是古希腊人生活中最大的乐趣之一。

古希腊的剧场都是露天剧场，规模巨大，通常能容纳15000～17000名观众。为了让远处的观众也能看清楚并能迅速地辨认出所扮演的角色，演员们都穿高底鞋并戴面具（图2-30）。遗憾的是，由于这些面具通常以亚麻或软木制成，因而都未能保存至今。但依据现存的赤陶人像（图2-31、图2-32）与瓶画（图2-33、图2-34），我们可以约略得知这些面具的形状及样式。作为戏剧的重要象征，面具后来成为艺术家反复表现的主题之一（图2-35）。

至于剧场，比较成熟的形制（图2-36、图2-37）是：扇形的观众席依据山坡地势逐级升高，环抱圆形乐池，面向舞台，舞台之后是景屋（skene）。景屋起初是临时搭建的帐篷，相当于剧场的后台，里面是化妆室和道具室等。景屋后来演变为固定的长条形建筑，并由一层发展为两层。底层通常设有三扇门，供演员从门洞内出来并在景屋前展开表演。为了烘托演员的表演并为观众提供戏剧发生地的场景，景屋的外墙由艺术家绘制布景，并装饰得日益华美，这就是布景被称为“skenographia”的原因，它还是“精通透视”的同义词。

图2-33　塔珀利（Tarporley）画家，准备上场的森林之神滑稽短歌剧（satyr-play）演员们，阿普利亚区的红像式钟形双柄大口罐细部，约公元前380年，现藏尼克尔森文物博物馆，悉尼大学，澳大利亚

图2-34　普罗纳莫斯（Pronomos）画家，手持面具的演员，涡形双柄大口罐外部森林之神滑稽短歌剧的红像式瓶画细部，约公元前410年，赤陶，高75厘米，那不勒斯国家考古博物馆，意大利

由于没有实物留存，关于这些舞台布景（skenographia），我们唯有参考古代文献中的描述。亚里士多德在他的《诗学》第四章中说，这种舞台布景最早是由希腊悲剧大师索福克勒斯（Sophocles，公元前496—公元前406）引入的。维特鲁威在他的《建筑十书》（约公元前30～公元前20年）第一书第二章中，解释了源于古希腊的建筑透视图（配景图（scenography））的画法："至于配景图法，则是一种带有阴影的图，表现建筑的正面与侧面，侧面向后缩小，线条汇聚于一个焦点。"[①]而在第七书第五章中，则提到当悲剧大师埃斯库勒斯（Aeschylus，公元前525—公元前456）的悲剧上演时，雅典艺术家阿拉班达的阿帕图里乌斯（Apaturius of Alabanda）以他的优雅手艺装饰小剧场的舞台背景（scaenae frons），"在上面画了圆柱、雕像以及支承着柱上楣的半人半马怪（centaurs），还有圆形屋顶、山花的尖角和装饰有狮头的上楣（所有这些东西安装在屋顶排水沟上都是有道理的）。此外，在舞台背景之上，他还画了episcaenium（舞台背景之上的增高部分），有圆庙、神庙门廊、半山花以及种种建筑图画。这舞台布景由于其高浮雕的效果迷住了所有人的眼睛，人们众口一词地赞美这作品"。[②]依据维特鲁威，这是第一幅依照透视原理绘制的透视画，在制造空间错觉方面获得了巨大的成功，赢得了希腊社会的广泛赞誉，可以被认为是基于建筑界面的西方错视画艺术的起源。阿帕图里乌斯还就自己的绘画方法写了一段评论。在他的影响下，哲学家兼科学家德谟克利特（Democritus，公元前460—公元前370）和安那克萨哥拉（Anaxagora，公元前500至—公元前428）都对透视原理作了正式研究。"图中的线条应使之依照自然比例，符合于由固定视点眼睛引向被画物体各点的视线，在眼与物之间假想平面上描下的轮廓图形。"[③]由于知晓透视原理，"尽管一切东西都画在垂直面或平面上，却可以看到有些部分退入背景中，其他部分则向前凸出"。[④]

今天，我们通常把"发现"科学的、精准的透视法原理归功于意大利文艺复兴时期著名的建筑师布鲁内莱斯基（Filippo Brunelleschi，1377—1446），但事实上，用"再发现"这个词似乎更合适些。因为早在14世纪中叶，维特鲁威的《建筑十书》抄本就在意大利流传开来，并已为文艺复兴时期的学者们所熟知。书中关于配景图法（透视图法）的讨论明确阐述了绘画透视的基本原理——线条汇聚于一个焦点。然而，我们还缺乏直接的

---

① 引自（古罗马）维特鲁威．建筑十书[M].（美）I.D. 罗兰英译．陈平中译．北京：北京大学出版社，2012: 67.
② 引自（古罗马）维特鲁威．建筑十书[M].（美）I.D. 罗兰英译．陈平中译．北京：北京大学出版社，2012: 138.
③ 转引自殷光宇．透视[M].杭州：中国美术学院出版社，1999: 9.
④ 参见（英）吉塞拉·里克特．希腊艺术手册[M].李本正，范景中译．杨成凯校．杭州：中国美术学院出版社，1989: 138.

证据——雅典舞台艺术的建筑透视图，而仅能在瓶画中找到少量线索。如上文提到的那块绘有戏剧场景的雅典红像式双柄大口罐残片（图2-29），在此，艺术家运用了斜轴测投影图法来描绘翼部伸出敞开式廊亭的景屋以及从门中正欲出场的演员与在景屋前表演的演员。然而，所有垂直于画面的平行线在画面上的投影都只是相互平行，而未如维特鲁威所说的汇聚于一个焦点。

尽管直至今日，仍有许多学者试图证明古希腊艺术家已经精通线性透视原理，但都未成功。在这个问题上，目前取得的共识是，古希腊的艺术家还没有真正掌握科学、精准的透视法，仅仅是出于对透视现象模糊简单的感知来进行描绘的。他们把远处的东西画得小，把近处的东西或重要的东西画得大，可是远去的物体有规律地缩小这条法则，亦即我们可以用来表现一个视觉景象的那个固定的框架，他们还没有采用。[①]尽管如此，古希腊的艺术家们已能运用透视短缩、光影明暗及混合色创造出相当“逼真”的错觉，这一时期可谓错视画艺术的孕育阶段。

① 参见（英）贡布里希．艺术的故事[M]．范景中译．林夕校．北京：生活·读书·新知三联书店，1999: 115.

图2-35　喜剧作家米南德（Menander）在工作室里，出自现藏罗马的一件浅浮雕。这些面具是米南德新喜剧中的三个主角：青年、妓女与发怒的父亲。右边的那个女人，很可能也拿着一个面具，可能是喜剧缪斯女神或者米南德的夫人葛立克拉（Glykera）

图2-36　埃庇道拉斯剧场（The theater at Epidauros），约公元前350～公元前300年

图2-37　普里尼剧场（The theater at Priene）复原草图，容纳5000名观众，公元前2世纪

第三章　光荣属于希腊，伟大属于罗马

将艺术带给我，将艺术引入我家四壁，我才不惜代价。

——阿道夫·路斯（Adolf Loos）[①]

墙开了，我眼前出现一座美丽的花园。

——保尔·艾吕雅（Paul Eluard）

追本溯源，我们语言里"幻觉"一词，拉丁语的意思是"开始做游戏"。

——让-诺埃尔·罗伯特（Jean-Noël Robert）[②]

尽管罗马人征服了希腊的城邦并将之变为自己的外省，但希腊文化却反过来征服了罗马人。罗马人对希腊文化充满崇拜，富有的收藏家不惜斥巨资收集希腊的艺术品，对于那些无法买到的名作，则雇请艺术家进行仿制。可以说，罗马的艺术家几乎完全是在希腊化的影响下进行创作的，他们积极地参考希腊艺术家的技巧及其形式。尽管如此，必须指出的是，古罗马绘画并非古希腊绘画的简单复制，而是有其自身的成就，比如更加注重实用性、纪实性与错觉性，更加注重绘画与建筑空间之间的关系，且在明暗、光影、体积感、三度空间的透视感及逼真的质感与细节方面，发展到了一个新的高度。今天，我们如果想要了解古罗马绘画的真相，唯有通过庞贝（Pompeii）及其周边城市出土的装饰性壁画与镶嵌画。

公元79年8月24日午间，天气热得异乎寻常，和平时一样，四下里很安静。猛然间，毫无预兆地，大地剧烈地震动，接着是轰然巨响，人们骇然看到休眠多年的维苏威火山竟裂成两半！炽热无情的火山灰、碎石和泥浆瞬间将庞贝、赫库兰尼姆（Herculaneum）、奥普隆蒂斯（Oplontis）、伯斯科雷阿莱（Boscoreale）、斯塔比亚（Stabiae）等几座古罗马城市掩埋。突如其来的厄运将这些曾经繁华兴旺的城市封存了1700多年，但同时也

---

① 转引自 Umberto Pappalardo. *The Splendor of Roman Wall Painting* [M]. Los Angeles: The J. Paul Getty Museum, 2009: 7.

② 引自（法）让-诺埃尔·罗伯特.古罗马人的欢娱 [M]. 王长明，田禾，李变香译.桂林：广西师范大学出版社，2005: 55.

图 3-1a　百岁府邸纵剖面图，建筑界面满绘彩色壁画

图 3-1b　百岁府邸两个中庭间的剖面图，建筑界面满绘彩色壁画

原汁原味地保存了宝贵的历史一瞬。其他罗马城市中的建筑通常在其原址上经历过重建或改造，破坏了它们自身过去的证据；罗马城虽然保存了那些与历史大事件紧密相关的纪念性建筑，但这些建筑极少涉及日常生活。相比之下，庞贝及其周边城市在一瞬间凝固并进入矿物的领域，既给我们提供了装饰的房屋未受损坏的实例，又给我们提供了日常生活真实的一瞥，这是在其他任何地方都无法找到的，因而可谓意义非凡、珍贵无比。城中几乎每一座府邸及别墅的墙壁上都绘有壁画——错觉的建筑、奢华的舞台、蓊郁的花园、奇异的动物、迷人的远景、逼真的静物……可以说，相比于希腊人，罗马人更热衷于将建筑界面满绘彩色壁画（图 3-la、图 3-lb）。今天，古罗马时期的绘画大多已湮没不存，得以幸存的绘画主要出自这几座城市，它们被统称为“庞贝壁画”而闻名于世，其精湛的技艺令人叹为观止，其视觉的冲击持久而不朽。

3.1 从有限到无限：建筑空间的扩张

身为世界的霸主，这种自我感觉使每一位罗马市民都表现出国王的架式，渴望像国王一样地生活，因而，其居所的雄伟壮观与装饰的奢侈豪华与国王的宫殿相比，常常有过之而无不及，例如庞贝的农牧神府邸（The House of the Faun，图 3-2），其总建筑面积高达 2790 平方米①，占据了整个城市街区，实际上比帕加马（Pergamum）国王的宫殿还大。②

图 3-2　农牧神府邸废墟，约公元前 180 年，庞贝，带有方形蓄水池的中庭景观

在庞贝，有充分的文献证明，典型的罗马贵族府邸（图 3-3）的建筑空间布置通常是沿中轴线对称展开的。观者沿着中轴线前行，步入沿街墙面正中的入口（fauces），穿过昏暗狭窄的前厅（vestibulum），在行进的过程中，渐渐过滤了凡尘俗事，待踏入高敞明亮的中庭（atrium，图 3-4）之时，顿生一种豁然开朗之感。中庭为一矩形空地，居中设有方形蓄水池（impluvium）。卧室（cubiculum）、餐厅（triclinium）和客厅（tablinum），都开向中庭，自成一个世界。环绕中庭的四面斜坡屋顶向内倾斜，在蓄水池正上方交汇形成斗形井口（compluvium）。井口让阳光和空气进来，还有雨水。每当天空下起雨时，苍苍茫茫的雨水从斗形井口淅淅沥沥地落入蓄水池中，与世隔绝的中庭更显静谧与幽深。穿过中庭，即进入后方的回廊庭院（peristyle，图 3-5）。优雅的回廊是古希腊的传统，四周布置着小房间、开敞式有座谈话间（exedra）、浴室，中轴线的终端为花园。整个空间序列明暗、虚实、光影交织变幻，时而开敞、时而封闭，形成了丰富多变、对比强烈的空间体验，美丽惊人。

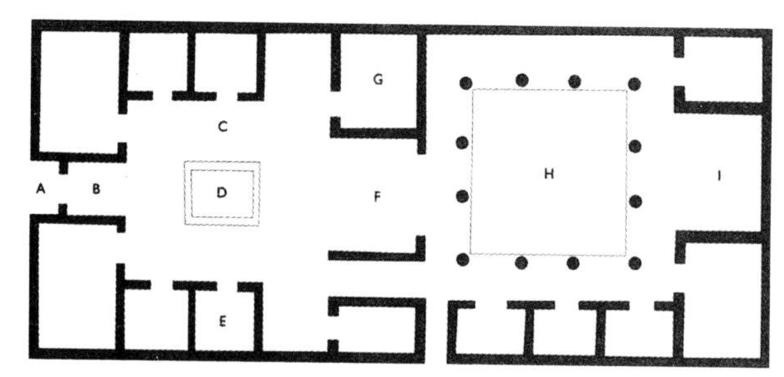

图 3-3　典型的罗马贵族府邸平面图，公元前 1 世纪（A. 入口、B. 前厅 C. 中庭、D. 方形蓄水池、E. 卧室、F. 客厅、G. 餐厅、H. 回廊庭院、I. 开敞式有座谈话间）

① 引自 Umberto Pappalardo. *The Splendor of Roman Wall Painting* [M]. Los Angeles: The J. Paul Getty Museum, 2009: 18.

② 引自 Umberto Pappalardo, *The Splendor of Roman Wall Painting* [M]. Los Angeles: The J. Paul Getty Museum, 2009: 8.

值得注意的是，府邸中房间面积一般较小（例如有的卧室不足10平方米），由于通常不设窗户，即使有窗户也很小且开在高处，因而室内十分黑暗，用来照明的只有油灯的微光。在这样的建筑空间中，为了消除压抑、拥挤和封闭感，艺术家们有意识地将所有建筑界面——地面、墙面和天顶联系起来加以整体构思，试图通过壁画、天顶画以及地面镶嵌画的处理等方式创造虚构空间来征服二维的界面，从而消融每个单一界面的界限，打破真实空间的狭小局限感。通常，虚构空间的创造有两种方式：第一种方式，通过增加空间深度来延伸观者所处的真实空间，从而打开一个新的虚构空间而消融了建筑的界面，我们称之为延伸法；第二种方式，通过使绘画空间介入观者所处的真实空间来获得第三维，描绘的场景突出于建筑界面之外，仿佛真的进入到我们的世界中一样，我们称之为侵入法。这两种方式常常同时并存。

图 3-4　维蒂府邸中庭，庞贝，公元前 1 世纪中期

图 3-5　海中维纳斯府邸回廊庭院景观，庞贝

古罗马的地面镶嵌画因会产生一种场地深度的不确定感而著称。鲜明对比的瓷砖或切割（opus sectile）的块面所形成的节奏，加上那种在方向和构成上似乎会变易的简单单元反复，创造出一种明显的扩张和闪烁的力场，例如卡拉卡拉浴场（Baths of Caracala）地面的马赛克镶嵌（图 3-6，188～217 年）。至于那些颠倒图底关系的图案，则呈现出一种生动的两可性，例如饰有美杜莎之头的古罗马马赛克镶嵌地面（图 3-7，公元 2 世纪），观者会产生一种地面越来越透明的感觉，整个平面仿佛向下凹陷的深井，呈现出一种穿越性的虚空。这种向下的凹陷感在图案产生明暗交替效果时愈加明显。[①]

图 3-6　卡拉卡拉浴场闪烁的马赛克镶嵌地面，约 215 年，罗马

图 3-7　饰有美杜莎之头的马赛克镶嵌地面，公元 2 世纪中叶，现藏温泉浴室博物馆，罗马

同样，这种描绘虚构空间以超越建筑本身限定的愿望也可以在古罗马的天顶中找到。在当时的庞贝，许多天顶被化解为一种无形的空间——蔚蓝的天穹或神秘的夜空。例如，在斯塔比亚浴场（Stabian Baths）冷水浴室的天顶上就饰有点点繁星。[②]另外，依据古罗马传记作家苏维托尼乌斯（Suetonius）的记载，尼禄皇帝（Nero，公元 37—公元 68）的“金宫（The Domus Aurea）”中，天顶上饰有星和行星，而且犹如天文馆一样，这个天顶是缓慢旋转的。[③]此后数个世纪，艺术家们更将教堂的天顶绘制成蓝色，并布满繁星以唤起天上世界的感觉。[④]例如，西斯廷礼拜堂（Sistine Chapel）的天顶，在 1508 年米开朗琪罗（Michelangelo Buonarroti，1475—1564）开始描绘他那著名的天顶画

---

① 参见 Richard Brilliant. *Roman Art: from the Republic to Constantine* [M]. London: Phaidon Press Ltd., 1974: 135-148.

② 参见（英）诺曼 · 布列逊 . 注视被忽视的事物：静物画四论 [M]. 丁宁译 . 杭州：浙江摄影出版社 , 2000: 33.

③ 参见（英）诺曼 · 布列逊 . 注视被忽视的事物：静物画四论 [M]. 丁宁译 . 杭州：浙江摄影出版社 , 2000: 33.

④ 参见 Miriam Milan. *The Illusions of Reality: Trompe-L'oeil Painting* [M]. London: Skira, 1982: 19.

之前，曾经被描绘成天蓝色的并散布着金色的星星（图 3-8）。[1]在这些例子中，值得注意的是那种将天顶看作通向比建筑更为宏大的空间、融通于无限性的一种开放口的观念。天顶是在一种局部的、可触可感的限定性空间与另一种错觉的、更有扩张性并超越自身的空间之间斡旋。[2]

以上提及的地面镶嵌画和天顶画虽然能够制造一定的错觉性空间，但是，显然，它们还不是错视画，因为还没能达到欺骗眼睛的程度。除了地面和天顶的扩张，还有墙面的扩张。对于庞贝的发掘和研究表明：能够延续建筑、扩张空间的错觉性壁画在古罗马已经十分盛行。维特鲁威在《建筑十书》第七书中第五章《壁画》中，对此类装饰壁画的记载，也证明了这一点。正如所谓的“塔缔斯（Tardis）”，从外部看，它仅仅是一个小小的电话间，然而一旦进入内部，你将骇然发现，其内部竟是巨大无比。[3]庞贝壁画的艺术家们追求的正是这种“塔缔斯”效应，试图将建筑真实的界限消融于虚拟的空间之中。在某种程度上，可以说，这是一种戏剧性美学观的表达，壁画使每一个建筑空间都转变为戏剧舞台，主人所喜爱的场景与幻境缤纷上映，穿越其间，犹如穿越一幕幕戏剧，在油灯幽微恍惚的光线中，其戏剧效果尤为美丽动人。

图 3-8　西斯廷礼拜堂内景，天蓝色的天顶散布着金色的星星，1508 年底，铜版画，1809 年

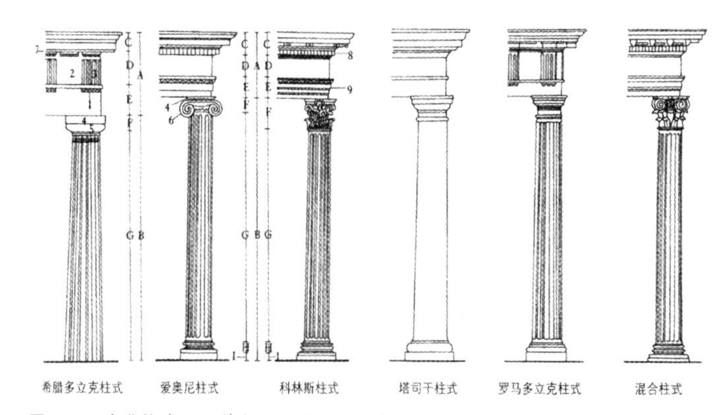

图 3-9　古典柱式（A 檐部，B 柱子，C 檐口，D 檐壁，E 额枋，F 柱头，G 柱身，H 柱础，I 台基 1 边条 2 嵌板 3 三陇板 4 檐底托板 5 柱头 6 涡卷 7 椽头 8 齿饰 9 挑口饰）

① 参见 Carol M. Richardson. *Locating Renaissance Art*. Volume 2 [M]. London: Yale University Press, 2007: 49.

② 参见（英）诺曼·布列逊．注视被忽视的事物：静物画四论 [M]．丁宁译．杭州：浙江摄影出版社，2000: 33.

③ 参见（英）诺曼·布列逊．注视被忽视的事物：静物画四论 [M]．丁宁译．杭州：浙江摄影出版社，2000: 45-46.

3.2 剧场：灵感的来源

古罗马的剧场沿袭了古希腊剧场的基本型制，并做了改进。观众席不再依山而建，而是采用放射形排列的筒形拱架起，如此一来，不必再受自然条件的制约，选址与布局都十分自由。古希腊剧场的乐池为圆形（图 2-36、图 2-37），古罗马剧场的乐池则缩减为半圆形。舞台前移，舞台口的底墙正好落在半圆形乐池的直径上。景屋逐渐发展为高大雄伟的多层建筑，两翼向前伸出，与观众席连接成为一体，外墙作为舞台背景，采用圆柱、山花、壁龛、雕像等装饰得十分华美。在这里，特别值得注意的是在建筑外墙上作为装饰的圆柱。如我们所知，古希腊人创造了 3 种柱式，即：多立克式、爱奥尼式及科林斯式。古罗马人新增了 2 种柱式，即：最简单的塔斯干式和最华丽的混合式（图 3-9）。这 5 种古典柱式成为古罗马建筑构图与造型的主要手段。在作为观众视线焦点的舞台背景上也是如此，古典柱式实际上起到划分景屋外墙开间与丰富光影层次的作用。如在罗马建造的第一座永久性的剧场——庞培剧场（The Theatre of Pompey，公元前 55 年），其景屋外墙装饰有 55 根华丽的科林斯式圆柱以及众多的壁龛和雕像，荟萃众美、富丽堂皇的舞台背

图 3-10　庞培剧场景屋复原图，公元前 55 年在罗马建造的第一座永久性罗马剧场，可容纳 17000 名观众

景令每一位观者印象深刻。遗憾的是，庞培剧场今已不存，我们唯有通过复原图（图 3-10）遥想其当年风采。至于现存较为完整的古罗马剧场则有法国南部的奥朗治（Orange）剧场（图 3-11，约公元 50 年）和利比亚的萨布拉塔（Sabratha）剧场（图 3-12，公元 2 世纪末）等，其辉煌壮观的舞台背景上所装饰的古典柱式、山花、壁龛和雕像等依稀可辨。

图 3-11　奥朗治剧场遗址，约公元 50 年，法国南部

图 3-12　萨布拉塔剧场遗址，约公元 2 世纪末，利比亚

维特鲁威在他的《建筑十书》第五书中第三章至第九章专门论述了剧场设计。他写了许多有关声学的内容，至于舞台，他写道："布景建筑有其自身的基本原理，应按如下步骤建造：中央大门要装饰得如皇家大厅一般，左右两边的来宾席（hospitalia）的门要安排在布景区的旁边。希腊人称这些地方为 periaktoi（旋转侧翼），因为装有可旋转的三角布景装置。每个装置有三套不同的画面，当某出戏要变换布景时，或当一位神灵在电闪雷鸣中显现时，便可旋转这布景，将该出现的画面朝外。与这些地方相并排的布景板正面，应在舞台上再现一个从集市广场来的入口，以及一个从城外来的入口。"①。并说："舞台布景有三种类型：一是悲剧，一是喜剧，一是森林之神滑稽短歌剧（Satyric）。它们的装饰不一样，要根据不同的原理进行构思。悲剧布景用圆柱、山墙、雕像和其他庄重的装饰物来表现。喜剧布景看上去像是带有阳台的私家建筑，模仿了透过窗户看到的景色，是根据私家建筑原理设计的。森林之神短歌剧的背景装饰着树木、洞窟、群山，以及所有乡村景色，一派田园风光。"②

遗憾的是，维特鲁威仅仅留下文字，却并未提供任何插图。文艺复兴时期，意大利人不仅翻译了维特鲁威的著作，而且还在他们的认知框架内为其提供了插图。其中，塞巴斯蒂亚诺·塞利奥（Sebastiano Serlio，1475—1554）的著作《建筑五书》（1545 年）是对维特

① 引自（古罗马）维特鲁威．建筑十书 [M].（美）I.D. 罗兰英译．陈平中译．北京：北京大学出版社，2012: 114.
② 引自（古罗马）维特鲁威．建筑十书 [M].（美）I.D. 罗兰英译．陈平中译．北京：北京大学出版社，2012: 114.

图 3-13　塞利奥，悲剧布景，出自《建筑五书》第二书，1545 年

图 3-14　塞利奥，喜剧布景，出自《建筑五书》第二书，1545 年

鲁威的阐释之作。其第二书《论透视法》中依据维特鲁威的记载，运用线性透视法设计了悲剧（图 3-13）、喜剧（图 3-14）与森林之神滑稽短歌剧的舞台布景（图 3-15），并写道："在很多人工制作的并能够给人的眼睛和心灵带来巨大满足的东西中，舞台上暴露无遗的舞台设施（在我看来）是最好当中的一个。那里你可以看到在一个透视法创造的小空间中，壮丽的宫殿、巨大的神庙，以及各种各样或远或近的建筑、宽敞装点着各种大厦的广场、笔直且与其他道路交错着的大街、凯旋门、极高的巨柱、金字塔、方尖碑，以及其他数以千计的美好事物，被无数的灯具装饰着——依形式所需，或大型或中等或小型——得到如此巧妙的安排以至于好似众多耀眼的珠宝，仿佛就是钻石、红宝石、蓝宝石、绿宝石等等。在此，还可以看到一弯明亮的新月缓缓升起，或是在无人注意的时候已经悄然升起。在有些其他的舞台

图 3-15　塞利奥，森林之神滑稽短歌剧布景，出自《建筑五书》第二书，1545 年

上还要有日出、行进和演出最后日落的景象，其做法是如此的聪明，使得很多观众都惊诧于此。”[①]这些创造了错觉性场景、扩大了建筑空间、带给人无限遐想的舞台布景设计，正是“庞贝壁画”的灵感来源，关于这个话题，我们稍后详论（见 3.4.2 舞台的魅影：第二种庞贝风格与 3.4.4 梦境的放纵：第四种庞贝风格）。

3.3 湿壁画：神秘的技术

因为有火山灰和泥浆充当保护剂，庞贝壁画刚被发现时，其色彩依然鲜明强烈，仿佛昨天刚刚画好，而不是 2000 多年前。这种耐久性的秘密是什么？关于罗马人究竟采用了何种绘画技术的问题已经讨论了许久，人们往往出于偏见，认为只有非常复杂的技法才能达到如此美丽的程度。有人认为，罗马人采用了某种蛋彩画技术或泽坦培拉技术（tempera technique）。而得到广泛认同的看法是罗马人采用了蜡画法（encaustic），因为在画面上发现了蜡的痕迹。然而，这些蜡其实是后来的修复者们为了保持墙壁整洁光亮而涂抹上去的。

事实上，庞贝壁画是采用一种简单朴素的技法——湿壁画（fresco）绘制的，关于这一点，维特鲁威在《建筑十书》中有精确的叙述。“fresco”原意为“新鲜的”，从字面意思即可看出这种绘画技法的特点，即在墙壁新鲜、湿润的时候作画，它是世界上最古老的一种绘画技法。

其具体操作步骤如下：首先，挑选纯净的钙质岩（calcareous rock），其主要成分为碳酸钙——钙与二氧化碳的化合物。其次，将钙质岩加热到 1000°C 以上，使二氧化碳化作气体从岩石中挥发出去，同时，碳酸钙转变为氧化钙，也称生石灰。然后，将转变为浅灰白色的岩石片浸入大量水中，与水发生化学反应生成熟石灰膏。熟石灰膏与沙子混合制成涂抹墙壁的粗灰泥（arriccio）。绘制壁画时，先在墙上涂一层厚厚的、打底的粗灰泥层，在其上勾画草图。然后，再涂一层灰泥层，用红色线条重画草图。最后再涂一层细灰泥（intonaco），作为壁画的表层。注意，细灰泥是采用大理石或方解石粉末代替沙子制成的，这样可以获得一种大理石般平整光亮的表面。趁着细灰泥湿润未干时，将颜料混合水，在其上作画。颜料渗入灰泥中，融合在一起，当灰泥干燥后，便将颜料牢牢地固定在墙壁表面上，不易龟裂、剥落，且能长久保持，焕发出一种特殊的光泽。实际上，这时空气中的二氧化碳与灰泥中的石灰发生了化学反应，从而使石灰再度转化成了碳酸钙。当绘画完成后，还要用滚筒磨光，然后用手在其上涂抹一种脂肪物质，以使壁画辉煌灿烂，光滑如镜。[②]

---

① 引自（意）塞巴斯蒂亚诺·塞利奥．建筑五书 [M]. 刘畅，李倩怡，孙闯译．北京：中国建筑工业出版社，2014: 108.
② 参见 Umberto Pappalardo. *The Splendor of Roman Wall Painting*[M]. Los Angeles: The J. Paul Getty Museum, 2009: 8–9.

由于艺术家必须在墙壁潮湿未干的状态下作画，因此，他不能用细灰泥一次性将整个房间全部覆盖，那样的话，还没等他完全画好，灰泥就会干掉。他必须将墙壁分成若干区域，一般是由上而下，涂抹一片，完成一片，每次涂抹的灰泥仅够他在一个工作日内描绘的那部分保持湿润。另外，一旦颜料渗入石灰就难以修改，因此，如果画面上存在不满意的部分，就只能等到干燥后敲落石灰，再重新描绘。由此可见，湿壁画的绘制要求极高，艺术家必须具备快速、果断、娴熟的作画技能。

此外，并非每种颜料都适合于湿壁画，最好的颜料是由泥土制成的天然颜料。因而，标准色主要是泥土的色调。红色与黄色是一种赭土，绿色是一种绿土，白色是一种采自石膏粉的碳酸钙，蓝色是一种人工制造的混合物，而黑色是由烧焦的葡萄藤混合麸质制成的。最常见的色彩是朱砂红，就是著名的“庞贝红”。[1]

图 3–16　以第一种庞贝风格装饰的门道，萨姆尼特人府邸，赫库兰尼姆，公元前 2 世纪

3.4 错视画艺术的雏形：四种庞贝风格

依据 19 世纪德国艺术史家和考古学者奥古斯特·毛（August Mau，1840—1909）的研究，庞贝壁画可以划分为四种风格。尽管这种划分法常遭质疑，并经历了许多系列的重构与修正，但其大致的轮廓仍然可以保留。一般而言，第一种与第二种庞贝风格形成于共和国时期，是在希腊壁画的基础上发展而来的，而第三种与第四种庞贝风格则是帝国时期的产物。[2]另外，值得注意的是，这些风格并非仅限于庞贝及其邻近的赫库兰尼姆、奥普隆蒂斯、伯斯科雷阿莱等城市，而是遍及整个古罗马世界。[3]因而，考察这四种庞贝风格具有十分重要的意义。

图 3–17　萨卢斯特府邸的客厅与中庭，装饰为第一种庞贝风格，庞贝，公元前 2 世纪

① 参见 Umberto Pappalardo. *The Splendor of Roman Wall Painting* [M]. Los Angeles: The J. Paul Getty Museum, 2009: 9.

② 参见（美）南希·H，雷梅治，安德鲁·雷梅治 . 罗马艺术——从罗慕路斯到君士坦丁 [M]. 郭长刚，王蕾译 . 孙宜学校 . 桂林：广西师范大学出版社，2005: 82–83.

③ 参见 Umberto Pappalardo. *The Splendor of Roman Wall Painting* [M]. Los Angeles: The J. Paul Getty Museum, 2009: 9.

3.4.1 镶嵌的奢华：第一种庞贝风格

第一种庞贝风格又称镶嵌风格（约公元前 200 年 ~公元前 80 年）。

这种风格的灵感来自古希腊宫殿的装潢方式。[①]首先，艺术家用灰泥砌塑的凹槽将墙壁划分为三条水平区域（这与建筑本身分为三段——基座、柱廊、檐部的形式相呼应，事实上，这种水平三段式的壁面划分方式一直贯穿于从第一种庞贝风格到第四种庞贝风格之中）。然后，采用一种模仿大理石的色彩与肌理的方式描绘、着色并磨光，从而使廉价的墙壁呈现出彩色大理石镶嵌的幻觉效果。顶部是用灰泥砌塑的三维立体的檐口。有时，在灰泥檐口上还有采用灰泥砌塑的半圆柱的凉廊。门框、窗框以及线脚凹槽也是用灰泥砌塑的，但都被描绘成仿佛石造的样子。[②]

老普林尼在《博物志》中记述了在罗马一些华丽的别墅中大量使用进口大理石的情况。[③]这些很可能是这一风格模仿的原型。当房屋主人负担不起使用昂贵的大理石但又希望建筑看起来奢华犹如宫殿之时，往往会选用这种风格。

第一种庞贝风格的实例见于赫库兰尼姆的萨姆尼特人府邸（The Samnite House，图 3-16，公元前 2 世纪）、庞贝的萨卢斯特府邸（the House of Sallust，图 3-17，公元前 2 世纪）及农牧神府邸等建筑空间之中，它将墙壁隐藏起来并且改变了墙壁真实的材质，但仅限于真实复制的简单对应，并没有改变建筑空间的真实界限。这种风格在古罗马各地一度十分流行，维特鲁威的《建筑十书》也证明了这一点："古人开创了在灰泥上作画的先河，首先模仿各种大理石面板的砌墙效果，接着模仿上楣的纹理和砌筑效果，以及赭石色镶嵌板的各种设计图样。"[④]

3.4.2 舞台的魅影：第二种庞贝风格

第二种庞贝风格又称建筑风格（约公元前 80 年 ~公元前 20 年），其灵感来自剧场的舞台背景（scaenae frons，图 3-10~图 3-12）。

① 参见（德）托马斯·R，霍夫曼．古罗马艺术如数家珍 [M]. 程昱译．长春：吉林出版集团有限责任公司，2012: 108.
② 参见 Ursula E. Martin Benad. *Trompe L'Oeil Today* [M]. London: W. W. Norton & Company, 2002: 32.
③ 参见（美）南希·H，雷梅治，安德鲁·雷梅治．罗马艺术——从罗慕路斯到君士坦丁 [M]. 郭长刚，王蕾译．孙宜学校．桂林：广西师范大学出版社，2005: 83.
④ 引自（古罗马）维特鲁威．建筑十书 [M].（美）I.D. 罗兰英译．陈平中译．北京：北京大学出版社，2012: 138.

图 3-18　一出罗马哑剧，公元 79 年之前，显示了两层高、带有 3 个上下场门、装饰华丽的舞台。舞台上有一位青年英雄，两位武士，后面还有 2 个奴隶，一个奴隶手持火炬、另一个手持酒坛，显然正在准备一场宴会

图 3-19　爱神伊洛斯或丘比特骑虎，马赛克镶嵌地面，农牧神府邸餐厅，公元前 2 世纪，庞贝，现藏那不勒斯国立考古博物馆

图 3-20　面具，马赛克镶嵌地面局部，农牧神府邸餐厅，公元前 2 世纪，庞贝，现藏那不勒斯国立考古博物馆

图 3-21　面具、水果与花环，马赛克镶嵌地面，农牧神府邸门厅，公元前 2 世纪，庞贝，现藏那不勒斯国立考古博物馆

当华丽刺绣的大幕拉开，演员们戴着面具，身穿戏服，从上场门出场，自高高的台基顶端，一步步下行，直至踏上舞台，在富丽堂皇的舞台背景前展开演出，最后在观众的欢呼声中欣然从下场门退场（图 3-18）。演员这个职业真是令人艳羡，因为可以尝试扮演各种不同的角色，体验丰富的人生。然而，在古代罗马，由于演员常常不得不在公众面前展露他们的身体，因此，被认为是至为下贱的职业，在罗马法中，演员与卖淫者、角斗士同列，被禁止从事公职或参与选举之类的活动。①然而，人类与生俱来有着无法摧毁的想要模仿的欲望，这在著名的暴君尼禄身上得到了淋漓尽致的体现。作为皇帝，他竟不顾自己的身份亲自登上舞台参与演出。这或许解释了为什么庞贝壁画上常常描绘戏剧面具、重重帷幕和深深柱廊，但空无一人，而地面上的马赛克镶嵌画中，各种戏剧面具也是常见的母题（图 3-19～图 3-24）。因为，如此一来，私宅空间转化为戏剧舞台，那些耻于在公众面前演出的主人，终于得以在自己的家里，成为穿行于舞台布景之间、玩着各种角色扮演游戏的演员。关于壁画模拟舞台布景这一点，我们在维特鲁威的《建筑十书》中也可以找到证据："后来，他们进展到一个新阶段，也模仿建筑物的外形、圆柱及山花之间的投影。而在像谈话室这样的开敞空间内，由于有宽阔的墙壁，他们便以悲剧、喜剧或森林之神滑稽短歌剧的风格来画舞台布景。"②

第二种庞贝风格延续了第一种庞贝风格的某些要素，如有些墙面仍然画成大理石镶嵌的效果，但是与第一种庞贝风格不同，划分墙壁的灰泥凹槽及其他立体的建筑构件，如柱子、檐口、门框、窗框等，如今不再用灰泥砌塑，而是直接用色彩在墙壁上逼真地描绘出来。在描绘这些建筑构件时，由于古罗马人对成角透视知之甚少，但懂得中心透视的道理，因而运用了还不完善的中心透视法来描绘，这些画出来的建筑构件看起来与房间里真实的建筑构件一模一样，从某个特定的视点望去，真实的构

① 参见 John R. Clarke, *Art in the Lives of Ordinary Romans*. University of California Press, 2003: 141.
② 引自（古罗马）维特鲁威．建筑十书 [M].（美）I.D. 罗兰英译．陈平中译．北京：北京大学出版社，2012: 138.

件与虚构的构件连为一体，创造出一种亦真亦幻的立体舞台效果。“舞台”的中间部分通常画有一扇打开的门，透过这扇门可以瞥见花园、柱廊，或者自然环境中的虚构场景。然而，必须指出的是，如果观者没有站在最佳观看位置上，那么真实的空间与虚构的空间之间就会出现视觉中断。因而，在庞贝的数座房屋中，地面上往往标示着最佳的观赏视点，[①]而这个最佳观赏视点常常是一个房间中最重要的位置——主人的座位所在。只有主人一个人可以看到无比壮观的错觉性场景。[②]这也充分表明这些壁画是纯粹的幻觉主义的装饰。

第二种庞贝风格的实例见于罗马帕拉蒂尼山（Palatine）上的格里芬府邸（The House of Griffins，图 3-25）、庞贝的迷宫府邸（The House of the Labyrinth，图 3-26～图 3-29）、奥普隆蒂斯的波皮娅别墅（The Villa of Poppea，图 3-30～图 3-40）、庞贝的神秘别墅（The Villa of the Mysteries，图 3-41、图 3-42）、伯斯科雷阿莱的普布利乌斯·法尼乌斯·希尼斯特别墅（The Villa of PubliusFanniusSynistor，图 3-43～图 3-46）、罗马附近普里马·波尔塔的莉维娅别墅（Livia's Villa at Prima Porta，图 3-47）、罗马帕拉蒂尼山上的莉维娅府邸（The House of Livia on the Palatine Hill，图 3-48）等建筑空间之中。

图 3-22　悲剧面具，马赛克镶嵌地面局部，农牧神府邸门厅，公元前 2 世纪，庞贝，现藏那不勒斯国立考古博物馆

图 3-23　面具，马赛克镶嵌地面局部，盖尼米德府邸，庞贝，现藏那不勒斯国立考古博物馆

① 参见 Miriam Milan. *The Illusions of Reality: Trompe-L'oeil Painting* [M]. London: Skira, 1982: 14.

② 参见 Ursula Benad and Martin Benad. *Trompe L'Oeil Today* [M]. London: W.W. Norton & Company, 2002: 103.

格里芬府邸的装饰是第二种庞贝风格的最早实例，其 2 号房间（图 3-25，约公元前 80 年）是现存最少遭到破坏的一间。在这里，首次出现了不依附于墙壁的圆柱，它们将墙壁划分成若干等分。艺术家通过侵入法和明暗法，将高高地立在方形墩座上的圆柱描绘得十分逼真，脱离了墙壁侵入观者的空间，极富立体感。然而，此时，壁画尚未消解墙壁，也基本未改变真实建筑空间的大小，这仍是一个封闭的建筑空间，艺术家仅仅专注于材质肌理的逼真模仿与再现：墙壁下部描绘着透视立方块；中部交替着平涂的红色色块与各种模仿的昂贵大理石石板；顶部是以明暗法描绘的向外突出的柱上楣构。

图 3-24　面具，马赛克镶嵌地面局部，盖尼米德府邸，庞贝，现藏那不勒斯国立考古博物馆

图 3-25　格里芬府邸 2 号房间壁画装饰，第二种庞贝风格，罗马，约公元前 80 年

迷宫府邸接待厅是以第二种风格装饰的最华丽的空间之一，建筑平面几乎是正方形的——6.7 米 × 6.8 米[①]，西墙、北墙和东墙围成“U”形，与脱离墙壁的列柱围成的“U”形柱廊之间形成狭窄的走道空间。接待厅东墙上的壁画（图 3-26），描绘了希腊风格的圣殿景色。以侵入法描绘的镀金青铜多立克式双柱立在基座上，支撑着顶部的断山花，构成从真实的空间向虚构的空间过渡的建筑屏障，在侵入观者空间的同时，使墙壁后退拓宽了走道空间。这种建筑屏障是第二种风格常见的处理手法。在它的正后方，有一个方形的小祭坛，小祭坛之后是帷幕，帷幕之后有一座很可能是献给爱与美之神阿芙洛狄特的圆形小神庙，神庙周围环绕着以延伸法描绘的石柱廊。远处，可见蔚蓝的天空。与格里芬府邸中的壁画描绘封闭的建筑结构相比，在此，墙壁被壁画消解了，向着无限打开。西墙壁画是东墙壁画的完美镜像。而北墙上的壁画则描绘了一派城市风光，远处的天空与树木再次表达了向着无限打开的意念。在此，我们看到，西、北、东三面墙上的壁画虚构的绘画空间与真实的建筑空间连为一体，建筑空间向着西、北、东三个方向扩张，远远超出了真实的墙壁之外（图 3-27），从而使狭小黑暗的接待厅显得巨大无比且格外壮丽辉煌。值得注意的是镀金青铜圆柱之间、壁架上的面具，作为戏剧的重要符号，向我们提示着舞台的意象。

所有这三面墙上的壁画都运用了中心透视法来描绘，但并不完善。以西墙壁画为例（图 3-28），延长所有与墙面垂直相交的平行线，我们发现，这些交线并不能汇聚于单一的灭点，相反，沿着壁画中央垂直线，我们得到一系列的灭点。最佳视点很低，离地面高约 1 米，这是那些坐在三面墙壁环绕的中央区域的躺卧餐椅上的客人们眼睛的高度。[②]基座的底面与顶面以及帷幕之前的方形小祭坛，都分别有各自的灭点，虽然单独看它们都是令人信服的，但是却无法统一到整体画面之中。

图 3-26　迷宫府邸接待厅东墙壁画装饰，第二种庞贝风格，年代不详，庞贝

① 参见 Umberto Pappalardo. *The Splendor of Roman Wall Painting* [M]. Los Angeles: The J. Paul Getty Museum, 2009: 82.

② 参见 Umberto Pappalardo. *The Splendor of Roman Wall Painting* [M]. Los Angeles: The J. Paul Getty Museum, 2009: 225.

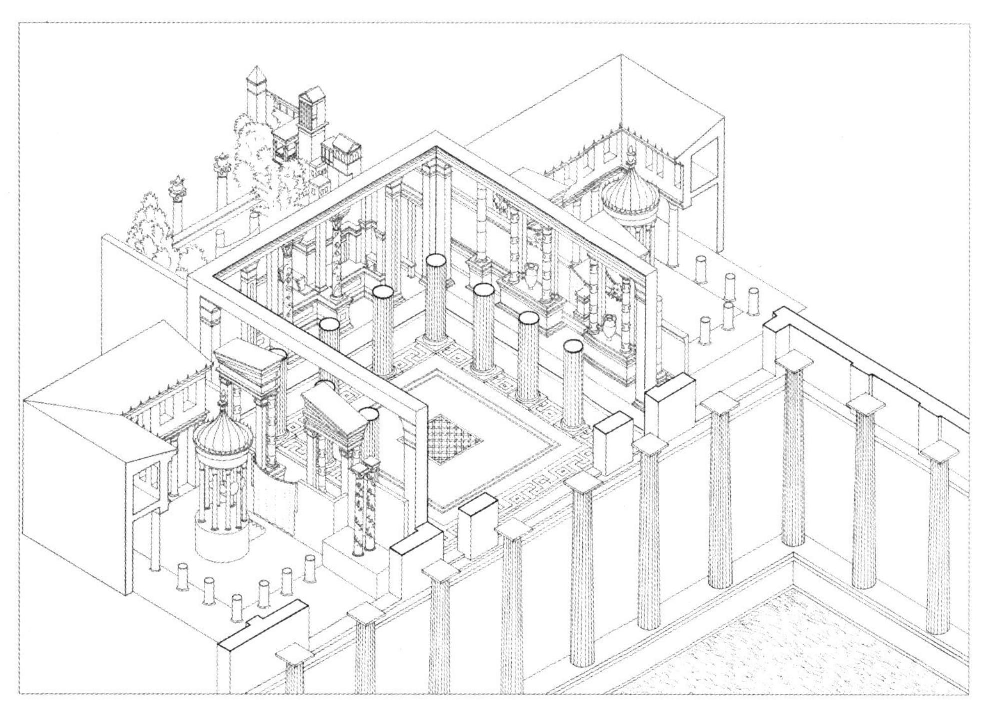

图 3–27　建筑空间的扩张，迷宫府邸接待厅西、北、东墙壁画虚构的建筑空间三维效果复原图，墙壁被消解了，建筑空间与虚构空间连为一体

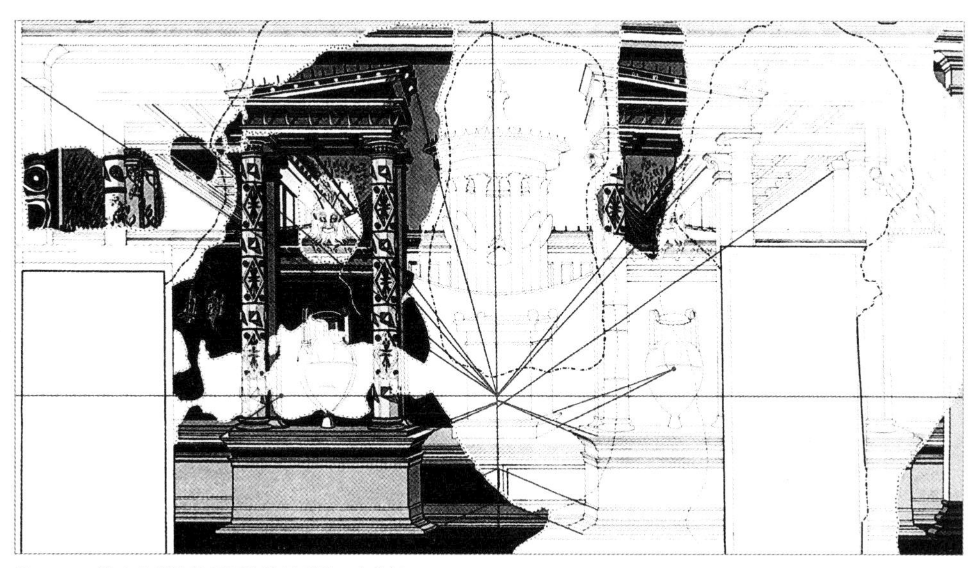

图 3–28　迷宫府邸接待厅西墙壁画系列灭点分析

尼禄皇帝的妻子波皮娅位于奥普隆蒂斯的别墅，堪称罗马人用于休闲娱乐的别墅最奢侈豪华的代表。其中央客厅东墙上的壁画（图 3-30，公元前 1 世纪中期），比迷宫府邸接待厅的壁画晚，且表现出更加开放和通透的特点。前景中的面具和那个作为道具的火炬，再次表达了舞台主题。4 根带有凹槽的科林斯式圆柱成对地立于两个彩色大理石基座之上，构成我们常见的第二种庞贝风格的建筑屏障，它向前突出并侵入观者的空间，墙壁因此稍稍后退，中央那扇打开的铁门，是邀请观者离开真实的空间进入幻觉的魔法之门。铁门之后，可以瞥见一座茂盛葱郁的花园，花园中央立着一只高高的金制三足鼎，两侧壮观的双层柱廊（下层是塔斯干柱式，上层是爱奥尼克柱式）无止境地向后延伸，渐渐融入绿林深处。在这里，天空是主导要素，蓝色支配着整幅画面，与迷宫府邸接待厅壁画相比，暗示了更加深广无垠的空间（图 3-31）。在此，艺术家同时运用了侵入法和延伸法，实现了虚构空间对于建筑界面限定的超越。

尽管与迷宫府邸接待厅壁画类似，波皮娅别墅中央客厅东墙壁画沿中央垂直线也有一系列灭点（图 3-32），未能建构出人眼在同一时间所看到的统一画面。然而，仔细观察，我们发现，与以往画面上处处都精确模仿不同，在这里，艺术家成功地运用"空气透视法"，通过色彩的模糊表现出空间的距离感（图 3-30）。我们看到，前景中的科林斯式圆柱、火炬、面具、孔雀等都以较深的、饱和的色彩描绘，细节刻画入微，而随着距离渐渐退远，由于大气密度的增加，远处的色彩变得越来越浅、越来越柔和，细节也变得越来越模糊。数学体系可以解释这种视觉现象，但古罗马的艺术家还仅仅是凭借直觉来描绘。这表明，在二维的平面上表达三度空间的探索又有了新的进展。

图 3-29　迷宫府邸卧室 46 西墙壁画装饰，第二种庞贝风格，庞贝，年代不详

图 3-30　波皮娅别墅中央客厅东墙壁画装饰，第二种庞贝风格，奥普隆蒂斯，公元前 1 世纪中期

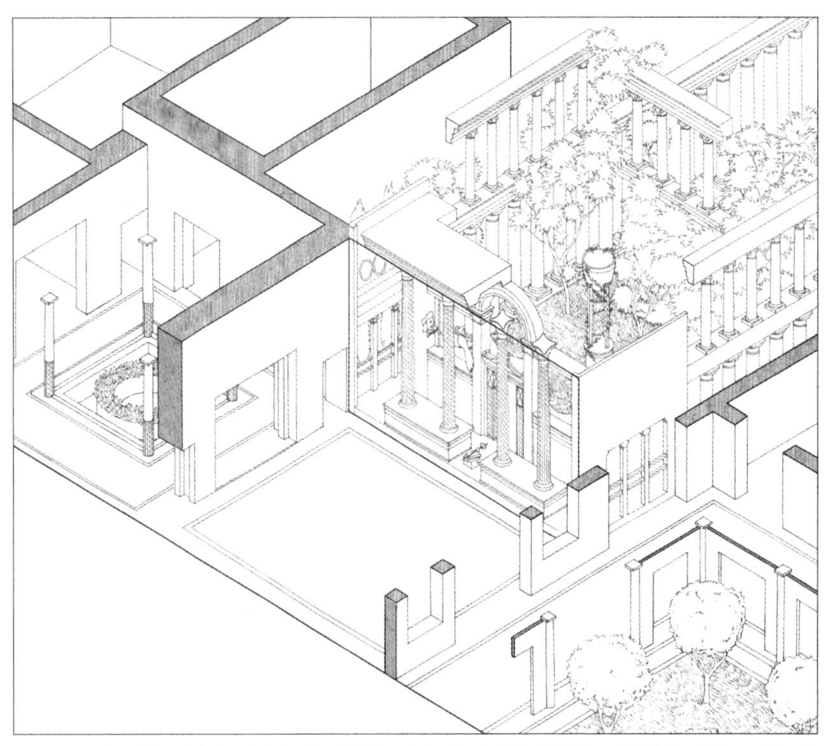

图 3-31　建筑空间的扩张，波皮娅别墅中央客厅东墙壁画虚构的建筑空间三维效果复原图，无限延伸的双层柱廊，实现了虚构空间对于建筑界面限定的超越

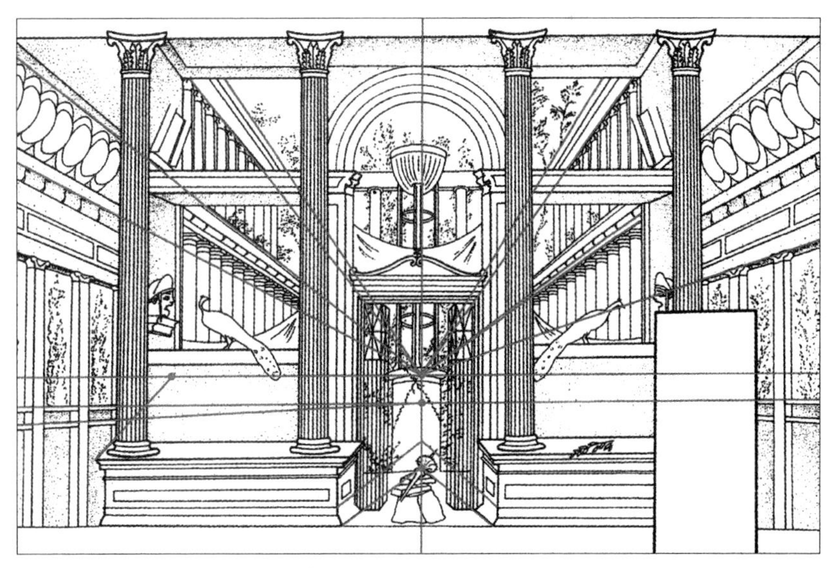

图 3-32　波皮娅别墅中央客厅东墙壁画系列灭点分析

类似的错觉性的舞台布景设计还可见于波皮娅别墅的卧室46（图3-29）、餐室（图3-33、图3-34）、中庭（图3-37）、卧室11（图3-38）、有躺卧餐椅的餐厅（图3-39、图3-40）以及庞贝的神秘别墅（图3-41、图3-42）的壁画中，限于篇幅，恕不一一展开。

普布利乌斯·法尼乌斯·希尼斯特别墅壁画是成熟的第二种风格装饰的代表。从这座别墅墙壁上取下来的壁画现收藏于纽约、那不勒斯、阿姆斯特丹等地的博物馆中。其中，以重建于纽约大都会艺术博物馆的一间卧室的壁画（图3-43，公元前1世纪中叶）最为著名。在此，艺术家充分考虑了别墅与周边景致的呼应关系，在端墙面上，描绘了岩穴、山石、小鸟、葡萄藤和格子凉亭等花园景观（图3-44），据研究，这可能是模仿了被墙面所遮挡的那部分景色[1]，以便与通过窗口看到的真实风景连为一体；在侧墙面上，艺术家运用精湛的光影明暗法与三度空间透视法描绘了一系列逼真的布景——祭坛、柱廊、圆形

图3-33 波皮娅别墅餐室西墙壁画装饰，第二种庞贝风格，奥普隆蒂斯，公元前1世纪中期

图3-34 波皮娅别墅餐室北墙壁画装饰，第二种庞贝风格，奥普隆蒂斯，公元前1世纪中期

图3-35 波皮娅别墅餐室北墙壁画装饰局部，第二种庞贝风格，奥普隆蒂斯，公元前1世纪中期

图3-36 波皮娅别墅餐室北墙壁画装饰局部，第二种庞贝风格，奥普隆蒂斯，公元前1世纪中期

① 参见（美）南希·H，雷梅治，安德鲁·雷梅治．罗马艺术——从罗慕路斯到君士坦丁[M]．郭长刚，王蕾译．孙宜学校．桂林：广西师范大学出版社，2005: 85.

小神庙、圣堂以及一些非理性地叠合在一起的阳台、塔楼等建筑景观（图3-43、图3-45），而顶端的面具再度使这一空间转变为一个高度戏剧性的舞台：布景两两相对，相互映照，既在一面墙上，又同时在对面的墙上，虚构的场景侵入真实的空间，进而成功地消融了二维界面，使得卧室向外扩张，被牵入广大的虚空之中。在此，真实与虚构之间的一系列切换——舞台、面具、镜像、错觉，几乎令人眼花缭乱，好一间镜子之屋、戏剧之屋、魔法之屋、游戏之屋！

然而，值得注意的是，在这些壁画中，每一部分的透视都是各自为政的，画面中的空间从未实现为一个统一体，也即是说，从来不是从一个单一的视点做出的观察。以侧墙局部为例（图3-45），从不同的视点看到的片断被艺术家随心所欲地组合在一起。这些破碎的透视设计表明：尽管罗马艺术家懂得一点透视的道理，但真正科学的线性透视法还没有发明出来。明暗法的运用也是如此。尽管艺术家努力使画面中每一部分都从背景中突显出来，然而，却从未建构出同一光源的统一场景以及准确的阴影形状和面积。事实上，直到15世纪文艺复兴时期，线性透视法、空气透视法、光影明暗法等才得到了真正科学系统的探索。

图3-37　波皮娅别墅中庭壁画装饰，第二种庞贝风格，奥普隆蒂斯，公元前1世纪中期

图3-38　波皮娅别墅卧室11壁画装饰，第二种庞贝风格，奥普隆蒂斯，公元前1世纪中期

图3-39　波皮娅别墅有躺卧餐椅的餐厅壁画装饰，第二种庞贝风格，奥普隆蒂斯，公元前1世纪中期

然而，尽管如此，艺术家却能凭借直觉塑造出逼真的细节、质感与体积感，其高超的技艺足以令观者对其不准确的透视视而不见，从而将之误以为真。如波皮娅别墅中餐室北墙壁画局部（图 3-35、图 3-36）、有躺卧餐椅的餐厅北墙壁画局部（图 3-40）以及普布利乌斯·法尼乌斯·希尼斯特别墅中卧室壁画局部（图 3-46）等，那盛在精美玻璃盆中闪烁着高光的水果，那插着火炬、蒙着透明薄纱的手编果篮，那装饰着葡萄藤卷须并镶嵌着红、蓝宝石的镀金圆柱柱身，以及装饰着银钉、银葵花和银兽头门环的奢华大门，都让我们有一种想伸出手去触摸的冲动——既然眼睛已经真假莫辨，那么只好通过双手触摸来检验了。而这正是错视画艺术的基本特征之一。

奥古斯都皇帝的妻子莉维娅的两套房子——罗马附近普里马·波尔塔的莉维娅别墅与罗马帕拉蒂尼山上的莉维娅府邸，则是晚期第二种庞贝风格的代表，体现出第二种庞贝风格向第三种庞贝风格过渡的特征。

图 3-40　波皮娅别墅有躺卧餐椅的餐厅北墙壁画的局部

图 3-41　神秘别墅卧室 16 号壁画装饰，第二种庞贝风格，庞贝，公元前 26 年 ~ 公元 50 年

图 3-42　神秘别墅客厅壁画装饰，第二种庞贝风格，庞贝，公元前 26 年 ~ 公元 50 年

图 3-43　普布利乌斯・法尼乌斯・希尼斯特别墅卧室，第二种庞贝风格，伯斯科雷阿莱，公元前 1 世纪中叶，现存纽约大都会艺术博物馆

图 3-44　普布利乌斯・法尼乌斯・希尼斯特别墅卧室端墙壁画装饰局部，伯斯科雷阿莱，公元前 1 世纪中叶

图 3-45　普布利乌斯・法尼乌斯・希尼斯特别墅卧室侧墙壁画装饰局部，伯斯科雷阿莱，公元前 1 世纪中叶

图 3-46　普布利乌斯・法尼乌斯・希尼斯特别墅卧室壁画装饰细部，伯斯科雷阿莱，公元前 1 世纪中叶

图 3-47　普里马・波尔塔的莉维娅别墅的花园房间，第二种庞贝风格，罗马，公元前 1 世纪晚期

普里马・波尔塔的莉维娅别墅充分表达了罗马人热爱大自然的强烈情感。艺术家将花园景色画满了地下餐厅[①]四壁（图 3-47，公元前 1 世纪晚期），在这里，花园主题扩展到了极致，整座餐厅都被花园所环绕，使狭小、无窗的地下餐厅瞬间化为恬静的绿洲。墙壁上缘被描绘成凹凸起伏的棕色岩石檐口，使人产生一种错觉，觉得自己正身处一座自然的岩石洞室之中，面对着墙上的花园。花园中充满丰富多样的植物——有月桂树、松树、冷杉树、橡树、海枣树……有玫瑰、罂粟、菊花、紫罗兰、鸢尾花……叶子间栖息着各种鸟儿——有夜莺、黄鹂、喜鹊、燕子、画眉……细节的逼真让我们能够辨认出每一种植物和每一种鸟类的名字，空气透视法描绘出柔和朦胧的氛围，在这里，所有的植物都在同时开花、结果，散发出永恒春天的魅力，这是一座源自古埃及宗教文化的“想象天堂”，暗示着帝国时代的繁荣以及奥古斯都所承诺的永久和平。[②]

① 一说餐厅位于地下，也许是为了躲避中午的炎热，供真花园热得无法享用时使用。参见（美）萨拉・柯耐尔．西方美术风格演变史 [M]. 欧阳英，樊小明译．杭州：中国美术学院出版社，2008: 28.

② 参见 Umberto Pappalardo. *The Splendor of Roman Wall Painting* [M]. Los Angeles: The J. Paul Getty Museum, 2009: 104−105.

帕拉蒂尼山上的莉维娅府邸中，客厅西侧房间东墙壁画（图3-48，公元前1世纪末）描绘了一排圆柱，没有采用我们常见的古典柱式，而采用了植物纹样的柱式，体现出来自埃及艺术的影响。对于这排圆柱，艺术家以明暗阴影来突出体积感，使之从平坦的白色竖立石板墙上鼓出来，柱子之间悬挂着丰盛的水果、树叶和缎带组成的花环，花环下悬挂着果篮——酒神狄俄尼索斯崇拜的象征。上方那条窄窄的黄色装饰带上描绘了一些微缩景观，表现的是埃及尼罗河沿岸的生活场景，依稀可以辨认出圣祠、树木、桥梁、旅行者、骆驼以及带有丰饶角的伊希斯-福耳图那（Isis-Fortuna）雕像。艺术家以一种轻轻点染加高光的清新风格来描绘这条饰带，给人留下深刻的印象。它的出现意味着人们的喜好与品位发生了改变，建筑装饰正在从第二种庞贝风格向第三种庞贝风格转变。①

图3-48 帕拉蒂尼山上的莉维娅府邸客厅西侧房间东墙壁画装饰，第二种庞贝风格，罗马，公元前1世纪末

3.4.3 纤细的幻美：第三种庞贝风格

图3-49 法内斯纳别墅走廊白色背景壁画装饰片断，第三种庞贝风格，罗马，约公元前20年

第三种庞贝风格又称装饰风格、埃及风格、烛台风格（约公元前20年～公元60年）

公元前30年，伴随着罗马对埃及的征服，埃及平面性的绘画风格开始在罗马流传，表现空间错觉的热情逐渐减退。于是，发展出了第三种庞贝风格，艺术家不再试图消解墙壁以扩张建筑的空间，转而注重对墙面本身的设计与装饰，有一种荟萃天下名画及奇珍异宝于满壁的欲望，极尽奢侈豪华的享乐主义。其所描绘的建筑深度极浅，柱子也不再忠实地模仿实物，而是变得又细又长，失去了结构意义，看起来仿佛枝状大烛台的手臂。比较以第二种庞贝风格装饰的帕拉蒂尼山上的莉维娅府邸客厅西侧房间东墙壁画（图3-48）与以第三种庞贝风格装饰的罗马的法内斯纳别墅（The Villa Farnesina）走廊（图3-49）及冬季餐厅（图3-50）壁画，我们发现，虽然采用同样的程式——以柱子划分墙壁，柱子之间悬垂花环，然而，两种风格的差异竟是如此鲜明，第二种庞贝风格追求的是一种逼真的表达，而第三种庞贝风格追求的则是一种纤细的幻美。

图3-50 法内斯纳别墅冬季餐厅黑色背景壁画装饰片断，第三种庞贝风格，罗马，约公元前20年

① 参见 Umberto Pappalardo. *The Splendor of Roman Wall Painting* [M]. Los Angeles: The J. Paul Getty Museum, 2009: 102.

除了罗马的法内斯纳别墅（图 3-49～图 3-53），第三种庞贝风格的实例还见于庞贝的帝国别墅（The Villa Imperiable，图 3-54）、庞贝的马库斯·卢克莱修·弗朗托府邸（The House of Marcus Lucretius Fronto，图 3-55～图 3-59）、博斯科特雷卡斯（Boscotrecase）的阿格里帕·普斯图姆斯别墅（The Villa of Agrippa Postumus，图 3-60～图 3-63）、庞贝的金手镯府邸（The House of the Golden Bracelet，图 3-64）、庞贝的果园之家（The House of the Orchard，图 3-65）等建筑空间之中。

图 3-51　法内斯纳别墅卧室 B 壁画装饰，前厅左墙与睡觉凹室后墙景观，第三种庞贝风格，罗马，约公元前 20 年，现藏罗马国立博物馆马西莫浴场宫（Palazzo Massimo alle Terme）

图 3-52　法内斯纳别墅卧室 D 壁画装饰，第三种庞贝风格，罗马，约公元前 20 年，现藏罗马国立博物馆马西莫浴场宫（Palazzo Massimo alle Terme）

图 3-53　法内斯纳别墅卧室 E 壁画装饰，左墙与后墙景观，第三种庞贝风格，罗马，约公元前 20 年，现藏罗马国立博物馆马西莫浴场宫（Palazzo Massimo alle Terme）

图 3-54　帝国别墅房间 A 壁画，墙壁中央的神话场景绘画“戴达罗斯与伊卡洛斯”以小型建筑框架框起来，第三种庞贝风格，庞贝

图 3-55　约瑟夫·西奥多·汉森（Josef Theodore Hansen，丹麦，1848～1912 年），庞贝室内（马库斯·卢克莱修·弗朗托府邸中庭景观），1905 年，画布油画，私人收藏

图 3-56　约瑟夫·西奥多·汉森，庞贝室内（马库斯·卢克莱修·弗朗托府邸从客厅看出去的景观），1905 年，画布油画，私人收藏

水平三段式仍是第三种庞贝风格的标准框架结构。墙壁下部是直线几何图案装饰的护壁板和墩座，上部是大面积单色平涂的背景。墙壁居中通常有一幅面积较大的主绘画，是直接复制在墙壁上的希腊绘画①——神圣的风景或神话故事的场景等。主绘画通常由纤细的小型柱式建筑（aedicula）充当绘画的框架，并辅以若干用逼真描绘的画框框起来的小幅绘画，错觉效果使之看起来仿佛一幅幅挂在墙上的、大大小小的带框的画。据说，这种风格暗示了奥古斯都对于罗马帝国秩序感的恢复。②罗马的法内斯纳别墅卧室B、卧室D、卧室E壁画（The Villa Farnesina，图3-51、图3-52、图3-53），庞贝的帝国别墅房间A壁画（The Villa Imperiable，图3-54）以及庞贝的马库斯·卢克莱修·弗朗托府邸中庭（图3-55）、客厅（图3-56、图3-57）、卧室（图3-58）、冬季餐厅（图3-59）壁画等都是如此。这些小型柱式建筑框架变得越来越纤细、越来越轻盈，仿佛芦苇的小圆柱柱身，有的长出了叶子，有的缠绕着植物卷须，墙壁中央的主绘画所占的面积变得越来越小，充满装饰的趣味。

图3-57　马库斯·卢克莱修·弗朗托府邸客厅北墙壁画装饰，第三种庞贝风格，庞贝

图3-58　马库斯·卢克莱修·弗朗托府邸卧室壁画装饰，第三种庞贝风格，庞贝

① 老普林尼反对这种罗马的创新，因为一旦着火，这些直接复制在墙壁上的绘画也将随着房子的其余部分一起烧毁。
② 参见 Umberto Pappalardo. *The Splendor of Roman Wall Painting*[M]. Los Angeles: The J. Paul Getty Museum, 2009: 10.

作为成熟的第三种风格的代表，阿格里帕·普斯图姆斯别墅的壁画，可以说达到了纤细的幻美的极致。其红房间壁画（图 3-60）中，柱子不再具有体积感，而是蜕变为精美的金银丝细边。其黑房间壁画（图 3-61～图 3-63）中，轻盈纤细的支柱支撑着坠满珍珠和宝石的山花以及华丽的绣花丝带般的中楣，大面积深邃的黑色背景之中，闪烁地飘浮着小型风景画（图 3-62），花瓶形的枝状大烛台托举着绘有埃及母题的木匾画（图 3-63），处处呈现出优雅、精致的装饰感。

延续普里马·波尔塔的莉维娅别墅餐厅壁画（图 3-47），花园景色成为第三种庞贝风格大受欢迎的母题，实例如庞贝的金手镯府邸（图 3-64）及果园之家（图 3-65）。令人心醉的花园景色以错视画的方式描绘，它能使建筑真实的界面消失，使空间弥漫着一种如梦如幻的气氛，使主人从日常生活的各种琐碎焦虑中解脱出来。想象一下，庞贝人就是在这些画满玫瑰花藤架的天顶之下，在奇花、异树、珍禽、幻兽、喷泉、石碑、面具、浮雕的环绕之中，倚在躺椅上尽情地享受各种美食，怎不令人又羡慕又妒忌?

对于第三种庞贝风格，维特鲁威给予了严厉的批评。在《建筑十书》中，他认同此前的第一种与第二种庞贝风格，认为："一幅画应是某个实际存在的或可能存在的事物的图像，如具有确定实体的人物、建筑物、船舶等。"[35] 而对于他所处时代[36] 的第三种庞贝风格，他写道："但是，

图 3-59　马库斯·卢克莱修·弗朗托府邸冬季餐厅东墙壁画装饰，第三种庞贝风格，庞贝

图 3-60　阿格里帕·普斯图姆斯别墅红房间带有风景画装饰的壁画群，第三种庞贝风格，博斯科特雷卡斯，公元前 1 世纪晚期，现藏那不勒斯国立考古博物馆

① 引自（古罗马）维特鲁威．建筑十书 [M].（美）I.D. 罗兰英译．陈平中译．北京：北京大学出版社，2012: 138.

②《建筑十书》写于奥古斯都皇帝统治期间，约在公元前 32 年到公元 22 年之间。

这些以真实事物为范本的绘画，现如今却遭遇了堕落的趣味。现在湿壁画中画的不是确定事物的可信图像，而是些怪兽。芦苇取代圆柱竖立起来，小小的涡卷当成了山花，装饰着弯曲的叶子和盘涡饰的条纹；枝状大烛台高高托起小庙宇，在这小庙宇的山花上方有若干纤细的茎从根部抽出来一圈圈缠绕着，一些小雕像莫名其妙地坐落其间，或者这些茎分裂成两半，一些托着小雕像，长着人头，一些却长着野兽的脑袋。既然这些事物并不存在或不可能存在，而且从未存在过，所以这种新的时尚就造成了这样一种局面，即糟糕的鉴赏家反倒指责正当的艺术实践为缺乏技能。拜托告诉我，一根芦苇真能承载一个屋顶，一只枝状大烛台真的能搁住一尊小雕像，或者，从根与茎或小雕像身上真的能开出花儿？但人们看到这些骗局时，从来也不会批评它们，而是从中获得了快乐。他们也从不留心这些东西可不可能存在。心灵被孱弱的判断标准所蒙蔽，便认识不到还存在着符合于权威和正确原理的东西。那些不模仿真实事物的图画不应得到认可，即使经过艺术加工画得很优雅；也没有任何理由立即对它们表示赞赏，除非它们的主题未受干扰地遵循着正常的基本原理。”[①]维特鲁威与他的《建筑十书》对后世的影响巨大，其关于“正确”与“适当”的壁画的观点，后来被反复援引，甚至引发了文艺复兴时期关于“奇异风格（Grotteschi）”绘画的大讨论，稍后还将进一步阐述。

图 3–61　阿格里帕·普斯图姆斯别墅黑房间壁画局部，第三种庞贝风格，博斯科特雷卡斯，公元前 1 世纪晚期，现藏纽约大都会艺术博物馆

图 3–62　阿格里帕·普斯图姆斯别墅黑房间壁画细部，飘浮的风景，博斯科特雷卡斯，公元前 1 世纪晚期，现藏纽约大都会艺术博物馆

图 3–63　阿格里帕·普斯图姆斯别墅黑色房间细部，带有描绘埃及母题的木匾画，博斯科特雷卡斯，公元前 1 世纪晚期，现藏纽约大都会艺术博物馆

① 引自（古罗马）维特鲁威．建筑十书 [M].（美）I.D. 罗兰英译．陈平中译．北京：北京大学出版社，2012: 138.

3.4.4 梦境的放纵：第四种庞贝风格

第四种庞贝风格又称幻觉风格、复合风格（约公元60年以后），是第二种庞贝风格与第三种庞贝风格的有机结合，依旧采用水平三段式的壁面划分方式，但更加追求奢侈豪华的效果，在这里，空间深度幻觉卷土重来，墙壁再次采用透视短缩的舞台布景来装饰，但不是像第二种庞贝风格那样模仿真实的建筑构件，而是幻想中的建筑，纤细而轻盈的构架隔出梦幻般超现实的建筑舞台场景。

图 3-64　金手镯府邸带有花园景色的壁画装饰，第三种庞贝风格，庞贝，公元 25～ 公元 50 年

作为一种完全独创的风格，第四种庞贝风格首次出现于尼禄皇帝的“金宫”中，可以说，它是艺术家特意为装饰“金宫”而创造出来的，这似乎与尼禄皇帝奢侈纵欲、挥霍无度的个性相关。让我们来看两幅出自“金宫”的壁画（图 3-66、图 3-67，公元 64 年 ~公元 69 年），将它们与现存的古罗马的剧场舞台（图 3-11、图 3-12）相比较，我们不难看出，在此，艺术家有意将整面墙壁转化为舞台布景的复制品。深度空间来自第二种庞贝风格，而纤细的圆柱则是第三种庞贝风格的特质。尤其值得注意的是，与之前空无一人、略嫌单调的第二种庞贝风格的舞台布景壁画不同，在此，艺术家开始在舞台布景之中植入人物，他们可能是演员，也可能是一些与剧情无关的各种身份的旁观者（如哲学家、诗人、作家等）。

图 3-65 果园之家描绘有花园景色的蓝卧室，第三种庞贝风格，庞贝

这些人物代替观者进入到虚构的剧场空间之中，使观者得以积极参与其中而不必蒙受登上舞台的奇耻大辱，可以说，这是一种安全的偷窥方式。这种精美舞台的复现在庞贝的宾纳流斯·赛里阿利斯府邸（House of Pinarius Cerialis）的停柩室（cubiculum）壁画中表现得尤为动人。在北墙壁画上（图 3-68），展现了古希腊悲剧家欧里庇得斯的经典悲剧《在陶里斯的伊菲革涅亚》(Iphigenia in Tauris）的场景，据研究，立于富丽堂皇的舞台背景中央、高高的台基上的正是伊菲革涅亚，她由两个侍从服侍着，似乎正要走下台阶踏上舞台。而舞台上有两组人物，左侧的是陶里斯国王托阿斯（Thoas），右侧的是偷盗女神像的俄瑞斯忒斯（Orestes）和皮拉得斯（Pylades），他们双手被捆，正准备献祭。[①]

与上述壁画中舞台的描绘相比，“金宫”地道中现存的壁画片断（图 3-69），虽则仍是舞台，但更带有梦的特质，来自第三种庞贝风格的元素——白色背景烘托着纤细的金银丝细边、悬垂的花叶饰带、枝状大烛台、带框的画、奇异的鸟儿、神话中的怪兽……叠加上来自第二种庞贝风格的空间深度幻觉。在这里，我们发现种种非理性的矛盾：在墙壁中间区域，那个画了一半的框架，明明向后延伸了一定的深度，可是，后面的那根横梁所在的确切空间究竟在哪里？为什么突然中止？它上方所连接的那根奇怪的细柱的空间又在哪里？在墙壁上？还是在向后延伸的空间里？既然建筑的框架是从下向上看的仰视的视角，可是，那些花篮怎么又变成从上向下看的俯视的视角了呢？在这里，平面、空间、视点交错变化，不受线性透视的约束，展现了一个奇幻的世界，一片臆想的风景。

据说，“金宫”的壁画于 15 世纪晚期发掘，由于它们是半地下的，像洞穴一样，因此被称为“洞窟（grottoes）”。文艺复兴时期的许多艺术家包括拉斐尔（Raphael，1483—1520）及其得意弟子朱利奥·罗马诺（Giulio Romano，1499—1546），都极度迷恋这些壁画，常常钻到屋顶下（当时保存得还很完好），从中汲取灵感应用于他们的作品（图 3-70）之中，由此发明的装饰母题被命名为“怪诞风格（grotteschi）”[②]。

“怪诞风格是古代人为了装饰某些位置的空白而创造的一种自由而幽默的绘画。”瓦萨里写道，“为了这个目的，他们塑造了怪物，这些怪物是自然界怪物的变形或者艺术家异想天开的产物，艺术家们在这些怪诞风格画中制造了超出任何规则之外的事物……想象延伸得最古怪的人，被认为最有才干。”[③]

---

① 参见 John R. Clarke. *Art in the Lives of Ordinary Romans*[M]. Berkeley · Los Angeles · London：University of California Press, 2003: 139–141.

② 参见（美）南希·H，雷梅治，安德鲁·雷梅治 . 罗马艺术——从罗慕路斯到君士坦丁 [M]. 郭长刚，王蕾译 . 孙宜学校 . 桂林：广西师范大学出版社，2005: 148.

③ 引自 Julian Kliemann. Michael Rohlmann. *Italian frescoes: High Renaissance and Mannerism, 1510-1600* [M]. New York · London: Abbeville Press. Publishers, 2004: 22.

图 3-66　尼禄的“金宫”中的舞台布景壁画装饰，第四种庞贝风格，罗马，公元 64 年～公元 69 年

图 3-67　尼禄的“金宫”中斯基罗斯岛上的阿喀琉斯之屋东墙壁画装饰局部，第四种庞贝风格，罗马，公元 64 年～公元 69 年

图 3-68　宾纳流斯·赛里阿利斯府邸的停柩室北墙壁画装饰，庞贝，公元 64 年～公元 68 年

图 3-69　尼禄的“金宫”地道壁画装饰局部，第四种庞贝风格，罗马，公元 64 年～公元 69 年

图 3-70　拉斐尔，受尼禄的“金宫”壁画装饰启发描绘的湿壁画，红衣主教比比恩纳的鲁格杰塔（Cardinal Bibbiena's Loggetta），梵蒂冈宫，梵蒂冈

“怪诞风格”在文艺复兴时期享有长期的成功，这或许与不仅复兴古罗马建筑的形式而且复兴其装饰的愿望有关。实例如梵蒂冈宫鲁格杰塔（Loggetta）的装饰画（图 3-71，1517 年）以及马达马别墅（Villa Madama）花园凉廊西南开间的装饰画（图 3-72，1520～1521 年）等。

面对被反复援引的、维特鲁威对于这些“不存在，不可能存在，并且从未存在”的壁画的严厉批评，以及其他类似的批评，例如，丹尼尔・巴巴罗（Daniele Barbaro，1514—1570）[①]的批评，也并不乏断然捍卫怪诞风格画的声音。如弗朗西斯科・德・霍兰达（Francisco de Holanda，1517—1587）在他的《罗马对话录》（写于 1548～1549 年）中声称：“加入奇异的创造物来取代人类或动物通常的形象，能提高装饰的吸引力（因为多样化、娱乐感官以及出于对凡人的眼睛的关心——人们的眼睛想要看到以前从未曾看到的事物以及那些他们相信不存在的事物）。对于多样化的贪得无厌的人类愿望而言，据说描绘依据建筑原则建成的建筑不如描绘怪诞风格的错误的建筑有趣，这些错误的建

① 引自（美）黎辛斯基．完美的房子 [M]. 杨惠君译．天津：天津大学出版社，2007: 8.

图 3–71　乔万尼・达・乌迪内（Giovanni da Udine）与助手，鲁格杰塔奇异风格画（grotesques）细部，梵蒂冈宫，梵蒂冈，1517 年

图 3–72　乔万尼・达・乌迪内与助手，玛达玛别墅花园凉廊西南开间奇异风格画，罗马，1520～1521 年

筑有着从花瓶中升起的小天使组成的柱子，有着桃金娘形成的檐部与山花、芦苇形成的门，以及其他看起来不可能的、荒谬的事物——所有这些可以是伟大的。”[①]另外，塞利奥在他的《建筑五书》中也说：“在拱顶中，你完全可以描绘那些以怪诞风格（grotesques）著称的怪诞的事物，因为对艺术家而言，它们非常合适。在这里，艺术家有描绘任何自己喜欢的对象的自由：花、叶、鸟、兽，甚至是人与动物或植物的结合体。”[②]的确，在错觉的壁画或天顶画中源于协调不同的虚拟空间体系的需要而导致的所有问题——即那些错觉的建筑与绘画的场景之间的问题——它们相互之间的关系，真实的建筑空间的形式，以及观者在建筑空间中所占据的位置等等，都能够通过选择怪诞风格画来设法解决。这就是为什么塞利奥推荐在拱顶采用怪诞风格画的原因。它们完全是平面的，不创造幻觉深度，既是装饰体系又是主题，因而适用于各种各样的表面与任务。

---

① 转引自 Julian Kliemann. Michael Rohlmann. *Italian frescoes: High Renaissance and Mannerism.1510-1600* [M]. New York・London: Abbeville Press Publishers, 2004: 22.

② 转引自 Julian Kliemann, Michael Rohlmann. *Italian frescoes: High Renaissance and Mannerism, 1510-1600* [M]. New York・London: Abbeville Press Publishers, 2004: 13.

让我们再回到古代罗马。事实上，在尼禄皇帝统治时期，生命被视为无休止的享乐与放纵，于是，过度与无节制也反映在这一时期的艺术之中。公元 62 年，一次强烈的地震——今天被认为是维苏威火山爆发的先兆——袭击了庞贝，造成大量建筑坍塌损毁。地震之后，许多建筑经历了重新建造并重新装饰，于是，第四种庞贝风格得到了充分发展。实例见于庞贝的穆林综合体（Murecine，图 3-73～图 3-77）、庞贝的马库斯·法比乌斯·鲁弗斯府邸（The House of Marcus Fabius Rufus，图 3-78～图 3-80）、庞贝的维蒂府邸（The House of the Vettii，图 3-82、图 3-83）、赫库兰尼姆的大入

图 3-75　缪斯女神卡利俄铂与埃拉托，穆林综合体有躺卧餐椅的餐室 A 西墙湿壁画，第四种庞贝风格，公元 1 世纪，庞贝

图 3-73　阿波罗与缪斯女神克莱奥及欧忒尔佩，穆林综合体有躺卧餐椅的餐室 A 北墙湿壁画，第四种庞贝风格，公元 1 世纪，庞贝

图 3-76　穆林综合体有躺卧餐椅的餐室 C 西墙湿壁画，第四种庞贝风格，庞贝

图 3-74　缪斯女神塔利亚、墨尔波墨与乌拉尼亚，穆林综合体有躺卧餐椅的餐室 A 东墙湿壁画，第四种庞贝风格，公元 1 世纪，庞贝

图 3-77　穆林综合体有躺卧餐椅的餐室 C 东墙湿壁画，第四种庞贝风格，庞贝

口府邸（The House of the Grand Portal，图 3-84）等建筑空间之中。

庞贝的穆林综合体，其壁画装饰（图 3-73～图 3-77）如此美丽，以至于被认为可能是尼禄访问庞贝期间的住处，这一点还有待证实。[①]有躺卧餐椅的餐室 A 被称为缪斯女神餐室，因为红墙上所描绘的人物形象被证实为阿波罗与缪斯女神们。[②]每面墙壁都采用了同样的色彩与构图——灵感显然来自舞台布景。以保存较完整的东墙（图 3-74）为例，墙壁中央是一座框架纤细的建筑，艺术家采用侵入法描绘了侵入观者空间的两处台基、台基上竖立的细长的、金黄色的爱奥尼克柱及其涡卷形的山花，而黑色的长条形基座则位于真实墙壁的平面上，艺术家又采用延伸法描绘了向墙壁后方延伸的建筑框架。仔细看，我们发现，画中的一根根柱子所在的空间位置十分可疑。首先，让我们看那个有着“米”字形装饰的栏板，它的确切空间位置应当是在黑色基座稍稍向后处，然而，夹峙栏板的两根柱子怎么会支撑着向墙后延伸到相当深度的天花板的边缘？难道柱子不是垂直地竖立而竟是倾斜的吗？实在有悖常理。其次，请问飘浮在壁面中央的喜剧缪斯女神塔利亚（Thalia）确切的空间位置究竟在哪里？在墙上？在画框里？还是在建筑框架之后虚空的红色之中？她两侧立于用黄金植物卷须装饰的矮柱柱头上的两位缪斯女神，显然处于墙壁平面之上，与她们相比，她那明显高大的身体岂非暗示她应当处于墙壁之前，以至侵入到观者的空间之中了吗？或者说，仅仅因为她的地位重要，因而画得比两侧的缪斯女神大？然而，这种不依据近大远小的透视原则，而仅依据其重要性来描绘人物，重要的就画得大、不重要的就画得小是古埃及的绘画模式（图 2-15）。最后，延伸建筑与墙面垂直相交的平行线，我们发现，这些交线并不能汇聚于单一的灭点，相反，沿着壁画中央垂直线，我们得到一系列的灭点。我们在第二种庞贝风格中见到过类似的情形（图 3-28、图 3-32）。这种非理性的空间矛盾还可见于有躺卧餐椅的餐室 C（图 3-76、图 3-77）中，它与餐室 A（图 3-73～图 3-75）如出一辙。此外，还有，在庞贝的马库斯·法比乌斯·鲁弗斯府邸黑绘房间中，艺术家采用

---

① 参见 Umberto Pappalardo. *The Splendor of Roman Wall Painting* [M]. Los Angeles: The J. Paul Getty Museum, 2009: 167.

② 参见 Umberto Pappalardo. *The Splendor of Roman Wall Painting* [M]. Los Angeles: The J. Paul Getty Museum, 2009: 166.

侵入法和延伸法描绘了两座左右对称的、纤细的建筑框架（图3-78），然而，这些处于不同空间中的柱子的底部竟都位于同一条水平线上；而柱群两边那两幅带框的画（图3-79），明明处于不同深度的空间中，可是艺术家却毫不犹豫地拉平了空间层次，将它们都置于墙壁所在的平面上；至于那个无法确定空间位置的小天使旁边那个悬挑在观者头顶之上的绿色阳台究竟固定在哪里呢？固定在那条突然从装饰花边转变为建筑棱边的红色金银细丝装饰带上吗（图3-80）？而在赫库兰尼姆的某壁画中，甚至表现了一座不可能的、幻想的建筑（图3-81），其建筑结构上部是圆形的，下部是方形的，两部分竟然以同一柱廊连接在一起。这些实例都表明，当时还未能很好地解决平面性描绘与深度幻觉之间的冲突与纠结。

图3-78　马库斯·法比乌斯·鲁弗斯府邸黑绘房间壁画装饰局部，第四种庞贝风格，庞贝

对于平面与深度冲突问题比较巧妙的解决方式见于庞贝的维蒂府邸壁画（图 3-82、图 3-83）中。艺术家在壁面上以带框画的形式描绘了一幅幅富有“说教”意味的希腊神话故事，而将充满虚幻空间感的舞台布景嵌在一个个画出来的洞口之中，从而使平面性的描绘与空间深度幻觉完美地交织在一起。

此外，特别值得一提的还有赫库兰尼姆的大入口府邸的装饰画残片（图 3-84）。它充分显示了第四种庞贝风格的戏剧性与夸张性。艺术家以侵入法描绘的戏剧面具、帷幕和纤细的圆柱构成侵入观者空间的舞台框架——一个从真实进入虚构的开口，又以延伸法描绘了一系列建筑框架，它们层层叠叠地退向无限远处，在这里，艺术家那精湛的空气透视法的处理，以及不追求刻板精确的模仿而追求瞬间的视觉效果、注重观者在观看过程中的补充性体验等[①]，的确堪与巴洛克艺术杰作相媲美。

综观第四种风格的壁画，我们发现，它将幻觉推向了极致，场景中常常弥漫着如梦的静谧。奇异的结构、华丽的色彩和几乎是印象主义的画法，使任何看到庞贝壁画原作的人都无法抗拒它们的吸引。观者常常忍不住惊呼：“这完全是现代的！”的确，庞贝壁画距今已有两千多年了，然而，它们看起来却仿佛是当代的创作。毋庸置疑，这是它们的魅力之一。在庞贝壁画中，找不到中世纪的元素，但是文艺复兴透视画法、巴洛克式纵欲以及立体主义、表现主义和超现实主义的元素都已初露端倪。

图 3-79　马库斯·法比乌斯·鲁弗斯府邸黑绘房间后墙壁画装饰细部，第四种庞贝风格，庞贝

图 3-80　马库斯·法比乌斯·鲁弗斯府邸壁画装饰局部，第四种庞贝风格，庞贝

综上所述，四种庞贝风格的壁画经历了从平面装饰到立体空间，再到平面装饰，再到立体空间的一系列演变，尽管并非严格意义上的错视画，因为尚未达到令观者误以为真的程度，但它们已经具备了错视画艺术的某些基本特征，可谓是错视画艺术的雏形，其中第二种庞贝风格和第四种庞贝风格，更开创了以延伸法和侵入法两种方式建构的虚构空间来实现对建筑界面的超越。

图 3-81　幻想的建筑，第四种庞贝风格，赫库兰尼姆

① 参见（奥）维克霍夫．罗马艺术——它的基本原理及其在早期基督教绘画中的运用 [M]. 陈平译．北京：北京大学出版社，2010: 110.

庞贝古城的发掘始于18世纪，从那时起，就以其无与伦比的魅力吸引了一批批的学者、专家、艺术家、建筑师奔赴考古现场，出版了一本又一本的学术著作与测绘图集。如，1824～1838年，查尔斯·弗朗索瓦·马祖瓦（Charles Francois Mazois，1783—1826）出版了四卷本《庞贝废墟》（图3-85），书中附有许多美丽的插图；1828年，儒勒-弗雷德里克·布歇（Jules-Frédé ric Bouchet，1799—1860）与德西雷·劳尔-罗歇特（Désiré Raoul-Rochette，1789—1854）出版了《庞贝：未发表的遗迹精选与悲剧诗人府邸》（图3-86），书中附有这座建筑中的绘画与马赛克的精美手绘彩色版画；1831年，路易吉·罗西尼（Luigi Rossini，1790—1857）出版了《古代庞贝》，书中有许多复原的遗迹与建筑的插图（图3-87a、图3-87b）。伴随着这些图书的出版，庞贝壁画受到了热烈的欢迎，进而被不断地、广泛地加以模仿，成为一代代错视画艺术家们共同的灵感源泉。

图3-82　维蒂府邸伊克西翁房间局部，第四种庞贝风格，庞贝，公元63～公元79年

图3-83　维蒂府邸彭透斯房间局部，第四种庞贝风格，庞贝，公元63～公元79年

图3-84　大入口府邸的装饰画残片，第四种庞贝风格，赫库兰尼姆，公元50～公元75年，现藏那不勒斯国立考古学博物馆

图 3-85 查尔斯·弗朗索瓦·马祖瓦，《庞贝废墟》封面，1824～1838 年

图 3-87a 路易吉·罗西尼，《古代庞贝》扉页，1831 年，罗马

图 3-86 儒勒－弗雷德里克·布歇与德西雷·劳尔－罗歇特，《庞贝：未发表的遗迹精选与悲剧诗人府邸》精美的手绘彩色版画，约 1828 年，巴黎

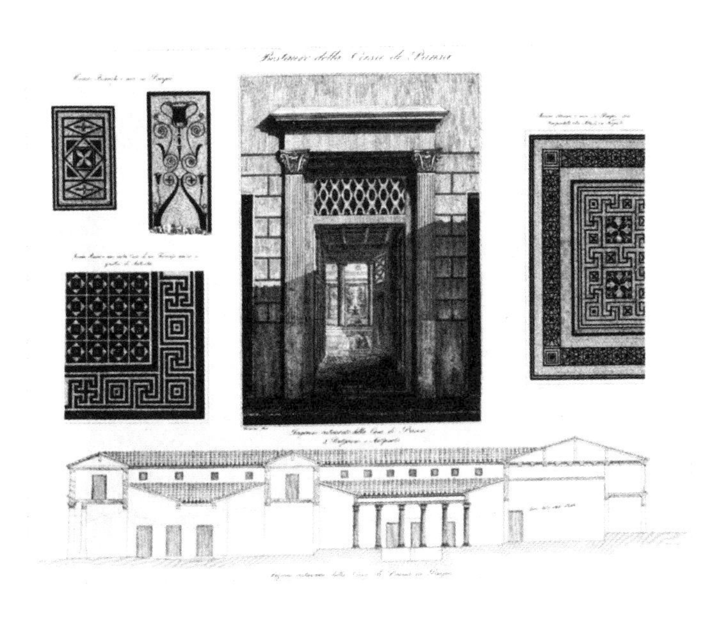

图 3-87b 路易吉·罗西尼，《古代庞贝》图版，1831 年，罗马

第四章　中世纪的停滞与发展[1]

民族大迁徙是一场雷雨，其后的中世纪则是一个星光闪烁的夜晚。

——贡布里希[2]

伴随着君士坦丁大帝宣布基督教为国教，基督教信仰逐渐成为人们唯一的精神支柱，支配着中世纪生活的方方面面。古典时期发展起来的错觉性绘画传统也遭到了摒弃。因为基督教信仰否定肉体的价值，关注的是如何将精神从肉体的束缚中解脱出来，因而要求艺术超越现实世界的本来面貌去表现彼岸世界的诸多方面。古典时期的艺术家从外部客观地审视周围的世界，而基督教信仰则要求从内心主观地进行沉思和内省，于是观察外部世界的眼界萎缩了，透视法、明暗法等表现三维实物及深度空间的逼真绘画技法被抛弃了，转而采用象征的、平面的、抽象的表现技法。

这一时期，在宗教狂热的驱使下，人们不遗余力、倾其所有地建造教堂与装饰教堂，教堂往往汇集了当时最杰出的艺术家、最昂贵的材料和最先进的技术。考虑到教堂是一时一地最高水平建筑的代表，接下来，本章将以教堂（拜占庭的东正教教堂与西欧的罗曼式教堂、哥特式教堂）的建筑空间为研究对象，考察中世纪基于建筑界面的西方错视画艺术的停滞与发展。

---

① 本章的内容主要参考了本人写作的《拜占庭设计》、《哥特式设计》. 见郑巨欣主编 . 世界设计史 [M]. 杭州：浙江人民美术出版社，2015: 74−97.

② 引自（英）贡布里希 . 写给大家的简明世界史 [M]. 张荣昌译 . 桂林：广西师范大学出版社，2003: 159.

4.1 镶嵌画：摒弃错觉

拜占庭的东正教教堂（图 4-1）由于采用了拜占庭独创的穹顶 - 帆拱（Pendentives）建筑结构体系，所有的重量最后都支承在柱墩上，因而不需要连续的厚墙，如此一来大大小小的穹顶、半穹顶和拱顶之下的空间都是开放的，它们向着前后左右、四面八方延伸出去，仿佛吹起的气泡在不断膨胀扩大，越远越暗，永远没有尽头。光线从极小的窗户射入，照得教堂内部朦朦胧胧，制造了一种缥缈的幻觉（图 4-2）。

在这样的建筑空间中，古希腊、古罗马时期发展起来的错觉性的湿壁画被摒弃了，取而代之的是马赛克镶嵌画。

就马赛克镶嵌画这门古老的艺术而言，并非拜占庭帝国所创或仅有。古希腊人在公元前 3 世纪已经擅长制作镶嵌画，主要用于装饰建筑地面，多为黑白两色，以鹅卵石为主要材料，镶嵌成简单的图案或人物及动物等形象。古罗马人进一步发展了镶嵌画工艺（图 3-6a、图 3-6b、图 3-19～图 3-24），所选用的嵌片材料种类增多，如大理石碎片、玻璃等，手工艺人在运用各种材料创造不同视觉效果方面积累了大量的实用经验，比如通过在两片玻璃嵌片之间加入金箔来获得极佳的反光效果等。但总体而言，古代的镶嵌画工艺还比较粗糙，色彩效果还比较单纯素朴。

图 4-1　东正教教堂最辉煌的代表——圣索菲亚大教堂，伊斯坦布尔（即君士坦丁堡），土耳其，532～537 年，尖塔建于 1453 年之后

图 4-2　圣索菲亚大教堂内景，伊斯坦布尔，土耳其

图 4-3　圣灵降临与圣母，赫西俄斯・卢卡斯教堂后殿上方镶嵌画，斯提瑞斯，希腊，11 世纪早期

图 4-4　圣马可教堂内景，建筑属于 11 世纪，镶嵌画始作于 12 世纪末，威尼斯，意大利

而拜占庭的镶嵌画，作为拜占庭文化艺术的杰出代表，则继承了古希腊、古罗马的传统，同时汲取了古代东方艺术的神秘主义思想和象征主义手法，以新颖别致的色调和璀璨斑斓的色点装饰教堂大面积的墙壁、帆拱和穹顶。画面题材主要是宗教故事，为了表现基督的神性和远离世俗的超然风貌，采取了平面造型（线和平涂色块）、风格化模式（非个性表现）、肃穆形态（正面直立）和等级观念（主大次小）等东方艺术的二维空间模式。嵌片的材料十分丰富，常见的有彩色玻璃、贵金属、宝石、小石子、瓷砖、贝壳等。嵌片一般为 1 厘米左右，成不规则几何形，斜立而不是平铺在黏结剂砂浆上。不同角度的嵌片造成光的折射，随着观者视点的移动而时隐时现，使壁面产生了一种与绘画、雕刻、编织等平滑、均匀、缓和的肌理完全不同的特殊肌理效果——一种斑色闪烁的、神秘的、梦幻般的肌理效果。正是基于这样金碧辉煌、五彩斑斓的视觉效果，拜占庭的镶嵌画被学者们称为“光与色的艺术”。①

① 参见夫也．拜占庭的镶嵌工艺．装饰 [J]，1987（2）：48.

镶嵌画特别能适合拜占庭式教堂的特点——建筑结构曲线相交，仿佛处于运动之中；建筑空间层层涌起，似乎在膨胀扩大；窗户极小，光线幽暗。在这里，拜占庭匠师们摒弃了庞贝壁画所开创的以延伸法和侵入法建构虚构空间超越建筑界面的方式，而是在保持建筑空间的明确性和结构逻辑的基础上，巧妙地利用各种角度的壁面、帆拱和穹顶构思画面，并充分考虑光的因素进行精心设计，有步骤、有计划地将无数小碎片进行加工、配置、拼接、组合出巨大的画面，使镶嵌画与建筑有机地结合在一起，达到高度的统一与和谐（图4-3、图4-4）。

圣维塔莱教堂（San Vitale）的镶嵌画可谓是全世界现存最精美、最绚丽的镶嵌画（图4-5～图4-9）。教堂圣坛的半圆形穹顶中（图4-5），5个人物从左至右分别是圣维塔莱、天使、耶稣基督、天使及手捧圣维塔莱教堂模型的拉文纳主教。宇宙的主宰耶稣基督身着紫衣，坐在蓝色的地球上，右手正将殉教者的王冠递给圣维塔莱（图4-6）。在这里，我们看到，为了尽可能地简明叙事并突出核心的精义所在，任何有可能分散注意力的元素都被省略了。在一片金色的光辉背景中，唯有依据固定的程式样板描绘的圣像，凝滞、僵硬、绝无感情交流地注视着尘世中的人们，创造出一种神圣、永恒、超自然的气氛。

图4-5　圣维塔莱教堂圣坛部分镶嵌画装饰，526～547年，拉文纳，意大利

图4-6　圣维塔莱教堂圣坛的半圆形穹顶镶嵌画装饰，526～547年，拉文纳，意大利

穹顶下方，是尘世的统治者。两幅极负盛名的镶嵌画——《查士丁尼大帝及其廷臣》（图 4-7a、图 4-7b，约 547 年）、《西奥多拉皇后及其随从》（图 4-8a、图 4-8b，约 547 年），分别描绘了皇帝和皇后手捧供物进入教堂的场面。画面上，所有人物表情严肃地正面站立，排成一排，人物高度大体相同，比例被拉长。每个人都像踮着脚似的，失去了重量感，显得十分轻盈。有趣的是，有些人的脚竟然踩在另一些人的脚上！而为了表现查士丁尼大帝身后众多的侍从，艺术家采用了重叠遮挡的方式，让后排的侍从从前排侍从的肩膀之间露出小半张脸，至于第三排的侍从，就只好把他们画得比前面两排的侍从更高些，以便露出头顶。在这里，艺术家有意回避了对深度空间的表现，使画面完全平面化了，人物之间的空间关系和解剖关系被省略了。类似地，在拱门上方的半圆形壁中，我们发现，《亚伯拉罕献祭》镶嵌画（图 4-9）上，那张摆了 3 块饼的桌子，

图 4-7a　查士丁尼大帝及其廷臣，约 547 年，圣维塔莱教堂镶嵌画，拉文纳，意大利

图 4-7b　圣维塔莱教堂镶嵌画局部，查士丁尼大帝

图 4-8a　西奥多拉皇后及其随从，约 547 年，圣维塔莱教堂镶嵌画，拉文纳，意大利

图 4-8b　圣维塔莱教堂镶嵌画局部，西奥多拉皇后

桌面竟然是竖立起来的，而桌上的 3 块饼则是从上向下俯视所见的正圆形，最有趣的是，画中那 3 个天使的脚，竟然能从桌底的横条之间穿出来，而这些横条应是在同一水平高度上！在这里，我们又看到了古埃及艺术家并不依据所见而是立足于所知来描绘场景的那种平面处理手法。

至此，我们所曾看到的公元前 500 年左右在希腊觉醒了的观察自然的能力，在公元后 500 年左右又被投入到沉睡之中。[①]基于建筑界面的西方错视画艺术不可避免地陷入了停滞状态中。

图 4–9　亚伯拉罕献祭，约 547 年，圣维塔莱教堂拱门上方半圆形壁镶嵌画，拉文纳，意大利

① 引自（英）贡布里希．艺术的故事 [M]. 范景中译．林夕校．北京：生活·读书·新知三联书店，1999: 136.

4.2 湿壁画：拒绝幻象

在西欧，由于拉丁十字式巴西利卡形制[①]非常适合宗教仪式的举行，同时，拉丁十字形又被认为是耶稣殉难的十字架的象征，具有神圣的含义，因而被天主教会选作最正统的基督教教堂形制，[②]流行了上千年，其间经历了早期基督教式、罗曼式及哥特式三个发展阶段。

在早期基督教时期（约4～10世纪），古罗马复杂的拱券技术在西欧各地普遍失传了，早期巴西利卡式基督教教堂大都采用木屋架。然而，木屋架既不防火，也不耐久，到了罗曼时期（约10～12世纪），经过长期摸索，西欧终于复兴了古罗马的拱券技术，从而得以用砖石砌筑的筒形拱顶、十字拱顶等结构来取代木屋架，因而得名罗曼式（Romanesque），意思是追摹罗马。

罗曼式教堂是承重墙结构体系，它通过将侧廊升高至抵住中厅拱顶的起脚，以平衡中厅拱顶巨大的侧推力，而侧廊拱顶的侧推力则由厚厚的外墙来抵御。从外部看，罗曼式教堂厚重、粗糙、坚实，但规模不大（图4-10）。从内部看，由于侧廊与中厅高度接近，中厅不设侧高窗，光线仅来自十字交叉处的采光塔，因而内部幽暗、封闭（图4-11）。

罗曼式教堂中大面积的建筑界面——筒形拱顶、拱肩、墙面和圣坛上方的半穹顶等，则为艺术家提供了绘制湿壁画的载体。据说，从12世纪后期开始，法国、西班牙等国的教堂中，湿壁画创作一度非常活跃。其中，法国克吕尼第三修道院教堂（The Third Church of Abbey at Cluny，约1120年）的罗曼式湿壁画堪称最杰出的代表作。然而，不幸的是，这座教堂于法国大革命期间被洗劫一空，随后又被炸毁当建筑材料使用，结果，除少数残片外，大型壁画全部消失了。幸好，在距离克吕尼不到10英里的贝尔泽·拉维尔（Berze-La-Ville）礼拜堂内还能见到类似的作品。这些保存完好的湿壁画（图4-12～图4-14）是模仿克吕尼第三修道院教堂壁画绘制的，很可能出自同一位艺术家之手[③]：

在圣坛上方半穹顶内湿壁画“无上光荣的基督”（图4-12a、图4-12b），描绘了耶稣基督身着白色长袍，外披红色披风，坐在深蓝色背景、金星闪烁的杏仁形光轮之中，他的右手给予围绕在身边的使徒和圣人们祝福，他的左手则将写有十戒的卷轴交给圣彼得，他的头顶上方，是持王冠正准备给他加冕的天父上帝之手。在这里，我们看到，任何试图改变建筑空间真实界限、制造幻象的努力都被放弃了，艺术家依据复杂而富于变化的建筑界面形态来

① 古罗马的巴西利卡（basilica）——一种用作法庭、交易所或会场的大型世俗公共建筑，因为不带有任何异教色彩，所以很适合基督教采用。其平面为长方形，由2或4排纵向柱列划分为中厅（nave）和侧廊（aisle）。中厅左右各有一个侧廊的，称三堂式巴西利卡；中厅左右各有双侧廊的，称五堂式巴西利卡。中厅宽且高，便于大量会众集会，侧廊窄且低，便于中厅两侧利用高差开高侧窗采光。中厅纵向尽端处为半圆形龛，设有皇帝或法官的宝座。半圆形龛后来发展成为基督教教堂的圣坛，设有祭坛和主教席位。根据教会规定，举行仪式之时，信徒必须面向耶路撒冷的圣墓，因此圣坛必须位于东端，与之相对的主入口因而朝西。由于宗教仪式日趋复杂，后来就在祭坛之前增建一道横厅（transept），供神职人员专用，这种带有横厅的巴西利卡，被称为“拉丁十字式巴西利卡”。

② 参见陈志华．外国建筑史（19世纪末叶以前）[M]．第三版．北京：中国建筑工业出版社，2004: 100.

③ 参见（美）萨拉·柯耐尔．西方美术风格演变史[M]．欧阳英，樊小明译．杭州：中国美术学院出版社，2008: 77.

图 4-10　罗曼式教堂的典型代表——圣塞南教堂，拉丁十字式巴西利卡形制，从东南方向鸟瞰，约 1080～1120 年，图卢兹，法国

图 4-11　圣塞南教堂中厅内部，约 1080～1120 年，图卢兹，法国

图 4-12a　贝尔泽・拉维尔礼拜堂圣坛部分，法国

图 4-12b　无上光荣的基督，贝尔泽・拉维尔礼拜堂圣坛上方半穹顶内湿壁画局部，约 1103 年，法国

构思平面性的湿壁画（图 4-12a、图 4-12b、图 4-13），并设法利用圣人的光圈来巧妙地与教堂本身弯曲的拱顶、穹顶取得和谐，达到了很高的成就。但是，值得注意的是，人物僵硬庄严的表情、程式化的正面姿势、概念化的叙事以及平面化的装饰效果，显然深受拜占庭镶嵌画的影响（图 4-3～图 4-9）。

总之，图像作为“不识字人的圣经”，只要能将宗教教义清晰明了地表达出来，感化信徒大众就足够了，任何欺骗眼睛的幻象都会妨碍对于那渺不可感和深不可测的神的认识，于是，对于在二维的表面上描绘空间深度与三维立体错觉的探索中止了。

图 4–13　贝尔泽・拉维尔礼拜堂圣坛拱肩上的湿壁画，约 1103 年，法国

4.3 彩色玻璃窗：透明图解

“哥特式”最初是作为一个贬义词出现的，是“野蛮”的同义语。16 世纪意大利的人文主义者把中欧及北欧的建筑样式称为“哥特人的创作”，以此来贬损这种艺术风格，并与他们自己的文艺复兴艺术风格划清界限，因为他们认为自己的艺术风格是优雅的。事实上，“哥特式”与哥特人并无任何联系，它的起源地是 12 世纪的法国，“哥特式”只是作为一个约定俗成的术语而沿用至今。

哥特式教堂可谓是中世纪漫长的石头史诗中最华美、最壮丽的高潮。尽管它是在罗曼式教堂的基础上一步步发展而来的，但它与罗曼式教堂存在着本质的区别。罗曼式教堂是承重墙结构体系，而哥特式教堂则是“骨架券 - 尖拱 - 飞扶壁（Flying Buttresses）”近似框架式的结构体系。从外部看，高耸、尖削的哥特式教堂雄踞于城市中心，四周匍匐着矮小的市民住宅和店铺，仿佛一只母鸡把幼雏庇护在羽翼之下，其巨大的体量和高度创造了罗曼式教堂所无法企及的崭新的世界纪录（图 4-14）。从内部看，仿佛喷泉一般悠然绽放的骨架券，沿支柱侧面向下延伸直至地面，使柱头退化形成束柱，教堂仿佛一架硕大无朋的竖琴，林立的垂直线仿佛绷紧的琴弦，其线性框架完全是独立的，轻盈而稳固，墙体因不再承重而变得十分纤薄。如此一来，传统的壁画无处施展，却为华丽璀璨的彩色玻璃窗提供了舞台。法国王家宫廷小礼拜堂（La Sainte-Chapelle，图 4-15，1242～1248 年）可谓透明的极致，在这里，墙面完全隐退，玻璃窗占尽支柱之间的所有面积，整个建筑被彩色玻璃窗所环绕，轻盈而空灵，仿佛一只玻璃灯笼般晶莹剔透。

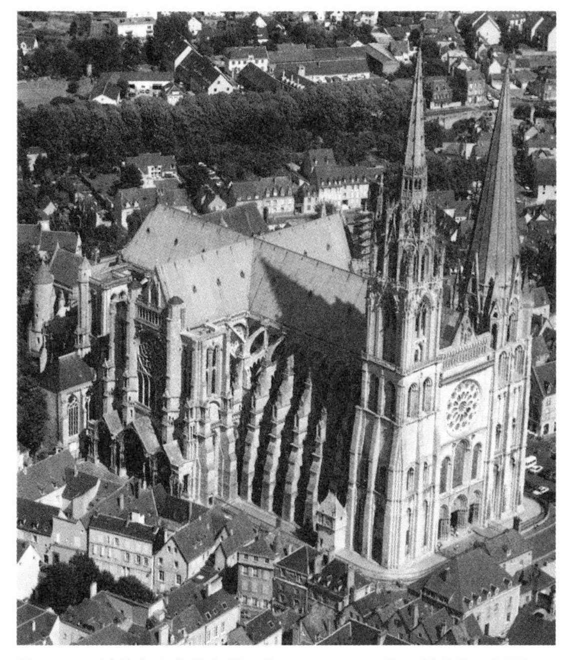

图 4-14　沙特尔主教堂鸟瞰，约 1194～1260 年，沙特尔，法国

图 4-15　宫廷小礼拜堂，1242～1248 年，巴黎，法国

据说，彩色玻璃窗的诞生是受到拜占庭式教堂辉煌灿烂的马赛克镶嵌画的启发，从而很好地解决了当时没有纯净透明的大块玻璃，只能利用杂色的小块玻璃镶嵌窗户的难题。无数各种形状、各种色彩的玻璃片拼接起来，在每一窗格中组织成圣经故事场面——从创世记到末日审判，从受胎告知到最后的晚餐。这些被赋予了宗教教化功能的彩色玻璃窗往往尺寸巨大，伫立在其脚下，信徒的身心皆被圣经所环绕。正如公元6世纪末的格列高利大教皇所说："文章对识字的人能起什么作用，绘画对文盲就能起什么作用。"①相比于枯燥的说教，这些彩色玻璃窗无疑更具感染力。

彩色玻璃窗所呈现的圣经故事场面，采用的是人人都能看懂的图解式的画面，具有单线平涂的绘画趣味。在这里，为了把故事讲得尽可能简洁明了，任何与故事核心精义无关的、分散观者注意力的人、物、细节都被省略了。人物是平面的，体形细长，抽象而概括，其轮廓线由铅条构成，彩色玻璃则镶在铅条之间。主要人物居中且较大，其他人物很小，一种纯粹的精神等级观念代替了事物的物质性秩序。背景也是平面的，背景中的景物通常是程式化的，建筑表现为小立柱加尖拱，海洋表现为一系列波浪形的条纹等。人物被置于莫名的空间中，有的似在空中漂浮，事件也发生在一个抽象的环境里。艺术家不表现任何空间的错觉，这在当时不仅是彩色玻璃窗的特点，也是一切绘画的特点。

在色彩方面，艺术家既不研究也不模仿自然界的实际色调层次，而是选择鲜明的、有着特定象征意义的色彩如红色、蓝色、绿色、黄色等来作图解。正是因为摆脱了对自然的模仿，这些彩色玻璃窗才能传达出那种超自然的观念（图4-16）。

4.4 错视画：停滞中的发展

如前所述，中世纪的艺术是程式化的、装饰性的、平面的、象征的、观念的，以欺骗眼睛为目的的错视画遭到了禁止。尽管如此，错视画在中世纪的发展却并未真正断绝。

首先，据考证，许多基督教教堂的护墙板仍以错视画技法绘制的织物（图4-17）与大理石（图4-23）来装饰，②正如在第一种庞贝风格中那样，虽然没有改变建筑空间的真实界限，但改变了护墙板原有的材质。

① 引自（英）贡布里希．艺术的故事[M]．范景中译，林夕校．北京：生活·读书·新知三联书店，1999: 135.

② 参见 Miriam Milan. *The Illusions of Reality: Trompe-L'oeil Painting* [M]. London: Skira, 1982: 20.

图 4–16　沙特尔主教堂北侧玫瑰窗，直径 13.11 米，约 1220 年，沙特尔，法国

图 4–17　圣弗朗西斯科上教堂，1228～1253 年，阿西西，意大利

其次，依据查尔斯·德·托尔尼（Charles de Tolnay）的研究，在托斯卡纳地区幸存的数座 12 世纪教堂中，其较低部位都建造有壁龛，在这些壁龛的后墙上，以精湛的错视画技法绘制着礼拜仪式用品，真正的礼拜仪式用品就放置于它的图像之前，在这里，图像的主要意图是提示物品放置的位置。[①]

---

① 参见 Miriam Milan. *The Illusions of Reality: Trompe-L'oeil Painting* [M]. London: Skira, 1982: 20.

图 4-18 塔迪奥·伽蒂（Teddeo Gaddi,?–1366），容纳圣器的假壁龛，圣十字教堂湿壁画局部，约 1332～1338 年，佛罗伦萨，意大利

图 4-19 塔迪奥·伽蒂，圣十字教堂湿壁画，约 1332～1338 年，佛罗伦萨，意大利

错视画对于空间体验的改变，见于佛罗伦萨的圣十字教堂（Santa Croce in Florence）及阿西西的圣弗朗西斯科下教堂（Lower Church of San Francesco at Assisi），在这两座教堂中，首次出现了假壁龛（图 4-18）——不仅壁龛中的礼拜仪式用品，甚至连壁龛都是画出来的。这些假壁龛描绘在适当的位置上（图 4-19），也就是教堂中通常放置礼拜仪式用品的地方。它们以当时先进的技法，通过光影的描摹来有力地强调体积感和透明度，从而创造了逼真的效果。很显然，这些假壁龛的目的正是为了欺骗眼睛，它们是如此成功，以至于艺术家们决心开创一种新画种——静物画，而这些假壁龛则被公认为是静物画的早期版本。①

① 参见 Miriam Milan. *The Illusions of Reality: Trompe-L'oeil Painting* [M]. London: Skira, 1982: 20.

此后，假壁龛发展成为宫殿和教堂壁画装饰的一个重要元素。壁龛中的内容也演变为以纯灰色画技法（grisaille）描绘的大理石雕像或者着色人物。在伦巴第（Lombardy）的奥洛纳牧师会教堂（Collegiate church of Castiglione Olona）壁画下方的假壁龛（图 4-20）中，艺术家保罗·夏沃（Paolo Schiavo，1397—1478）开了一个有趣的玩笑。他把自己的形象描绘在假壁龛帘幕旁边，下半身隐于教堂圣坛之中，正侧过脸凝视着自己的作品及圣会。观者即使没有被欺骗，也肯定会对艺术家出其不意的到场感到惊奇。在当时，独立的自画像还没有出现，艺术家们的自画像往往是隐藏式的——在祭坛装饰或壁画中呈现自己作为宗教故事的外围目击者或者在英雄们中间假扮为次要的人物。相比之下，保罗·夏沃在假壁龛中以错视画技法描绘的自画像则要远为大胆得多。

图 4-20　奥洛纳牧师会教堂壁画下方的假壁龛，其中有保罗·夏沃以错视画技法描绘的自画像，伦巴第，意大利

最后，值得一提的是，被誉为划破黑暗中世纪艺术星空的“第一道曙光”的乔托（Giotto，约 1266—1337），在运用错视画暗示空间方面也做出了重要的贡献。他为帕多瓦的斯克洛文尼教堂（Scrovegni Chapel in Padua）创作的著名的湿壁画（图 4-21）中有两个神秘的小礼拜堂（图

图 4-21　乔托，斯克洛文尼教堂湿壁画，约 1302～1305 年，帕多瓦，意大利

4-22，约1302～1305年），它们从拱券结构向后延伸突破了墙面屏障，形成独立的空间，从中，观者可以望见那从十字交叉的肋骨拱顶悬吊下来的灯盏。据考证，在教堂的原设计中是有这两个小礼拜堂的，但从未真正建成。在这里，乔托弥补了这一遗憾，他运用中心透视法描绘的这两个小礼拜堂，对于那些坐着不动、正在做礼拜的观者而言，是足以欺骗眼睛的真正的错视画。另外，在教堂墙面的下部，乔托运用错视画技法描绘了彩色大理石嵌板作为装饰，并每隔一段距离以纯灰色画技法描绘一个假壁龛及拟人像（图4-23、图4-24），这些拟人像并非雕像，但却十分逼似圆雕，除非伸出手去触摸，否则难辨真假。其中，"信德（Faith）"的拟人像（图4-25）描绘了一位年长的妇女，右手拿着十字架，左手拿着一张写卷。我们又看到了手臂的短缩法，脸部和颈部的明暗造型，流动的衣褶中的深深阴影。像这样的东西已经有1000年之久完全不画了①。正是乔托，摆脱了中世纪抽象的、图案化的、表意符号似的绘画方式，重新开启了在二维的平面上制造深度错觉的错视画艺术。

图4-22　乔托，斯克洛文尼教堂湿壁画局部，神秘小礼拜堂，约1302～1305年，帕多瓦，意大利

图4-25　乔托，斯克洛文尼教堂湿壁画局部，信德的拟人像，约1302～1305年，帕多瓦，意大利

① 参见（英）贡布里希．艺术的故事[M]．范景中译．林夕校．北京：生活·读书·新知三联书店，1999: 201.

图 4-23　乔托，斯克洛文尼教堂湿壁画，约 1302～1305 年，帕多瓦，意大利

图 4-24　乔托，斯克洛文尼教堂湿壁画局部，约 1302～1305 年，帕多瓦，意大利

第五章 文艺复兴：征服真实

绘画是一门科学。

——*莱奥纳多·达·芬奇*[①]

千万不要相信一个知其然而不知其所以然的画家能成为好画家。他们用的是一种无的放矢的画法。最杰出的画家必定是一位理解了可视面的轮廓及其各种属性的画家。相反，未曾努力研究上述知识的画家绝不会成为好画家。

——*阿尔贝蒂*[②]

我几乎看呆了。一切都显得那么真实。我不敢相信它是假的。我走近它，双手抚摸它……靠近天使加百列和马利亚。你会惊叹树枝上竟会有这样的叶子和果实，大自然也造不出更逼真的了……

——*玛提奥·科拉乔*[③]

中世纪的观念认为彼岸世界的永恒拯救是人类生存的唯一目的。因而，中世纪的艺术回避逼真的描绘，而以图案化的形象图解基督教教义，充当着象形文字的作用。[④]

文艺复兴（Renaissance）起源于意大利。Renaissance 的意思是“再生”，这是一种比喻的说法，当时的人文主义者认为，希腊罗马的古典文化曾经高度繁荣，但在“黑暗的中世纪”却被视为异端而衰败湮没了，唯有重新肯定和发扬古典文化，人类文化才有“再生”的希望。他们重新唤起了古希腊哲人普罗塔戈拉（Protagoras，约公元前 490 或 480—公元前 420 或 410）的格言：“人是万物的尺度。”重新肯定了人自身的价值，并开始关心现世的存在。以前受到宗教压抑而销声匿迹的逼真的艺术手法卷土重来，伴随着透视法、光影明暗法、人体解剖学这三项科学发现，使得文艺复兴时期的艺术家彻底征服了真实，能够在二维的平面上创造出栩栩如生的三维立体与空间错觉。错视画艺术因而得到了空前的繁荣与发展。

---

① 转引自曹意强．时代的肖像 [M]. 北京：文物出版社，2006: 31.

② 引自（意）阿尔贝蒂．论绘画 [M].（美）胡珺，辛尘译注．南京：凤凰出版传媒股份有限公司、江苏教育出版社，2012: 23.

③ 引自（美）约翰·T，帕雷提，加里·M，拉德克．意大利文艺复兴时期的艺术 [M]. 朱璇译．孙宜学校．桂林：广西师范大学出版社，2005: 1.

④ 参见（意）列奥纳多·达·芬奇．达·芬奇论绘画 [M]. 戴勉编译．朱龙华校．桂林：广西师范大学出版社，2003: 2.

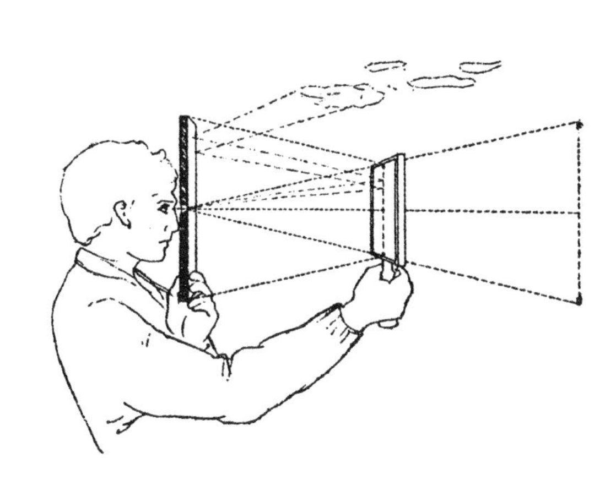

图5-1a　布鲁内莱斯基著名的透视法实验

图5-1b　布鲁内莱斯基著名的透视法实验，镜中景象与真实景象天衣无缝地交织在一起，近乎视觉的魔术，画家以此法检验自己是否将眼前的三维实物精确地还原到了二维平面上

5.1 视觉艺术革命

5.1.1 透视法

如前所述，希腊艺术家已经通晓透视短缩法，罗马艺术家已经精于制造景深错觉。然而，他们始终未能发现科学的透视法，未能发现事物远去时体积缩小所遵循的数学法则。

13～14 世纪时，契马布埃（Cimabue，约 1240—1302）、乔托·杜乔（Duccio di Buoninsegna，1255—1319）、洛伦采蒂（Ambrogio Lorenzetti，1290—1348）等意大利艺术家在绘画实践中对透视法进行了探索，但直到 15 世纪，透视法才真正成为一门科学。

建筑师布鲁内莱斯基被公认为科学透视法的发明人。据说，他曾画了两幅画来说明他的透视体系，画的是从佛罗伦萨主教堂（Florence Cathedral）的大门和旧宫主门看出去的广场。他在画板上涂了一层银，使它有镜子的效果，然后，他以门框作为视觉意念中的画框，勾勒出反射在里面的建筑轮廓。用这种方法他为眼前的景色取得一个镜像，这是“一个完整的透视聚焦系统，物体按数学原理有规则地向一个固定的消逝点缩小”。不仅如此，布鲁内莱斯基还做了一个著名的实验，他在画板的焦点上开了一个小孔，让人站在画板背后从孔中看出去，同时手持一面镜子放在画板前面，绘画就在镜子中反映出来。[5]如此，观者可以看到镜中景象与画家站在教堂大门里看出去的真实景象天衣无缝地交织在一起，近乎视觉的魔术（图 5-1a、图 5-1b）。

---

① 参见（英）罗萨·玛利亚·莱茨．剑桥艺术史：文艺复兴艺术 [M]．钱乘旦译．南京：凤凰出版传媒集团、译林出版社，2009: 36.

通过实验，布鲁内莱斯基发现了透视中的地平线和灭点，确立了透视理论体系，将绘画提升为一门科学，帮助当时的艺术家成功地建立了一种稳定、匀质、数学化的空间意识。正如当代著名艺术史家潘诺夫斯基（Erwin Panofsky，1892—1968）所说："在某种程度上，透视将生理与心理空间转化成了一种数学空间……将中世纪空间认识中的那种个体空间及空间内包含的内容吸纳入了一个单纯的连续体。"①

从此，艺术家获得了在平面上逼真地模仿三维实体与空间的数学法则。马萨乔（Masaccio，1401—1428）最早将之运用于绘画实践中，并取得了非凡的成功。当马萨乔作于圣马利亚·诺维拉教堂（Church of Sta Maria Novella）的湿壁画《三位一体以及圣母、圣约翰和供养人》（图 5-2a）揭幕时，礼拜堂的墙壁仿佛被凿了一个巨洞似的，极度震惊了当时的佛罗伦萨人。画面中所有的人与物皆处于特定的空间中，且依照向后退远的距离按比例缩小。当观者站在壁画前最佳视点观看壁画时，虚构的场景竟达到了如此逼真的程度！甚至可以准确地还原出画中所有人与物处于真实空间中的位置（图 5-2b）。画中，圣母指着钉在十字架上的耶稣看向我们，表情庄重且十分动人，仿佛在邀请观者参与到画中正在展开的故事情节之中。于是，观者像画中的供养人一样，亲身经历了一件发生于身旁真实世界的奇迹。②

图5-2a　马萨乔，三位一体以及圣母、圣约翰和供养人，约1425～1428年，湿壁画，圣马利亚·诺维拉教堂，佛罗伦萨，意大利

① 转引自（英）冯伟．透视前后的空间体验与建构 [M]. 李开然译．南京：东南大学出版社，2009: 5.
② 参见（英）罗萨·玛利亚·莱茨．剑桥艺术史：文艺复兴艺术 [M]. 钱乘旦译．南京：凤凰出版传媒集团、译林出版社，2009: 4.

遗憾的是，布鲁内莱斯基并未著书立说，而那两幅画及实验装置也都已佚失。首次系统地阐述了由布鲁内莱斯基开创的透视法理论的是其好友阿尔贝蒂。

阿尔贝蒂的著作《论绘画》（1453 年）是西方绘画理论中第一篇科学化的论著，它大胆地剥离了宗教主题，仅仅论述绘画本身及其最本质的原理，可以说，其重要性再怎么强调也不为过。书中，阿尔贝蒂继承了古希腊哲学家欧几里得的"锥形视线"理论——以观者的眼睛为顶点，光线以直线运行，以所看对象周界为锥形的底面，形成一个锥形（见第二章），并进一步指出："他们应该知道，他们画线，是在表达可视面的轮廓；在轮廓里填色，其实是将画面看成一块透明的玻璃，从中映现出视觉影像。换言之，画面仿佛是一个位于固定距离和光线、有固定中心点、并且与观者有明确空间关系的透明板块，视觉棱锥体似乎穿透其中。我们常常看到画家为了寻找他所认为的最佳视像，与描绘对象拉开距离，他其实是在本能地调整视觉棱锥体的顶角角度。一幅画只有一个面，那或许是墙，或许是画板；但在画中，画家需要表达物体的所有可视面。所以，画家应该在某个固定的位置横截由所有可视面造成的视觉棱锥体，以便在画中表达同样的轮廓和色彩。"①

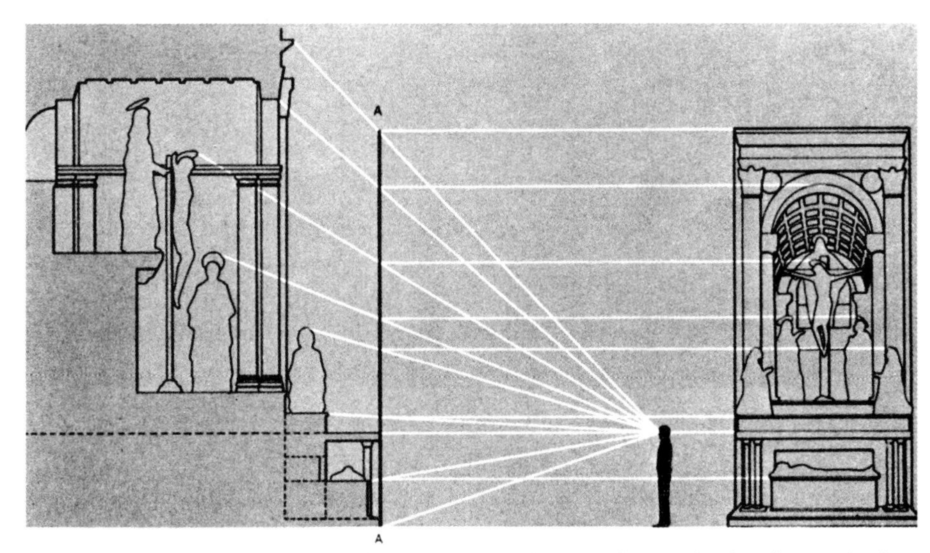

图5-2b　依据马萨乔的壁画可以准确还原出所有人与物处于真实空间中的位置，直线AA标示出画面所在的位置

① 引自（意）阿尔贝蒂．论绘画 [M].（美）胡珺，辛尘译注．南京：凤凰出版传媒股份有限公司、江苏教育出版社，2012: 12.

在将绘画定义为“视觉棱锥体某处的一个截面，这个截面被艺术家用线条和颜色再现于某个表面上”[①]（图5-3）之后，阿尔贝蒂写道，“让我告诉你，我是怎样作画的。首先，我在画板上，画一个矩形，其大小视需要而定。我将这一矩形视为一扇敞开的窗口，我要画下的景物就仿佛是透过这个窗口看见的景物。”[②]随后，阿尔贝蒂利用数学与几何学知识，详尽地解释了再现那些因距离窗口越来越远而在画面上逐渐缩小的事物的方法，即建立单灭点直线透视的方法。这种由他所开创的透视网格画法，被后人称为“透视正法（Construzione Legittima）”（图5-4）。从此，艺术家获得了“客观”再现现实世界的科学工具。

图5-3　布鲁克·泰勒绘制的视觉棱锥体与透视原理。绘画是视觉棱锥体某处的一个截面，这个截面被艺术家用线条和颜色再现于某个表面上

为了使初学者能够准确地勾勒出可视面的轮廓，阿尔贝蒂还介绍了一个辅助画轮廓的好方法。“我认为纱屏——在朋友面前我称它为‘格子窗’——是画轮廓最好的工具。它是一块薄薄的、细线编织的纱布，没有颜色的限制，也无所谓有多少条平行的、较粗的横竖分割线。我将它放在眼睛和对象之间，让视觉棱锥体穿其而过。这个纱屏对你很有用：第一，它永远向你呈现一个固定不变的画面……第二，你将很容易找到轮廓或可视面的界线。你会看到，额头在这个方格里，鼻子在那个方格里，脸颊又处于另一个方格，而下巴在较下的格子里；这样，你可以找出所有重要细节的位置，把透过纱屏看到的一切传移到一块［与纱屏］作同比例划分的画板或墙壁上。最后，采用纱屏对学习画立体的和侧面的物体大有帮助，因为你可以通过这个平面去观察它们（图5-5）。”[③]后来，阿尔布雷希特·丢勒（Albrecht Dùrer，1471—1528）在他的《画家手册》（1525年）中发表的4幅木刻插图中所显示的“透视器”与阿尔贝蒂的纱屏类似（图5-6～图5-9a、图5-9b）。

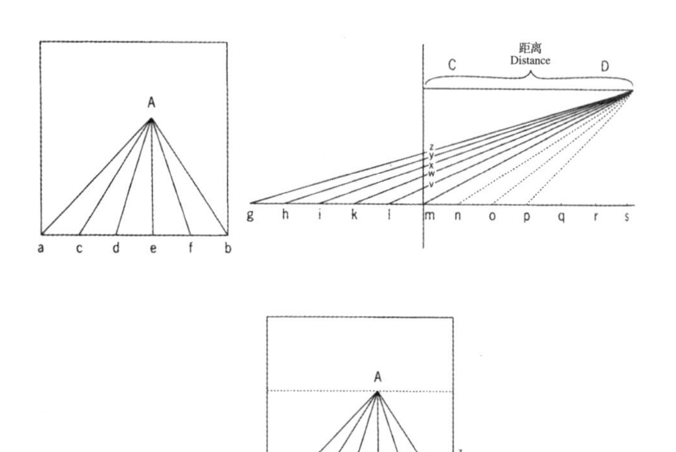

图5-4　阿尔贝蒂所开创的透视网格画法——“地砖”棋盘格形式的透视建构
左上：画于画板本身的草图（透视短缩的地砖的正交线）。右上：画于另一张纸上的辅助草图（“锥形视线”的立视图，得到画面上的深度间隔点v,w,x,y,z）。下：最后的图（将辅助图上得到的深度间隔点转移到画板草图上；通过各间隔点，画出各条横向平行线，对角线仅用于检验结果。）

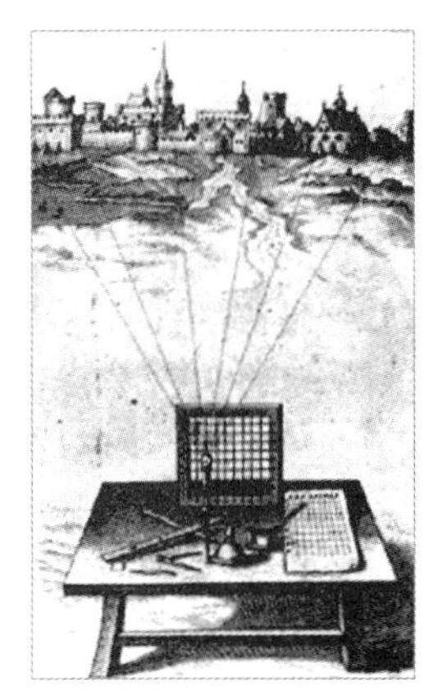

图5-5　阿尔贝蒂的纱屏，约1450年

图5-6　丢勒，画家用玻璃画像，木刻插图，发表于1525年，取自丢勒《画家手册》（*Unterweysung der Messung*）

图5-7　丢勒，画家画曼陀林，木刻插图，发表于1525年，取自丢勒《画家手册》（*Unterweysung der Messung*）

图5-8　丢勒，画家画瓶饰，木刻插图，发表于1538年，取自丢勒《画家手册》

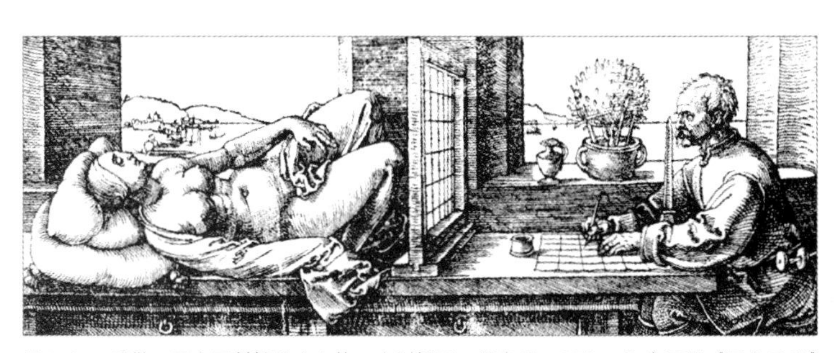

图5-9a　丢勒，画家画斜躺的女人体，木刻插图，发表于1538年，取自丢勒《画家手册》

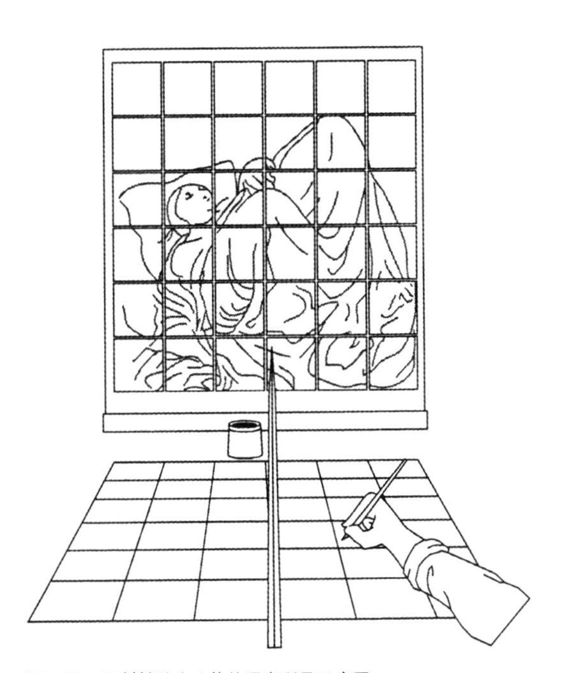

图5-9b　画斜躺的女人体的画家所见示意图

---

① 参见 Leon Battista Alberti. *On Painting and On Sculpture* [M]. Edited with translations by Cecil Grayson. London: Phaidon, 1972: 49.

② 参见 Leon Battista Alberti. *On Painting and On Sculpture* [M]. Edited with translations by Cecil Grayson. London: Phaidon, 1972: 55.

③ 引自（意）阿尔贝蒂．论绘画 [M].（美）胡珺，辛尘译注．南京：凤凰出版传媒股份有限公司、江苏教育出版社，2012: 33–34.

此外，许多著名的艺术家、建筑师，如皮耶罗·德拉·弗兰切斯卡（Piero della Francesca，1420—1492、图 5-10）、保罗·乌切洛（Paolo Uccello，1397—1475、图 5-11）、安杰利科修士（Fra Angelico，1387—1455）、杨·凡·艾克、列奥纳多·达·芬奇（Leonardo da Vinci，1452—1519）、维尼奥拉（Giacomo Barozzi da Vignola，1507—1573）、德·弗里茨（Jean Vredema de Vries，1527—1604）等，都曾以其作品或论著对透视学做出了有益的探索。经历了几代人的努力与积累，透视理论逐渐完善和成熟起来。任何人只要经过学习，掌握了这一再现现实世界的科学工具，就能够在平面上创造出逼真的空间纵深幻象，其技术效果十分惊人。这是征服真实的第一步。

图5-10 皮耶罗·德拉·弗兰切斯卡，《理想城市》，木板蛋彩画，1475～1480年

图5-11　保罗·乌切洛，圣餐杯透视习作，1430～1440年

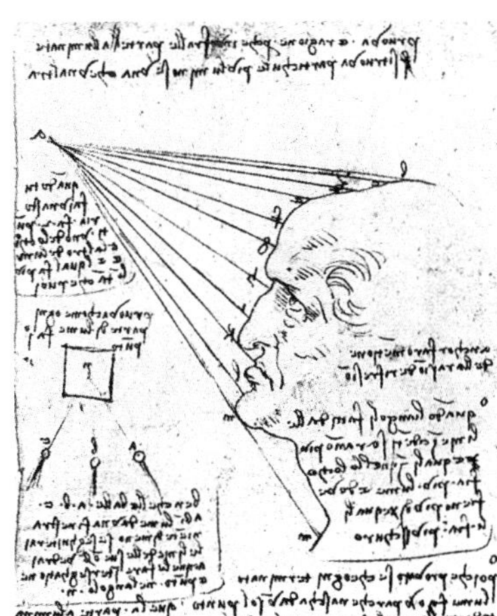

图5-12　达·芬奇研究光线入射角度与男子侧脸的明暗阴影关系的手稿

5.1.2 光影明暗法

阿尔贝蒂在《论绘画》中，第一次详尽地论述了如何运用光影产生的明暗在平面上呈现出逼真的立体感的方法，指出通过正确的明暗对比，还可以获得逼真的质感。“如果你画一个花瓶时把黑色和白色紧贴在一起，瓶子会显出金、银或玻璃的质地，在画中显得闪闪发光。”[①]

达・芬奇对光影的思考融合了科学兴趣与艺术家对所描绘事物的关注。他通过解剖眼睛了解眼睛的构造，发现人之所以能够看见物体，并非如柏拉图所认为的眼睛投射出能反弹回来的、由微粒构成的光线（见第二章），事实上，人的眼睛本身并不能射出微粒而产生视觉，人能看见物体是物体反射的光线进入眼睛的结果，他进而提出了光的类波性质，认为光与自然界中的水波、声音等并无不同，都是靠波来传导的。

达・芬奇还把光线分为四种：“普遍光，例如地平线上大气的光；特殊光，例如太阳、窗口、门洞及其他有限口的光；第三是反射光；第四种为透射光。”[②]并仔细地研究了各种不同的光照条件下产生的阴影及其形状、大小、浓淡、层次、位置和运动等（图5-12～图5-14）。此外，达・芬奇还首创了渐隐法（sfamato）。此前的艺术家在描绘事物时，往往勾勒生硬、清晰的轮廓线，然后，在其中填画颜色。而事实上，轮廓线在现实世界中并不存在。达・芬奇所首创的渐隐法，则运用模糊不清的轮廓和柔和的色彩，使得一个形状融入另一个形状之中，[③]从而得到更加逼真的人与物。尤其是在描绘人物时，渐隐法可以真切地表现肉感和皮肤的颤动，创造出活生生、富于呼吸感的人物。这是征服真实的第二步。

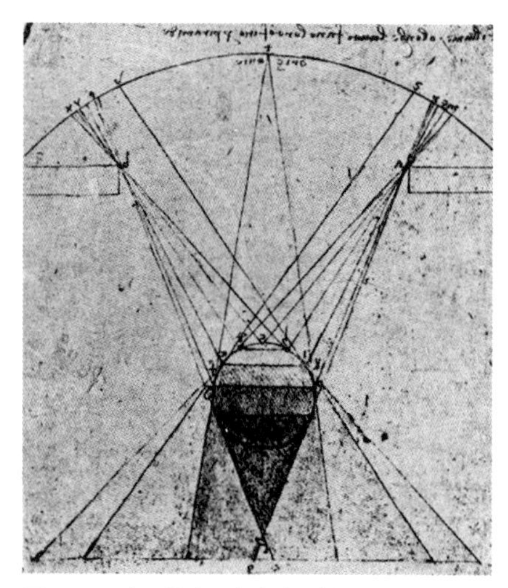

图5-13　达・芬奇研究光线照射下的球体的明暗层次分布的手稿

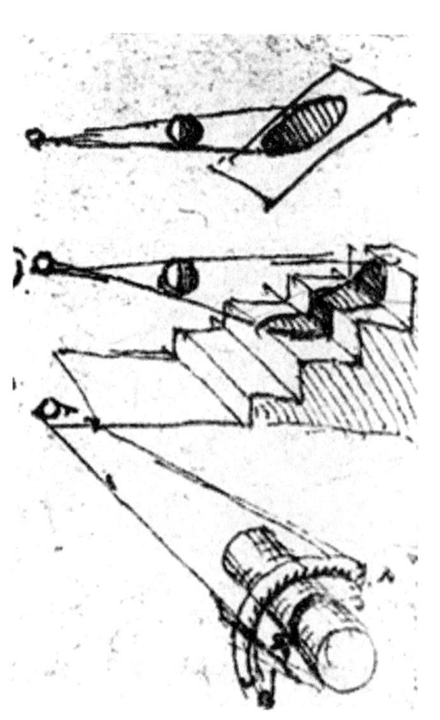

图5-14　达・芬奇研究物体落在不同表面上的阴影形状及浓淡的手稿

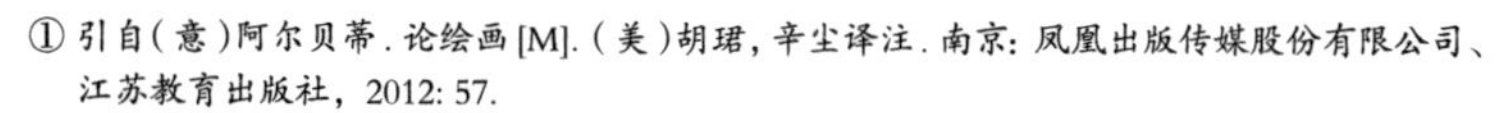

① 引自（意）阿尔贝蒂．论绘画[M].（美）胡珺，辛尘译注．南京：凤凰出版传媒股份有限公司、江苏教育出版社，2012: 57.

② 引自（意）列奥纳多・达・芬奇．达・芬奇论绘画[M]. 戴勉编译．朱龙华校．桂林：广西师范大学出版社，2003: 80.

③ 参见（英）贡布里希．艺术的故事[M]. 范景中译．林夕校．北京：生活・读书・新知三联书店，1999: 303.

5.1.3 人体解剖学

文艺复兴时期，艺术家认识到要真实地表现自然、强健、富有生命力的人体，准确地表现人物的各种动作与形态，就必须对人体进行解剖研究。

阿尔贝蒂在《论绘画》中写道："我们画穿衣服的人之前，先得画他的裸体，然后再将衣衫披覆其上。同样，在画裸体之前，我们先定位其每根骨头，在骨头上连接肌肉，在肌肉上添加皮肤。"①类似地，达·芬奇说："画家必须了解人体的内部构造：画家了解了肌肉，就会了解当肢体活动时，有哪些筋腱是它活动的原因，数目共多少，哪块肌肉的膨胀造成筋腱收缩，哪几条筋腱化成细薄的软骨，将骨肉包裹。这样他才可能借助于他笔下人物的各种不同姿态，表现出不同的肌肉，而不像许多旁人那样，画的人物动作虽不相同，但臂上、背后、胸部、腿部却总是突现着同样的肌肉群。举凡这些，都非小错，不应等闲视之。"②

有鉴于此，这一时期几乎所有伟大的艺术家，如多纳太罗（Donatello，约 1386—1466）、委罗基奥（Andrea del Verrocchio，1435—1488）、达·芬奇、米开朗琪罗、拉斐尔、丢勒、提香（Titian，1490—1576）等都亲手解剖过尸体，作过解剖学研究，留下了大量解剖图。而在这方面，没有人能超越达·芬奇。他不顾教会和保守势力的反对，在昏暗的烛光下，在教堂停尸间偷偷解剖了 30 多具尸体，绘制了一千多幅解剖图（图 5-15、图 5-16），详实地描绘了心脏、大脑、子宫、肌肉结构、血管神经、骨骼关节等各系统、各器官组织，为艺术与科学的发展做出了巨大的贡献。

基于大量的解剖资料的积累以及对自然的仔细观察，文艺复兴的艺术家们终于创作出一幅幅生动逼真的画作流传后世。这是征服真实的第三步。

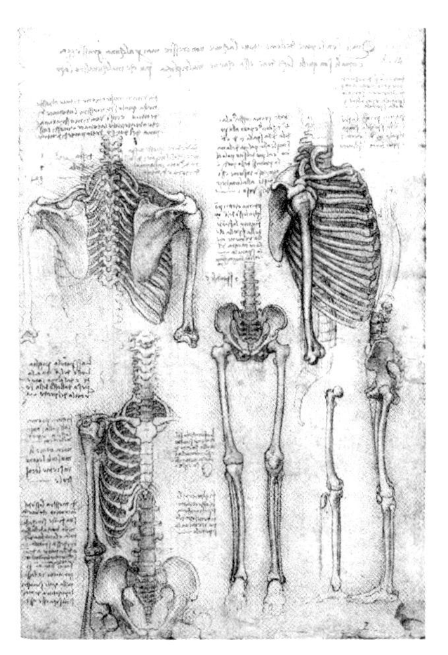

图5-15　达·芬奇研究人体骨骼的解剖图

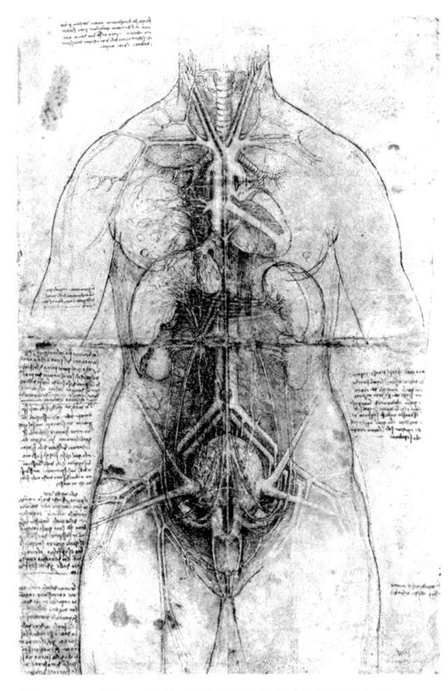

图5-16　达·芬奇研究男子人体器官解剖图

---

① 引自（意）阿尔贝蒂．论绘画 [M].（美）胡珺，辛尘译注．南京：凤凰出版传媒股份有限公司、江苏教育出版社，2012: 39.

② 引自（意）列奥纳多·达·芬奇．达·芬奇论绘画 [M]. 戴勉编译．朱龙华校．桂林：广西师范大学出版社，2003: 123.

5.2 专注建立古典规范

文艺复兴是一场全面的思想文化运动，绘画、雕塑、建筑、文学、戏剧……无不崇尚以古典为师。

在建筑上，一方面，哥特式风格作为黑暗的中世纪的象征而遭到厌弃。拉斐尔批评中世纪的尖拱说："除其本身有较多弱点(力学上的)之外，也没有能引起我们注意的优美之处，因为我们的眼睛习惯于欣赏圆形的东西，大自然几乎从来不追求别的形式。"①乔尔乔·瓦萨里则抨击哥特风格的"令人憎恶的小壁龛，密密麻麻的小尖塔"，认为它"丑陋不堪，不文明。"②为了对抗哥特式的尖拱、尖券、飞扶壁技术，追求所谓合乎理性的稳定感，古罗马的拱券技术得以复兴，半圆券、筒形拱、穹顶、厚实墙……卷土重来。如此，由哥特式建筑所发展起来的近似框架式的建筑结构体系重新被承重墙结构体系所取代。

另一方面，古典柱式重新成为建筑造型的主要手段。如前所述，古希腊人创造了三种柱式，即：多立克式、爱奥尼式及科林斯式。至古罗马时期，新增了两种柱式，即：最简单的塔斯干式和最华丽的混合式（图3-9）。这五种古典柱式一度是古罗马建筑构图与造型的主要手段（见第三章）。然而，自罗马帝国晚期起，基督教会及其意识形态统治欧洲达一千年之久，希腊罗马的人文主义古典文化被视为有罪的异端而倍受排斥和摧残，古典柱式也被禁止了。直至文艺复兴时期，伴随着对哥特式风格的否定，以及对古建筑遗址的钻研、测绘，人们重新认识到古典建筑的真正价值所在，古典柱式才得以在建筑上再度启用。

事实上，最早研究古典柱式的人是维特鲁威，他在《建筑十书》中描述了古希腊的三种柱式，并对塔斯干柱式作了一些札记，但并未记载第五种柱式。维特鲁威的著作在中世纪一度被遗忘，直到文艺复兴时期，伴随着人文主义者对辉煌的古代文学艺术的追慕，才开始进入人们的视野。14世纪中叶前后，《建筑十书》的抄本已在意大利流行。1414年，波焦·布拉奇奥利尼（Poggio Bracciolini）在圣加尔修道院（St Gall）又重新发现了这一著作。③正是在参阅了维特鲁威著作的基础上，并根据他自己对罗马遗迹的研究，阿尔贝蒂增加了第五种柱式——混合柱式。

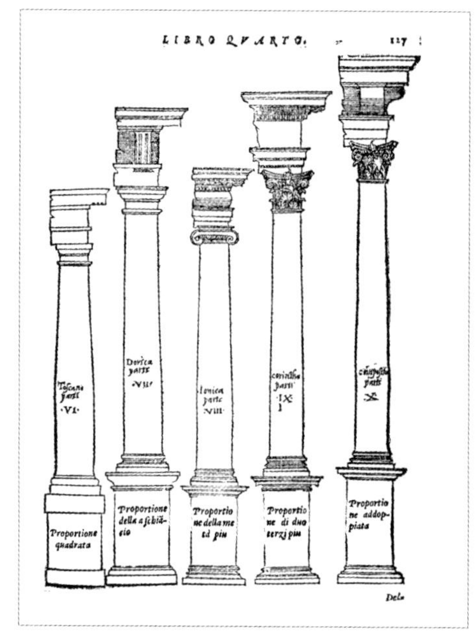

图5-17 塞巴斯蒂亚诺·塞利奥，建筑的五种柱式，《建筑五书》，第四书，1537年（1566年出版），塔斯干、多立克、爱奥尼和科林斯柱式已由维特鲁威命名，阿尔贝蒂又命名了混合柱式。而塞利奥第一个把五种柱式作为一个密不可分的系列陈列出来，对这一系列不能作任何增添

① 转引自陈志华．外国建筑史[M]．第三版．北京：中国建筑工业出版社，2004: 120.

② 转引自（美）卡罗尔·斯特里克兰博士．拱的艺术——西方建筑简史[M]．王毅译．上海：上海人民美术出版社，2005: 56.

③ 参见 Pevsner Nikolaus. *A History of Building Types* [M]. Princeton: Princeton University Press, 1976: 63.

图5-18　维尼奥拉的《建筑的五种柱式规范》标题页，1562年

图5-19　安德烈亚·帕拉第奥的《建筑四书》，1570年，标题页

随后，塞利奥在他的《建筑五书》中，真正提出了现在意义上的五种柱式，并首次将这五种柱式放在一起，依次排列，建立了一个“完整的体系”（图5-17）。[①]此后，维尼奥拉（Giacomo Barozzi da Vignola，1507—1573）的《建筑的五种柱式规范》（图5-18）、帕拉第奥（Andrea Palladio，1508—1580）的《建筑四书》（图5-19）等建筑理论书籍相继出版，古典柱式理论逐渐走向了成熟。按照古典传统，阿尔贝蒂及其后继者们一致认为，数的和谐及人体比例在建筑中最完善的体现者就是古典柱式[②]，他们不遗余力地将推敲柱式作为建筑艺术构思的最重要课题，探讨了各种柱式构图的规律，制定了柱式及其组合的量化法则，从而复兴并重建了以柱式为基础的古典建筑规范。此后，柱式成为西方建筑首要的与根本的内容，统治了西方建筑长达500多年，以至于几乎所有17、18世纪的建筑入门书都一再阐明“正确地认识和运用柱式是建筑艺术的基础。”[③]

① 参见（英）萨莫森．建筑的古典语言[M]．张欣玮译．杭州：中国美术学院出版社，1994: 3.

② 乔其奥甚至将柱式从人体的比例中实际地推演出来，并且解释说柱子身上的凹槽在数量上是基于人体的肋骨数的。参见（德）汉诺－沃尔特·克鲁夫特．建筑理论史——从维特鲁威到现在[M]．王贵祥译．北京：中国建筑工业出版社，2005: 32.

③ 参见（英）萨莫森．建筑的古典语言[M]．张欣玮译．杭州：中国美术学院出版社，1994: 4.

柱式不仅是建筑造型的主要手段，对于壁画，也同样适用。如我们所知，承重墙体系的回归为描绘湿壁画提供了充足的界面，同时也为艺术家提供了许多良机展现他们运用绘画装饰建筑界面的创造力。据考察，15 世纪意大利的教堂、宫殿、皇室住处以及贵族住宅已采用湿壁画装饰，而到了 16 世纪，则几乎所有的宫殿、别墅、城堡、教堂、小礼拜堂、修道院与祈祷堂都满绘壁画来装饰。那些居住在老城堡或继承了家族宫殿的人还常常设法改建或至少重新装饰其住处以使之与当时的理念相一致。结果，从特伦托（Trent）到罗马，从热那亚（Genoa）到乌迪内（Udine），几乎所有的建筑空间都委托艺术家予以装饰。[23] 而艺术家在装饰壁面时，首要之事就是根据建筑界面的形态、面积、门窗洞的形状及位置等来划分界面，建立绘画区块。而用来划分界面的，通常是以错视画技法描绘的虚构的古典立柱（独立柱 [24]、嵌墙柱 [25]、壁柱 [26] 等）、墩座、柱上楣、山花、门、窗、壁龛、护墙板、浮雕饰带、装饰线脚……其中，古典柱式作为造型的主要手段，支配着壁画的布局与构图。正如阿尔伯蒂在《论建筑》（1485 年）所说：“用画出来的圆柱划分墙壁，而在圆柱之间描绘来自过去或现在的叙事场景。”[27]

让我们来看一个实例——美第奇家族的波及奥·阿·卡娅诺别墅沙龙（the Salone in Poggio a Caiano，图 5-20～图 5-22，约 1519～1582 年），看看艺术家是如何依据建筑界面形态来进行壁面划分与布局设计的。这是一个矩形拱顶的大厅，东北面与西南面是带有一扇门的矩形壁面，艺术家以侵入法描绘了 4 棵科林斯式古典圆柱，将壁面划分为 3 个部分，圆柱下方绘以高高的墩座与护墙板，上方则绘以水平向的柱上楣；西北面与东南面则是带有一个圆形窗孔的半圆形壁与带有 1 扇门、2 扇大窗的矩形壁面，在这里，艺术家以同样的科林斯式圆柱将壁面划分为 3 个部分（图 5-21、图 5-22）。在建立好的绘画区块中，则描绘着出自罗马历史及寓言等题材的异教场景。类似的处理还可见于朗盾的高迪别墅（Villa Godi, Lonedo，约 1561～1565 年）的沙龙（图 5-23）与梵佐罗的埃莫别墅（Villa Emo，Fanzolo，约 1565 年）的沙龙（图 5-24）中。

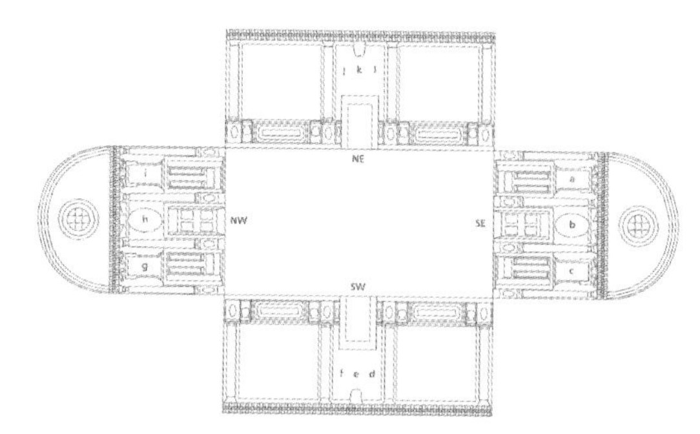

图5-20　美第奇家族的波及奥·阿·卡娅诺别墅沙龙四壁展开图

---

① 参见 Julian Kliemann, Michael Rohlmann. *Italian frescoes: High Renaissance and Mannerism, 1510-1600* [M]. New York · London: Abbeville Press Publishers, 2004: 7.

② 独立柱：指柱子与后面的墙脱开一段的距离，不承重，仅仅作为装饰的柱子。

③ 嵌墙柱：指部分造在墙里的柱子，包括 1/2 嵌墙柱（1/2 露在墙外，1/2 埋在墙里）和 3/4 嵌墙柱（3/4 露在墙外，1/4 埋在墙里）。

④ 壁柱：指雕刻在墙上的柱子浅浮雕，方形，可以把它们想象成造在墙里的方柱。

⑤ 参见 Julian Kliemann, Michael Rohlmann. *Italian frescoes: High Renaissance and Mannerism, 1510-1600* [M]. New York · London: Abbeville Press Publishers, 2004: 13.

图5-21　美第奇家族的波及奥·阿·卡娅诺别墅沙龙西北面湿壁画装饰，约1519～1582年，佛罗伦萨，意大利

图5-22　美第奇家族的波及奥·阿·卡娅诺别墅沙龙东南面湿壁画装饰，约1519～1582年，佛罗伦萨，意大利

图5-23　吉安·巴蒂斯塔·泽洛提（Gian Battista Zelotti），沙龙，约1561～1565年，高迪别墅，维琴察，意大利

图5-24　吉安·巴蒂斯塔·泽洛提，沙龙，埃莫别墅，梵佐罗，意大利，约1565年

5.3 圆与方：建筑空间的完美模式

维特鲁威在《建筑十书》第三书第一章中写道："既然大自然已经构造了人体，在其比例上使每个单独的部分适合于总体形式，那么古人便有理由决定，要使他们的创造物变得尽善尽美，并要求单个构件与整体外观相一致。"[①]在此，他表达了以人体作为"均衡"的完美典范的观念。此外，他还试图将人体与几何形式加以综合，从而在人体、几何形体与数字之间，找到某种联系："在人体上中心点自然是肚脐。如果一个人背朝下平躺下来，伸开双臂与双腿，以他的肚脐为圆心画一个圆，那么，他的手指和脚趾就恰好落在这个圆的圆周线上。也正如人体可以形成一个圆形一样，人体也可以形成一个正方形。因为，如果我们测量从脚底到头顶的高度，再以之与两臂伸开后两个指端的长度作比较，我们就会发现，两者之间恰好是相等的，就如同是用建筑工匠的矩尺所绘制出来的正方形一样。"而为了证实人体比例与数字之间的关系，维特鲁威声称所有的度量单位［英寸（指节）、手掌、英尺（脚）和腕尺（前臂）］都是从人体中间衍生而来的，最后，也是最基本的，完美的数字 10、十进位体系等，都是与人的 10 根手指相对应的（比较这一事实，即：维特鲁威的书在数字上也恰好是 10）。维特鲁威将数字 6 看作另外一个完美的数字。这两个完美数字之和，10 加上 6，创造出了如他所说的最完美的数字——16。[②]

文艺复兴时期，建筑空间不再以神的尺度，而是重新以人的尺度来设计了。维特鲁威的建筑理论得到了继承，并对建筑实践产生了巨大的影响。达·芬奇依据维特鲁威的论述绘制了著名的

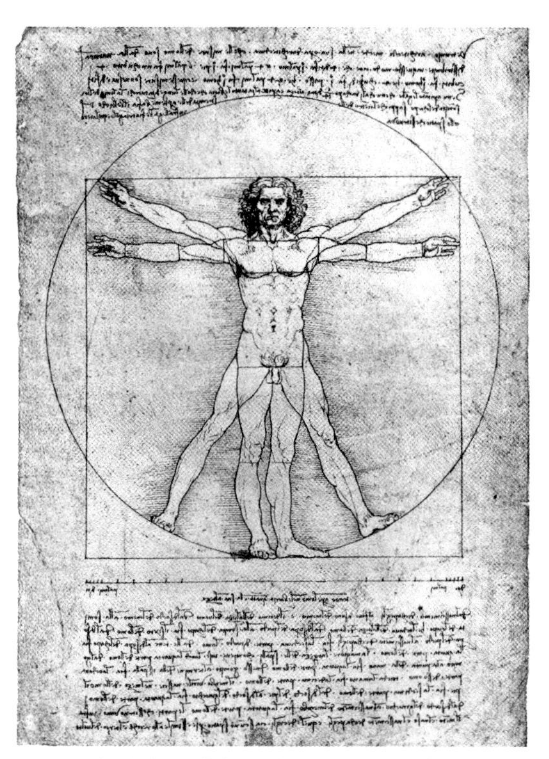

图5-25 达·芬奇，维特鲁威人体图，1492年，现藏威尼斯美术学院美术馆，意大利

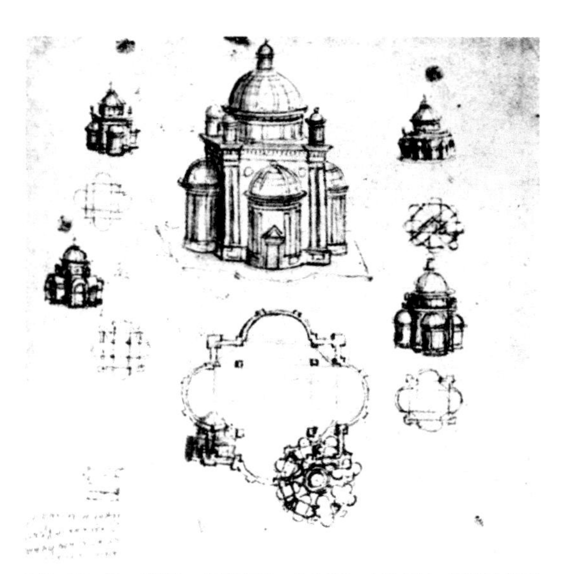

图5-26 达·芬奇，建筑素描，约1488～1519年，现藏法兰西学院图书馆，巴黎，法国

① 引自（古罗马）维特鲁威．建筑十书 [M].（美）I.D. 罗兰英译．陈平中译．北京：北京大学出版社，2012: 90.

② 参见（德）汉诺－沃尔特·克鲁夫特．建筑理论史——从维特鲁威到现在 [M]. 王贵祥译．北京：中国建筑工业出版社，2005: 7.

“维特鲁威人体图”（图 5-25），表达了整个文艺复兴时期美学的基本观点：圆形和正方形是最完美、最和谐的图形，人体的比例是最美的比例。此外，值得注意的是，对圆形的喜爱也与当时人们的世界观、宇宙观——地球是圆的，居于宇宙的中心，太阳与月亮也是圆的，并沿着圆形轨迹环绕地球旋转——相匹配。

正是在这样的美学思想支配下，文艺复兴时期的人文主义建筑师们推崇以最完美的圆形和正方形来建造建筑，穹顶统率下的集中式建筑空间成为这一时期的完美模式。帕拉第奥在他的《建筑四书》第四书第二章《关于庙宇的形状，以及必须注意的原则》中论述了集中式教堂的优点：“我们应当选择最完美、最杰出的方式……圆是个公正的形状，在所有形状中最为简单、一致、均匀、富于张力、包容宏阔……它只有一个界限，其始端和末端相连，难以辨明，处处相同又共同组成整体形态，圆上各点都与圆心保持相同的距离，因此是完美的形状，展现着统一、无穷的存在、连贯性和上帝的公正……在所有一条线可以做出的形状中，圆形是面积最大的……同样值得特别推荐的是十字形的教堂”[①]。达·芬奇在 1488～1519 年间所画的许多建筑素描（图 5-26～图 5-29）很好地诠释了这种基于最完美的圆形和正方形而设计的集中式建筑的完美模式，然而，遗憾的是，它们从未建成。相比之下，布拉曼特（Donato Bramante，1444—1514）、米开朗琪罗和帕拉第奥等人则幸运得多，在他们手中，建筑的完美模式真正得以付诸实践。其中，帕拉第奥设计的圆厅别墅（Villa Rotonda，图 5-30）是一座带有 4 个希腊式门廊和 1 个中央穹顶的、四面精确对称的集中式建筑，这座“完美的房子”将圆形与正方形的几何之美推到了极致，成为西方建筑史上最杰出的名作之一，并为后世的建筑师广为模仿。

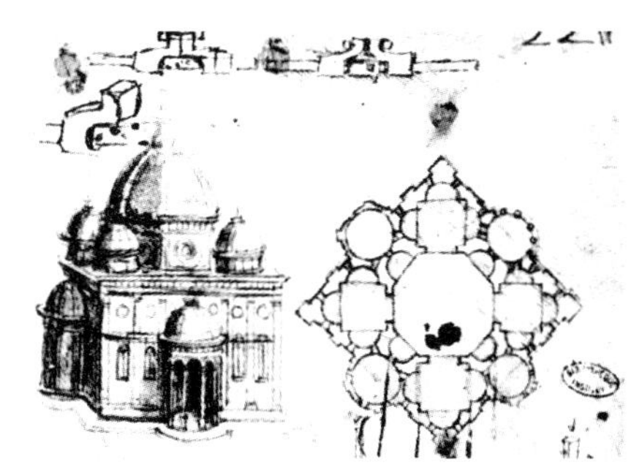

图5-27 达·芬奇，建筑素描，约1488～1519年，现藏法兰西学院图书馆，巴黎，法国

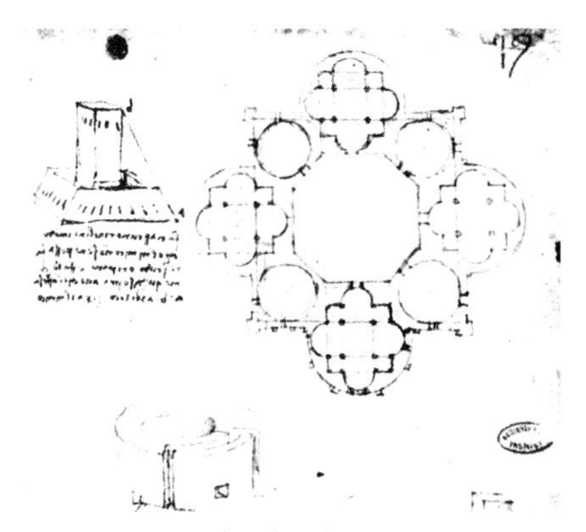

图5-28 达·芬奇，建筑素描，约1488～1519年，现藏法兰西学院图书馆，巴黎，法国

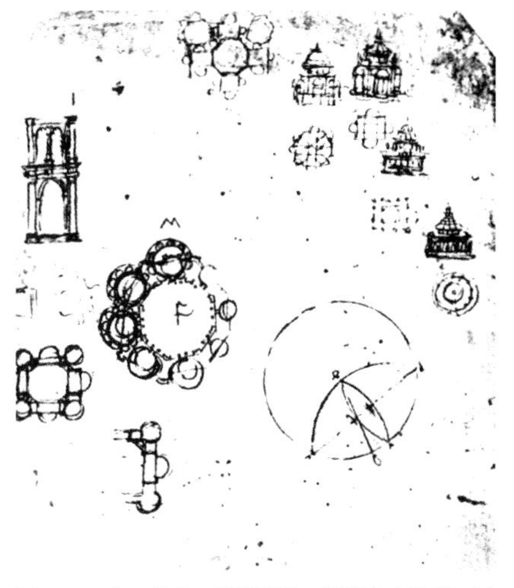

图5-29 达·芬奇，建筑素描，现藏安布罗希亚纳图书馆（Biblioteca Ambrosiana），米兰，意大利

① 引自（意）安德烈亚·帕拉第奥．帕拉第奥建筑四书 [M]. 李路珂，郑文博译．北京：中国建筑工业出版社，2015: 222.

在这种完美模式的建筑中，空间被统一于一个穹顶之下。与哥特式教堂有意识地把人们的视线和想象引向超然的彼岸世界不同，集中式、向心型的建筑空间把一切都集中于人的周围。当观赏者立于穹顶之下时，他将意识到，这座建筑的轴心不是客观地游离于建筑物之外或超然的彼岸，而是主观地落在他自己的身上。此时此刻，他就是这一建筑空间的中心，由此，宇宙的中心不是在超越地平线的渺远的某一点，而是就在他自己身上！人是宇宙的中心和衡量万物的标准！

不仅如此，基于建筑界面的错视画以中心透视法描绘（图 5-31），更加强了这种体验。这是因为，中心透视法所规定的前提是，一切景物都是从一个最佳视点去观察。它既是艺术家的最佳视点，艺术家又使它成为观者的最佳视点。最佳视点投射到画面中，即成为视平线上的灭点，所有垂直于画面的平行线条都向它汇聚并消失，形成一个统一的空间。于是，画面所呈现的外部世界成为观者自我意识的延伸并被置于观者的把握之中，一目了然，轻而易举地被理解。如此一来，观者的心灵与视觉都得到一种安慰和恭维。可以说，中心透视法的引入是对观者个体人格的一种褒扬，使“人是万物的尺度”的信念高度突显。

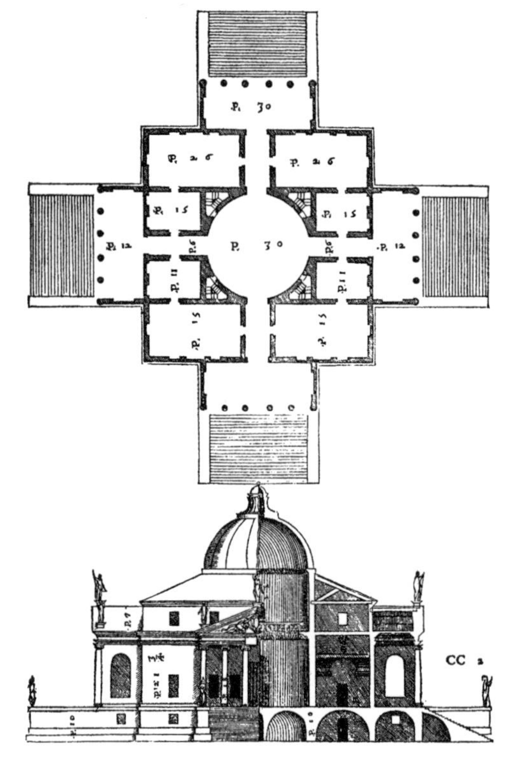

图5-30　帕拉第奥，圆厅别墅平面图（上）及剖面图（下），1552年，维琴察，意大利

图5-31　路易斯·多奥里尼（Louis　Dorigny），奥林匹斯诸神，圆厅别墅中央圆厅湿壁画，维琴察，意大利

5.4 荟萃珍品：收藏的乐趣

收藏是人类特有的一种天性，是为了满足某种精神上的需要（如欣赏、研究、追忆甚至炫耀等）而从事的一种闲暇活动。

自从原始人放弃食物采集者的生活，选择食物生产者和定居生活，生存需要得到基本保障之后，在闲暇之时，就开始对收集各种自然物及人造物产生了特别的兴趣，不妨称之为“朦胧收藏”。

今天意义上的收藏实际上始于意大利文艺复兴。15世纪早期时，对古物的破坏还十分严重，遗址中发现的古代大理石雕刻及残片常常被制成砂浆，而古代的建筑则一度成为采石场。正是文艺复兴激发了人们对于希腊、罗马古典文化的强烈兴趣，培养了人们深沉的历史感，结果，对待古物的态度转变了，古物收藏成为大热，人文主义者、艺术家、国君及教皇都热衷于收藏。①

起初，收藏的范围主要限于古物（古代雕像与大理石残片等）。一般而言，古物的获取颇费周折，有时甚至历尽艰辛。因而，逐渐地，收藏成为权力、地位与财富的象征。收藏的乐趣不仅在于占有和保存珍奇的藏品，更大的乐趣还在于陈列与展示，在于他人惊叹与欣羡的目光。于是，私人收藏的古代雕像与大理石残片被陈列于室外的院子、凉廊与花园中，供亲朋好友与访客们参观。如佛罗伦萨著名的美第奇花园（位于圣马可广场附近），米开朗琪罗就是在这里接受雕塑入门训练的。至于罗马的情况，我们今天可以从马腾·凡·海姆斯克尔克（Maarten van Heemskerck，1498—1574，1532～1536年住在罗马）所作的美第奇宫（现为马达马宫（Palazzo Madama））陈列古物残片的凉廊中略窥一斑（图5-32）。

图5-32　马腾·凡·海姆斯克尔克，美第奇府邸（现为玛达玛府邸）凉廊，约1532～1537年，现藏印刷品博物馆（Kupferstichkabinett），柏林，德国

图5-33　马腾·凡·海姆斯克尔克，红衣主教安德烈·黛拉·瓦尔（Cardinal Andrea della Valle）的空中花园，约1532～1537年，从南向北望，现藏法国国家图书馆，巴黎

① 参见黄倩. 从私人收藏到公众欣赏——西方博物馆建筑发展简史[J]. 新美术，2009（1）: 82.

后来，人们为陈列古物设计了专门的背景，虽然仍在室外，但是置于壁龛中（图5-33～图5-35）。再后来，人们开始为陈列收藏品建造建筑，例如，约1545～1550年，红衣主教柴西（Cardinal Cesi）在他的花园中建造的希腊十字式的“古物陈列馆（Antiquario）”。[1]除了此类集中式平面的建筑，还有长廊（long galleries）。事实上，人们如此频繁地使用gallery（通常译为画廊或美术馆）来陈列艺术品，以至于gallery成了museum（博物馆）的同义词。最奢侈豪华的gallery毫无疑问是巴伐利亚的阿尔布雷特五世的古物陈列馆（Antiquarium of Albrecht V of Bavaria，图5-36，1569～1571年），由筒形拱顶覆盖的长达200英尺（约60米）的长廊中，古代雕像整齐地陈列于两侧壁龛之中。[2]另外，我们从阿伦德尔伯爵（the Earl of Arundel）夫妇的一对肖像画（图5-37、图5-38，约1618年）中，可以看到英国建筑师伊尼戈·琼斯（Inigo Jones，1573—1652）为其设计的、用于保存雕塑与绘画收藏的画廊（gallery）。[3]画中，伯爵正指着他收藏大理石雕塑的画廊，而伯爵夫人则端坐在收藏肖像画的画廊前。在此，值得注意的是，肖像画选择了用收藏艺术品的画廊作为背景，这表明，画廊这种私人语境在当时是身份、权力、地位、财富与品位等的象征，能够提升被画人的名望与声誉。

图5-34　弗朗西斯科·德·霍兰达（Francisco de Holanda），红衣主教安德烈·黛拉·瓦尔的空中花园东墙立面，约1538～1541年

图5-35　佚名，石府（Casa Sassi）一瞥，约1540年，都灵，皇家图书馆，意大利

① 参见 Pevsner Nikolaus. *A History of Building Types*[M]. Princeton: Princeton University Press, 1976: 112.

② 参见 Pevsner Nikolaus. *A History of Building Types*[M]. Princeton: Princeton University Press, 1976: 112–113.

③ 参见 http://www.npg.org.uk/learning/digital/portraiture/perspective-seeing-where-you-stand/context.php.

既然丰富的收藏总是与身份、地位、权力、财富、品位等相联系，那么，限于条件不能建造收藏展示场所，但又希望荟萃艺术珍品之时，该如何是好呢？鉴于这一时期，艺术家已经掌握了透视法、光影明暗法、各种材料质感的逼真表现法以及人体解剖学知识，能够将一切都描绘得活灵活现，足以乱真。那么，何不以错视画技法描绘的艺术品来装饰建筑界面呢？例如，拉斐尔在梵蒂冈宫（Vatican Palace）各房间壁画下部，以单色画技法（monochrome）描绘的大理石雕像柱与带框的青铜浮雕装饰（图5-39～图5-42），如此逼真，观者除非伸手触摸，否则很难相信眼前所见并非三维实物。此外，还有以纯灰色画技法描绘的带有雕像的假壁龛，在上文提及的梵佐罗的埃莫别墅沙龙（图5-24）及下文提及的萨比亚内塔的古代剧场（图5-59、图5-60）与透视大厅（图5-65～图5-67）中均可见，此类实例不胜枚举。

图5-36　巴伐利亚的阿尔布雷特五世的古物陈列所，1569～1571年

图5-37　丹尼尔·麦腾斯（Daniel Mytens），带有保存雕像收藏的画廊的阿伦德尔伯爵肖像，约1618年

图5-38　丹尼尔·麦腾斯，带有保存绘画收藏的画廊的阿伦德尔伯爵夫人肖像，约1618年

带有画框的油画与织锦挂毯也是错视画艺术家热衷的主题。艺术家能以湿壁画技法惟妙惟肖地模仿油画的色彩、笔触以及织锦挂毯的光泽、肌理，令观者真假莫辨。这些画中画与织锦挂毯给予了艺术家充分的自由——任何题材都是可以接受的，既然它属于油画与织锦挂毯所描绘的完全虚幻的世界，于是第二个叙事等级①插入进来，并保持其自身的透视，而不必考虑与真实的建筑空间发生联系，且由于画中画与织锦挂毯的厚度可以忽略不计，因而基本未改变真实的建筑空间界限。

模拟的织锦挂毯由拉斐尔及其助手首创。在梵蒂冈宫君士坦丁室（Sala di Costantino）中，以错视画技法描绘的织锦挂毯，悬挂于每面墙壁居中位置上，顶部精美的几何花边似乎正闪着金光，下垂的两角则模仿织物特征自然向内卷起，露出背面的底色（图 5-43、图 5-44），最有意思的是织锦挂毯周围有 4 个肉嘟嘟调皮的小天使，他们手里扯着织锦挂毯，有的似乎要藏身进去，而有的又似乎正从里面出来，玩捉迷藏玩得不亦乐乎（图 5-45），为庄严肃穆的室内空间平添几分生趣，不由我们不为拉斐尔的巧妙设计与精湛技艺所绝倒。在法尔内西纳别墅（Villa Farnesina，约 1506～1515 年）凉廊的天顶画中，拉斐尔再次运用了织锦挂毯母题，他设法将历史事件或真实事件的绘画（采用平视透视②描绘）转移到了天顶上，并使之看起来仿佛悬挂于花环之间的织锦挂毯（图 5-46），从而巧妙地回避了描绘仰视时的极端透视短缩变形造成的不得体。

图5-39　拉斐尔及其工作坊，签署室（Stanza dellaSegnatura），梵蒂冈宫，罗马

① 直接描绘在建筑界面上的事件被认为是第一个叙事等级，而描绘在画中画与织锦挂毯等之中的事件，由于与现实隔了两层，因而被认为是第二个叙事等级。

② 依据视平线位置的高低与对象之间的关系，可以将透视分为平视（对象与视平线等高）、仰视（对象高于视平线）与俯视（对象低于视平线）三种。

织锦挂毯被誉为所有壁面装饰中最辉煌、最壮丽与最昂贵者，其花费往往是一幅湿壁画的许多倍，尤其是大型的织锦挂毯，极少有人能够负担得起。这或许解释了16和17世纪错视画的织锦挂毯母题盛行与广受欢迎的原因。在瓦萨里住宅美德胜利室（Sala del Trionfo della Virtù，图5-47，1542～1548年）壁面装饰与法尔内塞宫（Palazzo Farnese）客厅的壁画装饰（图5-48、图5-49，约1558年）中，均可见精美的织锦挂毯母题的运用。

图5-40 拉斐尔及其工作坊，艾略多洛室（Stanza di Eliodoro），1511～1514年，梵蒂冈宫，罗马

图5-41 拉斐尔及其工作坊，艾略多洛室（Stanza di Eliodoro）湿壁画局部，1511～1514年，梵蒂冈宫，罗马

图5-42 拉斐尔及其工作坊，艾略多洛室湿壁画局部，1511～1514年，梵蒂冈宫，罗马

图5-43　拉斐尔及其助手，君士坦丁室，梵蒂冈宫，罗马，意大利

图5-44　拉斐尔及其助手，以错视画技法描绘的织锦挂毯，君士坦丁室，梵蒂冈宫，罗马

图5-45　拉斐尔及其助手，以错视画技法描绘的织锦挂毯，君士坦丁室，梵蒂冈宫，罗马

图5-46　拉斐尔及其助手，法尔内西纳别墅凉廊天顶画，约1506～1515年，意大利

图5-47　乔尔乔·瓦萨里，美德的胜利室（Sala del Trionfo della Virtù），瓦萨里住宅，阿雷佐（Arezzo），意大利，1542～1548年

图5-48　弗朗切斯科·萨尔维亚蒂（Francesco Salviati），法尔内塞宫客厅壁面装饰，罗马，意大利，约1558年

图5-49　弗朗切斯科·萨尔维亚蒂，法尔内塞宫客厅壁面装饰，罗马，意大利，约1558年

最后，这些以错视画技法描绘的带有画框的油画、织锦挂毯、带或不带壁龛的雕像与浮雕装饰等，一件紧挨着一件满铺满盖地排列在建筑界面上，巧妙地将原本界面苍白的空间转变为一个个琳琅满目、奢侈豪华的艺术品荟萃的“画廊”（gallery）。如塞萨里·巴廖内（Cesare Baglione）、雅各布·伯托埃（Jacopo Bertoia）与助手为罗西家族（Rossi family）事迹室所做的装饰（图5-50、图5-51，约1570年），在此，艺术家将1199年至1542年罗西家族的重要历史事迹描绘成一幅幅织锦挂毯、带画框的油画、浮雕饰带等艺术品，镶嵌于“怪诞风格（grotesques）”的装饰画之间，在丰富了空间层次与光影色彩的同时，也彰显着主人的权力、地位、财富与品位，为主人带来了无尽的繁华与荣耀。

图5-50　塞萨里·巴廖内、雅各布·伯托埃与助手，自1199年至1542年罗西家族历史事迹的描绘，约1570年，罗西家族事迹室，圣塞孔（San Secondo），意大利

图5-51　埃科利·普罗卡奇尼（Ercole Procaccini）与塞萨里·巴廖内，皮尔·玛丽亚二世·罗西（Pier Maria II Rossi）1542年从法国国王弗朗索瓦一世（Francis I）手中接过圣米迦勒（Saint Michael）的命令，罗西家族事迹室天顶画，约1570年，圣塞孔，意大利

5.5 空间奇迹：透视法创造的别样世界

满绘的建筑界面大体可以分为两种类型，一种是上述荟萃各种艺术珍品的界面，它们基本不改变真实建筑空间的界限，或改变很少可以忽略不计；还有一种则运用透视法来创造错觉的、虚构的别样世界，进而延伸与扩张了真实的建筑空间，这是我们特别关注的类型。

5.5.1 渐去渐远的墙壁

圣萨蒂罗的圣马利亚教堂（Santa Maria presso San Satiro Church，1472～1482年）是以错视画扩展建筑空间最著名的实例之一。当观者站在教堂入口处向内观望之时，无不为那恢宏壮丽的圣坛空间所深深震撼（图5-52）。然而，这一切却是巧妙的视觉欺骗——圣坛后方的空间实际上还不足3英尺（约0.9米）深。由于教堂背后有一条主干道，用地范围受到限制，教堂的圣坛部分不得不建造得非常局促（图5-53）。为了获得完美的空间效果，建筑师布拉曼特在后墙上创作了一幅错视画——两排古典壁柱支撑着一个高耸、镀金的筒形拱顶，与中厅中真实的建筑元素一模一样，从而使中厅空间又“延伸”了好几跨。这个虚拟的圣坛空间，一半建成，一半画成，以绘画空间弥补了建筑空间的遗憾。[1]

尽管当你一步步向圣坛走近时，这种由透视法创造出来的空间幻象很快被识破——原来不过是一个画出来的立面而已（图5-54）。然而，当你站在最佳视点时，不得不承认，你眼中看到了如此恢宏壮阔、金碧辉煌的建筑空间。

另一个著名的实例是维琴察的奥林匹克剧场（Teatro Olimpico，1580～1584年，图5-55～图5-58）。这座剧场由著名建筑师帕拉第奥遵循维特鲁威的剧场设计原则设计，于1580年帕拉第奥去世的同年开始兴建，于1584年由其学生斯卡莫齐（Vincenzo Scamozzi，1552—1616）主持完成。整座剧场仿佛一座搬进室内的小型罗马剧场，作为世界上第一座永久性的室内剧场，在剧场形制的发展史中居于十分重要的地位。

---

① 参见 http://www.slate.com/blogs/atlas_obscura/2015/01/14/the_trompe_l_oeil_church_of_milan_is_much_smaller_than_it_looks.html.

斯卡莫齐对剧场最具独创性的贡献是他精心设计的舞台背景（图 5-56、图 5-57）。该舞台背景模仿古罗马剧场的背景（图 3-10～图 3-12），布满了科林斯式柱（独立柱、嵌墙柱、壁柱）、山花、壁龛和大理石雕像……十分雄伟华丽。背景正面有 3 个门洞[①]，两侧各有 1 个门洞，穿过这 5 个门洞可以看到 7 条繁华的古典城市“街景”[②]辐辏而来，整个舞台仿佛城市的中心广场。这些错视画“街景”是由斯卡莫齐运用透视法绘制的，注意，这是文艺复兴时期发明的科学透视法首次运用于剧场中。由于近处较宽，远处较窄，且地面逐渐上升，加剧了透视变形，加上斯卡莫齐精心设计的照明，浓重的光影明暗效果，使这些实际上长度仅仅约 50 英尺（15.2 米）的“街景”却给人以无比遥远的幻觉，[③]充满了新奇的诱惑。不仅坐在剧场中央的观众能够获得正确的透视景观，而且，事实上，无论坐在哪个位置上，都至少可以看到一条非常深远的街景，从而获得完美的幻觉。在这里，透视法所取得的巨大成功不仅在于艺术家的绝妙设计，而且在于其所运用的特定情境——剧场。幸而观众都是静坐不动的，因此舞台背景上所描绘的幻觉才不易识破。另外，为了不破坏幻觉，演员们在舞

① 依据维特鲁威的《建筑十书》，古罗马剧场的舞台背景上通常设有 3 个供演员进出的上下场门。

② 中央大拱门后加建了 2 条透视街景。

③ 参见 Mary Warner Marien. *William Fleming.Art and Ideas* [M]. Tenth Edition. Belmont: Thomson Wadsworth, 2005: 332.

图5-52　布拉曼特，圣萨蒂罗的圣马利亚教堂中厅透视，1472～1482年，米兰，意大利

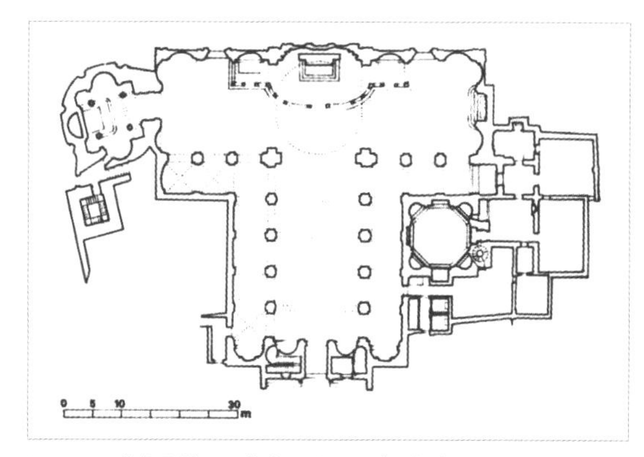

图5-53　布拉曼特，圣萨蒂罗的圣马利亚教堂平面，1472～1482年，米兰，意大利

图5-54　布拉曼特，圣萨蒂罗的圣马利亚教堂中厅透视，1472～1482年，米兰，意大利

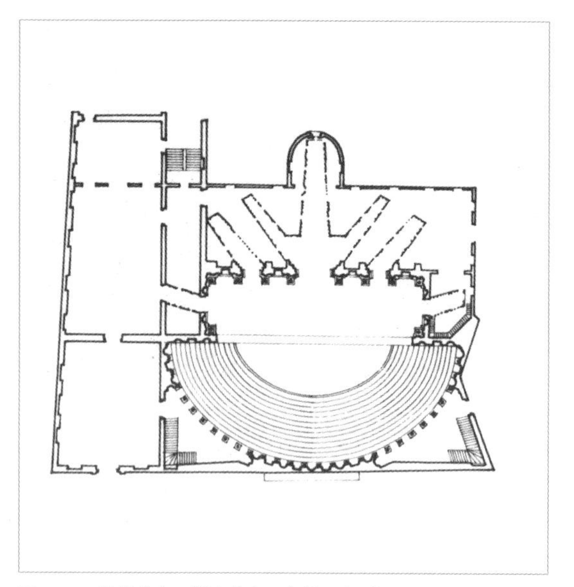

图5-55　帕拉第奥、斯卡莫齐，奥林匹克剧场平面，1580～1584年，维琴察，意大利

图5-58　帕拉第奥、斯卡莫齐，奥林匹克剧场观众席，1580～1584年，维琴察，意大利

图5-56　帕拉第奥、斯卡莫齐，奥林匹克剧场舞台背景，1580~1584年，维琴察，意大利

乔凡尼·巴蒂斯塔·阿尔巴内西（Giovanni Battista Albanese，17世纪上半叶），奥林匹克剧场舞台背景展开图，钢笔与水彩

图5-57　帕拉第奥、斯卡莫齐，奥林匹克剧场舞台布景，1580～1584年，维琴察，意大利

台上表演时，严禁步入那些虚拟的透视街景之中，因为演员不可能像那些虚拟的透视一样迅速缩小。所以，我们说，这些街景只是纯粹的幻觉主义的装饰。同样的幻觉主义还见于天顶的设计，鉴于这是第一座室内剧场，为了消除剧场的封闭感，带给观众仍在室外观演的错觉，艺术家在观众席上方的天顶上绘满了蓝天与彩云（图5-58）。

图5-59　斯卡莫齐，古代剧场观众席，约1590年，萨比亚内塔，意大利

图5-60　斯卡莫齐，古代剧场观众席后墙，约1590年，萨比亚内塔，意大利

顺便一提，在运用错视画设计观众席方面，几年后，斯卡莫齐在萨比亚内塔的古代剧场（Teatro all'antica in Sabbioneta，1590年）的实践颇值得借鉴。这是一座小型剧场，仅5级看台，看台之后是半圆形科林斯式柱廊，柱廊顶部耸立着大理石雕像，侧墙壁龛里则装饰着胸像。为了让这座小型剧场呈现出更加丰富的层次和戏剧性效果，艺术家在观众席后墙下部描绘了一系列以科林斯式圆柱为装饰的、带有雕像的假壁龛（图5-59、图5-60），不禁让我们想起那些为陈列古物而设计的专门背景（图5-33～图5-35），以及古罗马时期装饰有古典柱式、山花、壁龛和雕像的辉煌的舞台背景（图3-10～图3-12）。在这里，真实的柱廊、雕像与幻觉的壁龛、雕像交错并呈，大大丰富了剧场的艺术收藏。而后墙顶部，艺术家更以错视画技法描绘了包厢与其中身着当时服装（指16世纪）、正在观演的观众，他们栩栩如生，或者指指点点，或者窃窃私语，或者悠然欣赏……不仅拓展了空间，也弥补了观众席缺少包厢的遗憾，不由我们不为艺术家精妙的设计赞叹不已。

几乎同时，1583～1590年，斯卡莫齐再次运用透视法成功创造了一个空间奇迹：在萨比亚内塔，维斯帕西亚诺·贡札加（Vespasiano Gonzaga）为收藏雕像建造的一条长达300英尺（约91米）的长廊（gallery）[①]中，不仅侧墙上以错视画技法描绘了古典柱式、山花、壁龛、雕像、画中画、宝瓶栏杆……丰富了建筑空间与原有的收藏，而且，还在尽端墙面上描绘了2排透视缩短的柱列（与侧墙上描绘的圆柱相同，图5-61、图5-62），这些重复的建筑构件强化了透视距离感，从而使墙壁打开，使长廊延伸得更深更远、渺无尽头。巨大的空间离开我们渐去渐远，这个艺术品收藏的空间似乎无穷无尽，壮观无比。

在以错视画消解墙壁、创造无限深远的空间幻觉方面，值得一提的还有伊索聂城堡（the Castle of Issogne）男爵厅湿壁画（15世纪末，图5-63、图5-64）。背景是将真实世界［瓦莱达奥斯塔（Val d'Aosta）附近危岩峭壁之上的城堡］与圣经中的世界（各各他与耶路撒冷圣城）结合起来的全景式风景。前景则由描绘的混合柱式圆柱（透明的无色水晶圆柱及有脉纹的大理石圆柱）与描绘的精美织锦相互交替构成，它将观者的空间从全景式风景的背景中分离出来。在这里，描绘大理石圆柱那丰饶繁茂的脉纹是一大挑战，幸好这些圆柱并不需要特别的视点来传达它们圆转的触觉感，这位佚名艺术家运用佛兰德斯细密画画家的技巧成功创造了质感如此逼真的圆柱与织锦，从而将墙壁屏障转变为从真实的建筑空间通向虚构世界的开口。然而，必须指出的是，这个过渡还比较生硬和突兀，至于画中的全景式风景，则很难欺骗观者的眼睛将之误以为真。

图5-61　斯卡莫齐，维斯帕西亚诺·贡札加在萨比奥内塔的收藏雕像的长廊，其尽端墙面上2排描绘的圆柱柱列使走廊延伸得更深更远，意大利

图5-62　斯卡莫齐，维斯帕西亚诺·贡札加在萨比奥内塔的收藏雕像的长廊，其尽端墙面上2排描绘的圆柱柱列使走廊延伸得更深更远，意大利

---

① 参见 Pevsner Nikolaus. *A History of Building Types*. Princeton: Princeton University Press, 1976: 112.

图5-63　伊索聂城堡男爵厅湿壁画，瓦莱达奥斯塔，15世纪末，意大利

图5-64　伊索聂城堡男爵厅湿壁画局部，瓦莱达奥斯塔，15世纪末，意大利

在运用透视法创造空间奇迹的历史上，不得不提的一个著名实例是法尔内西纳别墅的透视大厅（Saladelle Prospettive，图 5-65～图 5-67，约 1515 年）。在这里，观者总是在不知不觉中，已经穿越了真实与虚构之间的界限，对于那个由前后两排圆柱支撑着天花板构件形成的凉廊、带有大理石雕像的壁龛、宝瓶形的石栏杆以及栏杆外的城市远景，人们总是毫不怀疑。然而，这一切实际上都是艺术家巴尔达萨雷·佩鲁齐（Baldassare Peruzzi，1481—1536）画出来的。他凭借巧妙的设计，运用透视法和明暗法，通过精湛地描绘的大理石圆柱、铺地及天花板构件（与真实的建筑构件一模一样），成功地嵌入了一个面向罗马全景式风景的凉廊。这个凉廊正是错视画能够取得令人信服的乱真效果的关键。对比伊索聂城堡男爵厅的湿壁画，我们不难发现，如果没有这个凉廊，那么从真实的建筑空间向虚构的世界的过渡该是多么生硬与突兀；而有了凉廊，观者将看到城市远景魔法般地存在于建筑背后，从真实到虚构的世界之间的通道就能几乎不被察觉地穿过，进而将空间拓展至无限远处。这也正是这座透视大厅享有如此盛誉的原因。瓦萨里曾如此描述发生于透视大厅的事件："我回想起骑士提香，著名的画家，当我带他观看这件作品时，他拒绝相信它是一幅画，且对他位置的改变感到非常惊奇。"[①]由此可见这幅错视画的魔力之大，竟连大画家提香也被迷惑和欺骗了。然而，不得不承认，它有一个致命的弱点，这同时也是透视法所内在固有的弱点——只能从一个精确设定的最佳视点来观看，并且观者被假设为是静止不动的。

① 转引自 Eckhard Hollmann. Jürgen Tesch. *A Trick of the Eye: Trompe L'Oeil Masterpieces* [M]. New York: Prestel Publishing, 2004: 11.

图5-65　巴尔达萨雷·佩鲁齐，法尔内西纳别墅透视大厅湿壁画，约1515年，罗马，意大利

图5-66　巴尔达萨雷·佩鲁齐，法尔内西纳别墅透视大厅湿壁画，约1515年，罗马，意大利

图5-67　巴尔达萨雷·佩鲁齐，法尔内西纳别墅透视大厅湿壁画局部，约1515年，罗马，意大利

受佩鲁齐的"透视大厅"湿壁画启发而创作的错视画为数众多，让我们来看其中比较著名的一个实例——帕拉维奇诺别墅（Villa Pallavicino delle Peschiere）"沙龙（salone）"湿壁画。这是一个矩形大厅，西墙上开有3扇大窗，窗外是壮观的热那亚（Genoa）城市及海岸风光，南、东、北三面墙上则装饰着与窗外真实风光相呼应的、由艺术家乔凡尼·巴蒂斯塔·卡斯特罗（Giovanni Battista Castello，1525或1526—1569）描绘的错视画（图5-68～图5-70，约1560年）。以南墙（图5-69、图5-70）的错视画为例，3扇真实的门上方是以纯灰色技法描绘的错视画壁龛以及大理石的人文科学拟人像。通过描绘与真实建筑空间相匹配的巨大的科林斯式大理石柱、铺地、门及门框、宝瓶形栏杆等建筑元素，艺术家成功地将建筑空间向远处推进了好几米，创造了一个天衣无缝地连接了真实的与虚构的世界的凉廊，凉廊之后绵延着引人遐想的古代废墟远景。试想，当观者从前厅步入沙龙之时，一座如此高大宽阔、充满阳光的大厅出其不意地显现，怎不令他豁然开朗、振奋不已？

图5-69　乔凡尼·巴蒂斯塔·卡斯特罗，帕拉维奇诺别墅"沙龙"湿壁画，意大利，约1560年

图5-68　乔凡尼·巴蒂斯塔·卡斯特罗，帕拉维奇诺别墅"沙龙"南墙湿壁画，意大利，约1560年

图5-70　乔凡尼·巴蒂斯塔·卡斯特罗，帕拉维奇诺别墅"沙龙"南墙湿壁画局部，意大利，约1560年

最后，值得一提的是一种特殊的错视画——镶嵌细木工艺[1]错视画。1460年代，兰迪纳拉兄弟（Landinara brothers）发明了熟木工艺（boiled-wood process），使得用镶嵌细木工艺装饰的建筑空间格外优雅精致，仿佛水晶般透明。这些有着规则形状和微妙深颜色的木片镶嵌，能非常好地胜任透视游戏，创造出惊人的“欺骗眼睛”的真实感，在15世纪一度大受欢迎，并在文艺复兴时期的宫殿中产生了非凡的效果，乌尔比诺公爵（Duke of Urbino）费德里戈·达·蒙特费尔特罗（Federigo da Montefeltro）的书房（图5-71～图5-73）即是其中最精美、最辉煌的实例之一。在这里，建筑界面完全被镶嵌细木装饰所覆盖，所描绘的壁橱有一种非常特别的逼真感。几扇半开的门，通过侵入观者的空间而赋予画面深度，平添了更多的可信性，同时也带给人一种神秘感，仿佛通向一个奇异的世界——书、乐器、地球仪、科学用具、沙漏、盔甲等随意地摆放，表达着知性、信仰、光阴似箭等主题。一扇“窗子”开向一片远景，窗台上，一只松鼠正啃着核桃，一切都是画出来的。观者发现自己完全被这些镶嵌细木装饰从外部世界中隔离出来，逼真的透视和光影明暗创造了一个独立的真实，于是尽管所有的元素都是单色，也即是说，并没有多少客观的可信性，你却要过许久才会恍然大悟。

图5-71　巴乔·庞泰利（Baccio Pontelli, 1450—1495），乌尔比诺公爵费德里戈·达·蒙特费尔特罗的书房，镶嵌细木工艺错视画，乌尔比诺公爵宫，乌尔比诺，意大利

图5-72　弗朗切斯科·迪·乔其奥·马蒂尼与巴乔·庞泰利，乌尔比诺公爵费德里戈·达·蒙特费尔特罗的书房，镶嵌细木工艺错视画，乌尔比诺公爵宫，古比奥，意大利

图5-73　弗朗切斯科·迪·乔其奥·马蒂尼与巴乔·庞泰利，乌尔比诺公爵费德里戈·达·蒙特费尔特罗的书房，镶嵌细木工艺错视画，乌尔比诺公爵宫，乌尔比诺，意大利

① 镶嵌细木工艺：一种用内镶木片制作图画的技艺。

5.5.2 通往无限的天顶

维特鲁威在他的《建筑十书》的第七书第五章《壁画》中，探讨了正确的与适当的壁画（见第三章）。另一位思考此问题的建筑理论家是塞利奥。1537 年，他提出了如果画家准备装饰墙壁的话，建筑师应当遵循的一系列原则。在表达了描绘错觉的开口（包含风景、建筑、动物等）的愿望中，他尤其感兴趣的是观者与错觉的开口之间的关系：如果开口高于观者的视平线，那么，开口之中就只能描绘天空、山顶、屋顶，以及从较高楼层看出去的相应景色。塞利奥十分清楚，如果严格遵循这个程式，在装饰拱顶之时，必将遇到许多问题。首先，艺术家在设计场景时必须十分小心，因为只有那些属于天空的人与物才能出现在错觉的开口里；其次，艺术家们必须精通透视，以便描绘带有正确的透视短缩的场景，而这是相当令人敬畏的事。①

如我们所知，那种将天顶看作通向比建筑更为宏大的空间、融通于无限性的一种开放口的观念早在古罗马时期就已经出现，许多天顶被化解为一种无形的空间——蔚蓝的天穹或布满繁星的夜空，十分迷人，但遗憾的是，观者不会将之误以为真。到了文艺复兴时期，天顶画的描绘出现了突破性的发展。素以大胆地借助透视法制造惊人戏剧性效果著称的安德烈亚·曼泰尼亚（Andrea Mantegna，1431—1506）画在曼图亚的公爵宫（Ducal Palace at Mantua）婚礼堂婚床正上方的天顶画（图 5-74～图 5-76，1461～1474 年）开创了一个将天顶打开且足以乱真的幻象：躺在婚床上的人们正好看到头顶上方的圆形洞口，围绕洞口的栏板上有孔雀和花盆，还有好些向下俯视的男男女女，有的神色凝重，有的则充满好奇，仿佛还能听见他们正在议论着什么，几个肉嘟嘟的小天使，有的倚着栏板，有的则从栏板的孔洞里淘气地钻出小脑袋，洞口之上是蓝天和悠悠的白云……所有的人与物全都画成从正下方向上看到的样子，具有强烈的透视短缩变形。

---

① 参见 Julian Kliemann, Michael Rohlmann. *Italian frescoes: High Renaissance and Mannerism.1510-1600* [M]. New York · London: Abbeville Press Publishers, 2004: 13−21.

曼泰尼亚的创新之处还在于，他以精确的透视短缩法与光影明暗法描绘了洞口的栏板以及栏板周围身着当时服装（指15世纪）的真人大小的人物，从而制造了从室内空间向无限过渡的通道。由于躺在床上的人的视点相对固定不动且是最佳视点所在，因而很容易被欺骗，在这里，曼泰尼亚巧妙地利用婚礼堂的特定情境植入故事情节，创造了一幅十分成功的错视画，开了一个风趣而充满想象力的玩笑。它是此后一系列打开天顶、通往无限的天顶画的开山之作，在透视画法的历史上居于重要的地位，几百年来一直为人们所津津乐道，影响深远。

图5-74　安德烈亚·曼泰尼亚，曼图亚的公爵宫婚礼堂婚床正上方的天顶湿壁画，1461～1474年，曼图亚，意大利

图5-75　安德烈亚·曼泰尼亚，曼图亚的公爵宫婚礼堂婚床正上方的天顶湿壁画局部，1461～1474年，曼图亚，意大利

另外，拉斐尔在梵蒂冈宫凉廊第三间天顶（图 5-77）上的大胆尝试也是一件重要的透视法杰作。在这里，拉斐尔描绘了 4 幅带画框的圣经历史画，分别从四边向中央探出身，它们都采用平视透视法描绘，呈现出从正常的视平线看到的场景。在这 4 幅历史画之间则以仰视透视法描绘的正方形多立克式柱廊相连接，它向上延续了建筑空间，并成为通向外界的开口，如此一来，天顶仿佛打开，观者仰头观看时，视线穿透柱廊，似乎直抵天堂。拉斐尔巧妙的设计后来被频繁地重复与变化，例如，佩莱格里诺·蒂巴利（Pellegrino Tibaldi，1527—1596）为波吉宫（Palazzo Poggi）沙龙所作的天顶画（图 5-78～图 5-80）显然是其翻版，由于沙龙靠近入口且更具公共性，因而在效果上也更恢宏壮阔，观者视线所抵达的天堂也似乎更宽广无垠。艺术家描绘的坐在柱廊四角上方的 4 位裸体青年，其复杂的姿势显然是精心研究与摆布的结果，仔细观察可以发现，他们是米开朗琪罗在西斯廷礼拜堂天顶上所画的令人叹为观止的裸体的变异，蒂巴利很可能是企图通过他们来挑战米开朗琪罗的高度，手法主义（Mannerism）的特征在这里已显露无遗。

至 16 世纪，穿透的天顶成为建筑界面装饰的重要元素之一，经历了数代艺术家依据不同的空间与界面情况做出的种种巧妙的变化与设计，至 17 世纪则达到了幻觉的巅峰，关于这一点我们将于第六章、第七章详论。

图5-76　安德烈亚·曼泰尼亚，曼图亚的公爵宫婚礼堂婚床正上方的天顶湿壁画细部，1461～1474年，曼图亚，意大利

图5-77　拉斐尔，梵蒂冈宫凉廊第三间天顶画，意大利，约1517～1519年

图5-78　佩莱格里诺·蒂巴利，波吉宫沙龙天顶画，意大利

图5-79　佩莱格里诺·蒂巴利，波吉宫沙龙天顶画局部，意大利

图5-80　佩莱格里诺·蒂巴利，波吉宫沙龙天顶画局部，意大利

综上所述，由于这一时期的艺术家已经征服了真实，能够将一切都描绘得足以乱真，促使错视画艺术得到了空前的繁荣与发展。这些混淆了幻象与现实的错视画改变了人们在真实空间中的体验。其独有的优势在于，一是，能够以相对低廉的造价获得模拟的画中画、织锦挂毯、大理石雕像、青铜雕刻等奢侈豪华、荟萃艺术珍品的效果；二是，既能制造浮凸及凹陷的错觉又能同时保持壁面的平整，不会因壁面凹凸起伏而影响家具的摆放及空间的使用功能；三是，琐碎的雕饰、挂毯等容易积灰，除尘是一件十分繁琐与辛苦的工作，平整的界面则能较好地保持整洁，省去了许多清理的麻烦；四是，能够制造空间奇迹，调整空间比例，制造别样世界的幻象，挽救沉闷、压抑、缺乏魅力的建筑空间。但是，我们也必须认识到透视法本身存在的缺陷，运用它创造的幻觉是以一只眼睛观看、且静止不动为前提的，如果离开了最佳视点，一切幻觉与欺骗都将不攻自破。

第六章　手法主义：另辟蹊径

引起惊讶，这是诗在世间的任务；谁要是不能使人吃惊，就只好去当马夫。

——马里诺（Marino）①

只有当人是完整意义上的人时，他才游戏；而只有当人在游戏时，他才是完整的人。

——席勒②

绘画应当刺激观者的想象力与智力。

——保罗·科提西（Paolo Cortesi）③

我们更愿意原谅伟大的画家，因为画家即使是在骗人的部分，也不会一骗到底……然而在房间、别墅和花园的装饰中，有一些则适合运用这样的欺骗手段，比如在小径或拱廊尽头画有风景，在天花上绘制天空或者向上延伸的墙壁。这些东西有时使得休闲之所有了几分贵气和愉快，只要它们仅仅被看作是玩具，就很无辜。

——约翰·罗斯金④

文艺复兴时期的达·芬奇、拉斐尔、米开朗琪罗、提香等大师的艺术被公认为已达巅峰，甚至超越了古代。对于后来者而言，既然前辈大师已臻完美，如果还想在艺术的道路上继续前行，那么只有另辟蹊径，挖掘艺术的各种新潜能。于是，大约在1520年左右，手法主义（Mannerism）开始盛行。手法主义又称矫饰主义、样式主义、风格主义，其主要特点是打破既有的古典规范，追求怪异和不寻常的效果，以其惊世骇俗、标新立异的特质来博人眼球。费德里科·祖卡罗（Federico Zuccaro，1543？—1609）将为自己设计建造的一座住宅描述为一个“富有诗意的异想天开”⑤，其怪异面孔的门廊（图6-1）、窗户等似乎直接来源于但丁的《地狱篇》，很好地体现了以“创新”的构思轰动公众的理念。

① 转引自陈志华．外国建筑史（19世纪末叶以前）[M]．第三版．北京：中国建筑工业出版社，2004: 174.

② 引自（德）席勒．审美教育书简 [M]．张玉能译．南京：译林出版社，2012: 48.

③ 转引自 Julian Kliemann, Michael Rohlmann. *Italian frescoes: High Renaissance and Mannerism*，*1510-1600* [M]. New York · London: Abbeville Press Publishers, 2004: 36.

④ 引自（英）约翰·罗斯金．建筑的七盏明灯．济南：山东画报出版社，2006: 38.

⑤ 引自 Mary Warner Marien, William Fleming. *Art and Ideas* [M]. Tenth Edition.Wadsworth, a part of Cengage Learning, 2005: 354.

图6-1　费德里科·祖卡罗，门廊细部，祖卡罗宫，约1593年，罗马，意大利

图6-2　朱利奥·罗马诺，泰宫，1525～1535年，曼图亚，意大利

6.1 专注打破古典规范

实际上，手法主义以及之后的巴洛克建筑并没有创造出新的建筑结构体系，仍然采用文艺复兴时期的承重墙结构，也并没有摒弃文艺复兴时期所确立的以古典柱式为基础的古典建筑语言，而只是致力于在古典建筑语言的基础上，使柱式的组合更富于变化，将曲线、曲面、椭圆形等引入进来，以一种夸张、反逻辑、反理性的修辞手法来打破古典建筑语言由于过于强调规范和理性而导致的单调与僵化。

朱利奥·罗马诺在意大利北部的曼图亚郊外为贡扎加二世公爵（Duke Federico Gonzaga II）设计建造的泰宫（Palazzo del Te，1525～1535年）堪称手法主义的代表。作为拉斐尔的得意弟子，事实上，朱利奥对古典建筑语言了如指掌，并不比任何人逊色，为了打破规范，他竟以一种充满游戏精神的手法对待古典的建筑细部装饰，开了一个行家的玩笑（图6-2）：尽管古典柱式仍然是建筑立面构图与造型的主要手段，但柱距不再均等，而是发生变化，创造了一种活泼的切分音乐的节奏感；

额枋上的三陇板正在滑落下来，处于一种将落未落的悬停状态（图6-3）；圆拱门中央的楔形拱心石以一种夸张的尺度，向上穿透了山花，向下摇摇欲坠……他很清楚这样做不会影响建筑的安全性，其目的仅是想让观者瞠目结舌。而他的这种手法主义在曼图亚的公爵宫（Palazzo Ducale）庭院（图6-4，1538～1539年）中更是发挥到了极致，粗面石的连拱廊立面上的圆柱，像麻花一样疯狂扭曲变形，萨拉·柯耐尔（Sara Cornell）认为“像肥胖的蛆虫一样上下蠕动着”[①]；而派屈克·纳特金斯（Patrick Nuttgens）则说“活像拼命要挣脱裹尸布的木乃伊”。[②]

与专注打破古典规范的建筑相呼应，手法主义建筑界面上的绘画则专注制造各种幻觉。这些幻觉在真实的建筑空间与虚构的空间之间斡旋与游戏，将错视画的潜力充分发挥到了极致，创造出一种令人不安的执拗而耽于幻想的风格，将人类灵魂深处的焦虑展露无遗。

图6-3　朱利奥·罗马诺，泰宫庭院装饰细部，1525～1535年，曼图亚，意大利
手法主义的游戏：额枋上的三陇板正在滑落下来，处于一种将落未落的悬停状态

图6-4　朱利奥·罗马诺，公爵宫庭院内部，1538～1539年，曼图亚，意大利

① 引自（美）萨拉·柯耐尔．西方美术风格演变史[M]．欧阳英，樊小明译．杭州：中国美术学院出版社，2008: 198.

② 引自（英）派屈克·纳特金斯．建筑的故事[M]．杨惠君等译．上海：上海科学技术出版社，2001: 186.

6.2 仰望苍穹：反和谐、反均衡

如果在房间的天花板上凿一个洞，并且穿过这个洞，看到无尽的天空与另一个世界，这可能吗？

对于建筑师而言，在天顶上凿一个洞或者建造一座没有顶的教堂，简直是疯狂的异想天开。然而，对于画家而言，当他在天顶上采用完美的视觉欺骗技法创作错视画时，则完全能够将不可能变为可能。

在曼泰尼亚画在曼图亚的公爵宫婚礼堂婚床正上方的天顶画（图 5-74～图 5-76）中，我们看到一个通往无限的错觉的开口，开口中几个栩栩如生的人物与小天使正在向下俯视，制造了一个将天顶打开且足以乱真的幻象。

然而，这种画法——具象的风格与强烈的透视短缩，在塞利奥看来，有违古典的理想——和谐的、均衡的、任何地方都不强迫或者违反绘画逻辑的原则——因而很难令观者满意。正因如此，塞利奥指出许多艺术家有意回避这种画法，并盛赞拉斐尔在法尔内西纳别墅凉廊天顶画（图 5-46）中的解决方案。当在天顶中央描绘诸神盛宴的场景时，拉斐尔以通常的平视透视描绘该场景，并将之转化为悬挂于花环之间的织锦挂毯。如此一来，巧妙地回避了极端仰视的透视短缩。①

① 参见 Julian Kliemann, Michael Rohlmann. *Italian frescoes: High Renaissance and Mannerism, 1510-1600* [M]. New York · London: Abbeville Press Publishers, 2004: 13-21.

拉斐尔的解决方案——伸展织锦挂毯、天幕或雨篷横过天顶错觉的开口，在插入第二个叙事等级时，保持其自身透视，不与真实的建筑空间发生联系——后来被广泛采用，反复再三地出现于许多天顶画之中。例如，多米尼柯·贝卡富米（Domenico Beccafumi，1484—1551）为锡耶纳（Siena）的文丘里宫（Palazzo Venturi）所作的天顶画（图6-5，约1519～1523年）以及吉罗拉莫·甘加（Girolamo Genga，1476—1551）及其助手为佩扎罗（Pesaro）附近的帝国别墅（Villa Imperiale）的誓言大厅（Sala del Giuramento）所作的天顶画（图6-6，约1530～1532年）等。

图6-5 多米尼柯·贝卡富米，文丘里宫拱顶天顶画，约1519～1523年，锡耶纳，意大利

图6-6 吉罗拉莫·甘加及其助手，塞米德的誓言（The Oath of Sermide），约1530～1532年，誓言大厅，帝国别墅，佩扎罗附近，意大利

然而，为了追求撼人心弦、出人意料的效果，手法主义艺术家摒弃了古典的和谐与均衡，走上了创新的实验之路。在他们看来，塞利奥所推崇的古典理想过于平淡、均衡，缺少刺激性与戏剧性，于是，他们以一种极端强烈的透视与光影来表达与古典理想的决裂。

让我们来看一个实例，朱利奥·罗马诺为泰宫的太阳与月亮房间（camera del Sole e della Luna）所作的天顶画（图 6-7，1527～1528 年），表现了一个极端强烈的仰视视角与极富戏剧性光影的场景：太阳神阿波罗驾驶着太阳马车正从我们的头顶经过，而月亮神黛安娜驾驶的月亮马车也正即将来临，太阳与月亮高居头顶，一个强烈刺眼，一个宁静美好，其惊心动魄的视角，让我们看到马腹与双轮马车的底面以及辉煌的人物由下向上透视短缩的形象——对于诸神来说，这样的视角难免有失端庄得体——由于逆光，人与物皆处于浓重的阴影之中，外廓镶了一道金边，其逼真的戏剧性效果，让观者几乎能听到车轮旋转的吱嘎声的同时，不禁担忧头顶遭遇那即将来临的马蹄的重踏与车轮的碾压……这也太惊世骇俗了！恐怕大多数的观者都会感到不快。因而，直到 70 年之后，类似的构图才再次出现——科雷乔（Correggio，1489？—1534）为蒙特别墅（Villa del Monte）更衣室所作的天顶画《朱庇特、尼普顿与普路托》（图 6-8，1597 年）。

在泰宫的普赛克房间（Sala di Psiche）拱顶上（图 6-9、图 6-10，1526/27～1528 年），朱利奥·罗马诺再次以高超的手法主义上演了一场透视与光影的戏剧。这个房间的拱顶由镀金的格子框架构成，在这些八角形井中描绘了丘比特与普赛克的一系列冒险故事，所有场景都以壮观的仰视视角画成，闪烁着富于戏剧性的夜景光的效果（图 6-9）。而拱顶中央最高处正方形井中（图 6-10），逐渐上升的云彩上端，丘比特正在诸神的见证下拉着普赛克的手举行婚礼。让我们来看看瓦萨里在他著名的《名人传》中是如何描述的："朱庇特站在高处，注视着这一对恋人，发出令人目眩的光芒。画面的构思十分精妙，朱利奥巧妙地对画中的人物进行自下而上的透视短缩法处理，因此，虽然画中的人物实际高度不足 1 布拉恰（约 0.6 米），但看上去却有 3 布拉恰（约 1.8 米）。的确，这些都是用一种灵巧和独特的手法绘制而成的，可以看出朱利奥为此倾注了巨大心血，因此，画中的人物不但栩栩如生，而且使人产生一种奇妙的错觉。"[①]

---

① 引自（意）乔尔乔·瓦萨里．意大利艺苑名人传·巨人的时代（上）[M]. 刘耀春，毕玉，朱莉译．武汉：湖北美术出版社、长江文艺出版社，2003: 394.

图6-7　朱利奥·罗马诺，太阳马车与月亮马车，太阳与月亮房间天顶画，1527～1528年，泰宫，曼图亚，意大利

图6-8　科雷乔，朱庇特、尼普顿与普路托，蒙特别墅更衣室天顶画，1597年，罗马，意大利

图6-9　朱利奥·罗马诺，普赛克房间天花拱顶装饰，1526/27～1528年，泰宫，曼图亚，意大利

此外，在运用极端的透视与光影制造错觉的历史上，不能不提的一件杰作是科雷乔在帕尔马（Parma）主教堂所做的《圣母升天》天顶画（图6-11，1526～1530年）。在此，科雷乔试图给予立在教堂中厅的礼拜者一种幻觉，好像天顶已经打开，他们向上一直看到了天堂的荣耀。科雷乔控制光线效果的技艺，使他能在天顶上画出阳光照耀的云彩，使教堂那深暗的穹顶幻化为朵朵汹涌氤氲的云彩烘托着飞升的圣母和其间双腿悬垂着翱翔的天使渐渐融入一片金碧辉煌的天光之中……的确，这听起来似乎不够庄严得体，据说曾有个教士毫不客气地形容翱翔的天使好像“一团糟的青蛙腿”①。然而，不能否认的是，每一位站在帕尔马城黑暗、阴郁的中世纪主教堂里的观者，抬起头来仰望苍穹之际，但见一派天光映彻穹宇，如此灿烂，如此耀眼，无数天使翱翔，谁会不为之深深地震撼与感动呢？看着看着，目光与神思不知不觉被吸了进去，恍惚飘向那深邃无垠的邈远天际……甚至连观者自己都感到拔地而起、被卷进了云彩之中，与天使共舞……

图6-10　朱利奥·罗马诺，丘比特与普赛克的婚礼，普赛克房间天花拱顶中央装饰，1526/27～1528年，泰宫，曼图亚，意大利

① 引自郑林．科雷乔的《圣母升天》与天顶画图式．装饰[J]，2008（9）：99.

科雷乔绝妙的设计——将直径约 30 英尺的穹顶转变为一个云雾缭绕的洞口——对后世天顶画的创作具有决定性的影响，甚至成为一种图式被后人广为模仿，并预示了辉煌的巴洛克艺术。正如沃尔夫林所说，在此，“这些给予了装饰以无限力量的效果，只是在巴洛克风格的晚期才真正出现。但是新的艺术最有说明性的两个特征，即空间与光线的狂欢，却在最初就不可抑制地呈现出来了。”①

图6-11　科雷乔，圣母升天，帕尔马主教堂天顶湿壁画，1526～1530年，帕尔马，意大利

① 转引自（法）于贝尔·达米施．云的理论：为了建立一种新的绘画史 [M]. 董强译．南京：江苏美术出版社，2014: 5.

6.3 人间剧场

如我们所知，西方错视画艺术起源于古希腊剧场的舞台背景，并且舞台背景一直是作为错视画艺术雏形的庞贝壁画的灵感来源。在庞贝，建筑界面上常常描绘戏剧面具、重重帷幕和深深柱廊，但空无一人。一个个建筑空间转化为一个个戏剧舞台，而生活其中的人则成为穿行于舞台背景之间玩着各种角色扮演游戏的演员。在经历了中世纪的基本停滞之后，到了文艺复兴时期，错视画艺术获得了空前的繁荣与发展。然而，在诸如佩鲁齐的透视大厅、斯卡莫齐的奥林匹克剧场等杰作中，仍然仅见舞台而不见人物。

到了16世纪，为了制造更多的惊奇感和戏剧性，在虚构的建筑空间中，手法主义艺术家常常通过描绘身着古代或当时服装的人物来植入故事情节。这些人物与描绘于画中画及织锦挂毯中的人物不同，他们与真人等大，几可乱真。可以说，仿真人物的加入是手法主义者的一大创新，从此，空空的舞台上增加了演员，一幕幕戏剧（生活剧、历史剧、神话剧）开始在室内华丽上演。

6.3.1 生活剧场

在上演“生活剧”的建筑空间中，以保罗·委罗内塞（Paolo Veronese，1528—1588）为代表的手法主义艺术家常常描绘各色身着当时服装的人物，他们从壁龛中、从开向昏暗空间的门中、从通向并不存在的阳台的楼梯中出现。观者往往会在打开的门缝里、在楼梯顶端、在阳台上，出其不意地遇到这些栩栩如生的人物（有时就是他们自己的画像）。这种反射镜像游戏制造了一种出人意料的戏剧性效果。

莫雷托·达·布雷西亚（Moretto da Brescia，1498—1554）为马尔蒂嫩戈-萨尔瓦迭戈宫（Palazzo Martinengo-Salvadego）所作的壁画（图6-12～图6-14，1543～1546年）中，来自马尔蒂嫩戈家族的8位美人，身着华丽的时装，两两相对、优雅地侧了身坐在画出来的矮墙上，有的神色凝重，有的悠远淡漠，有的若有所思，有的回眸顾盼，她们的目光迎向观者，似乎正在邀请你踏上艺术家用侵入法描绘的台阶，再穿越艺术家用延伸法描绘的凉亭，进入她们身后那辽阔的室外天地大景……于是，封闭的建筑空间瞬间转变为一个绿意盎然、恬静古雅的戏剧世界，艺术家以奇思妙想的设计呈现家族的美人与美景，比之常见的罗列家族成员肖像画的做法不知有趣多少倍。

图6-12、图6-13、图6-14　莫雷托·达·布雷西亚，风景前的美人像，1543～1546年，马尔蒂嫩戈-萨尔瓦迭戈宫壁画装饰，布雷西亚，意大利

最为经典的仿真人物见于著名建筑师帕拉第奥设计、建造的许多别墅中，如高迪别墅（Villa Godi Malinverni）、佛斯卡利别墅（Villa Foscari，亦称 La Malcontenta）、卡尔多诺别墅（Villa Caldogno）以及巴巴罗别墅（Villa Barbaro）等。接下来，让我们分而述之：

在高迪别墅凯旋大厅（Hall of Triumphs）中，一个画出来的假门洞内，一位男子正为同伴掀起门帘，似乎在邀请大家入内（图6-15）；在诸神大厅（Hall of Gods）之中，在画出来的假窗洞之前的窗台上，坐着一个伶俐的小男孩，正从小碗里拿取葡萄吃（图6-16）；而在中央大厅里，一位穿着紧身上衣和紧身裤的绅士——可能是客人吉罗拉莫·高迪（Girolamo Godi）[①]，正半侧着身子坐在画出来的大理石椅上（图6-17）。在佛斯卡利别墅西部套房的东部大房间南墙上，一位年轻的男仆微弓着身子、小心翼翼地端着一盘水果，正从厚重的门帘后面钻出来，进到女主人的屋里来（图6-18）；而在西部大房间南墙上，我们则看到女主人伊丽莎白·洛里丹（Elisabetta Loredan）正立在画出来的假门洞口，似乎是听到了她丈夫的召唤就立即从房间里走出来，身上穿着当时（指16世纪）奢侈华美的服装，颈上戴着一大串珍珠，足登当时威尼斯贵妇所穿的厚底鞋，一只手托住紧身胸衣上松开的黄金链条[②]（图6-19）。这些人物都与真人等大，用宛如真人的错视画技法描绘，画得如此栩栩如生，仿佛正在呼吸，且就要从墙壁上走下来似的，正如威托德·黎辛斯基（Witold Rybczynski）所指出的那样："如鬼魅般从墙壁往外盯着我瞧的人物……除了装饰以外，同时也占据了这个空间。"[③]

图6-15　瓜蒂耶洛·帕多瓦诺，凯旋大厅湿壁画，1550～1552年，高迪别墅，维琴察，意大利

① 参见 Filippo Pedrocco, Massimo Favilla, Ruggero Rugolo. *Frescoes of The Veneto: Venetian Palaces and Villas*[M]. New York: The Vendome Press, 2009: 79.

② 参见 Antonio Foscari. *Frescos within Palladio's Architecture: Malcontenta 1557-1575*[M]. Zürich: Lars Müller, 2013: 125.

③ 引自（美）黎辛斯基．完美的房子 [M]. 杨惠君译．天津：天津大学出版社，2007: 26.

图6-16　瓜蒂耶洛·帕多瓦诺，诸神大厅湿壁画，1550～1552年，高迪别墅，维琴察，意大利

图6-17　巴蒂斯塔·泽洛提，中央大厅湿壁画，1561～1565年，高迪别墅，维琴察，意大利

图6-18　巴蒂斯塔·泽洛提，西部套房东部大房间南墙湿壁画，1570年，佛斯卡利别墅，威尼斯，意大利

图6-19　巴蒂斯塔·泽洛提，西部套房西部大房间南墙湿壁画，1570年，佛斯卡利别墅，威尼斯，意大利

除了以上单个人物的日常生活的一瞥之外，我们在卡尔多诺别墅沙龙房间的湿壁画（图 6-20～图 6-22，约 1570 年）中，还可见到众多人物休闲的场面。在这里，艺术家乔瓦尼·安东尼奥·福索罗（Giovanni Antonio Fasolo，1530—1572）以纯灰色技法描绘的人像柱划分壁面，在以延伸法描绘的虚拟空间中植入了身着当时服装的贵族阶层的各种娱乐活动：音乐会与宴会、舞蹈与打牌等。观者置身其中，恍如置身上流社会欢愉浮夸的盛典嘉会场所，眼中所见是各色时髦的男男女女，耳中所听是他们的欢声笑语和飘荡在风中轻柔的音乐……喜庆的盛会扩张延伸超越了壁面的屏障进入海天远景之中……这是一间带给你无尽欢乐和回忆的戏剧之屋。

最后，让我们来详细分析一个最著名的“生活剧场”的实例——马萨尔村（Maser）的巴巴罗别墅湿壁画，它一直被形容为“意大利文艺复兴第一流的装饰成就”[①]，由威尼斯贵族巴巴罗兄弟——哥哥丹尼尔·巴巴罗[②]（Daniele Barbaro，1514—1570）及弟弟马克安东尼奥·巴巴罗[③]（Marcantonio Barbaro，1518—1595）委托，由手法主义艺术家保罗·委罗内塞完成内部装饰。

图6-20　乔瓦尼·安东尼奥·福索罗，卡尔多诺别墅沙龙房间壁画，约1570年，维琴察，意大利

① 转引自（美）黎辛斯基．完美的房子．杨惠君译．天津：天津大学出版社，2007: 157.

② 丹尼尔·巴巴罗 1550 年就职阿奎利亚（Aquileia）大主教，一直有志于学术研究，曾将拉丁文的维特鲁威《建筑十书》翻译成意大利语出版（1556 年），书中附有帕拉第奥绘制的插图，并在其著作《论透视》（1569 年）中关于艺术家的技巧方面首次提到暗箱。

③ 马克安东尼奥·巴巴罗被认为是威尼斯最杰出的外交官，爱好绘画与雕塑。

图6-21　乔瓦尼・安东尼奥・福索罗，音乐会与盛宴，卡尔多诺别墅沙龙房间壁画，约1570年，维琴察，意大利

图6-22　乔瓦尼・安东尼奥・福索罗，邀请跳舞、打牌，卡尔多诺别墅沙龙房间壁画，约1570年，维琴察，意大利

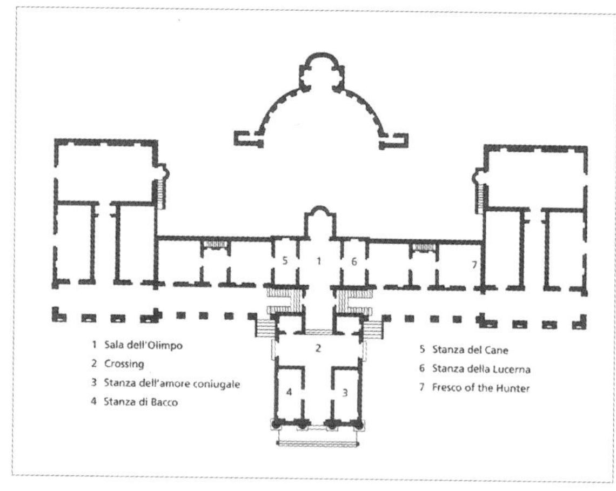

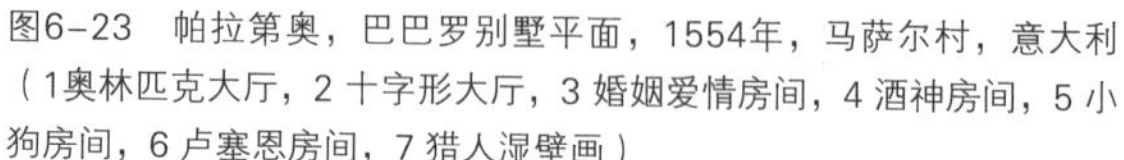

图6-23 帕拉第奥，巴巴罗别墅平面，1554年，马萨尔村，意大利（1奥林匹克大厅，2 十字形大厅，3 婚姻爱情房间，4 酒神房间，5 小狗房间，6 卢塞恩房间，7 猎人湿壁画）

图6-24 巴巴罗别墅十字形大厅内景，1560～1561年，马萨尔村，意大利

在描述其内部错视画之前，我们有必要先了解一下巴巴罗别墅本身。这座被誉为“威尼托（Veneto）别墅的完美典范”①的建筑，其平面（图 6-23）被赋予人体形象，其“身体”是主人房，包含婚姻爱情房间（Stanza dell'amore coniugale）和酒神房间（Stanza di Bacco）；“双臂”是长长的门廊（barchessa）；而“头部”则是奥林匹克大厅（Saladell’Olimpo）又称沙龙（Salone）；“头部”两侧分别是小狗房间（Stanza del Cane）和卢塞恩房间（Stanza della Lucerna）；连接“身体”与“头部”的是十字形大厅（Crossing）。②据说，德国大诗人歌德在造访过它之后写道：“你得亲眼看见这些建筑物，才能了解它们有多出色。”③

在这座别墅内部，委罗内塞所作的错视画湿壁画覆盖了所有房间的墙壁与天顶，几乎不留任何空白，在某种程度上，错视画湿壁画已经成为建筑空间不可分割的一部分。在艺术家精心的设计之下，在各个不同的建筑空间之中上演着各具特色的生活剧，穿行其间，观者将收获一连串的出奇不意。

首先，让我们来看看十字形大厅。其筒形拱顶最初并非是像今天这样的白色粉刷（图 6-24、图 6-25），而是描绘成虚构的葡萄藤架（pergola），遗憾的是 19 世纪时遭到了破坏。④它的东、南、西部端墙上开着瘦高的落地玻璃窗，明亮的光线和窗外的景致涌进来，制造了一种愉悦、明快的气氛。

---

① 引自 Julian Kliemann, Michael Rohlmann. *Italian frescoes: High Renaissance and Mannerism, 1510-1600* [M]. New York・London: Abbeville Press Publishers, 2004: 410.

② 参见（美）黎辛斯基．完美的房子 [M]. 杨惠君译．天津：天津大学出版社，2007: 155.

③ 引自（美）黎辛斯基．完美的房子 [M]. 杨惠君译．天津：天津大学出版社，2007: 8.

④ 参见 Julian Kliemann, Michael Rohlmann. *Italian frescoes: High Renaissance and Mannerism, 1510-1600* [M]. New York・London: Abbeville Press Publishers, 2004: 414.

图6-25 保罗·委罗内塞，巴巴罗别墅十字形大厅湿壁画，1560～1561年，马萨尔村，意大利

图6-26 保罗·委罗内塞，巴巴罗别墅十字形大厅湿壁画，1560～1561年，马萨尔村，意大利

描绘的巨大白色大理石古典柱式既划分墙壁又是立面装饰的主要手段。柱子之间，是描绘的圆拱形石门框和宝瓶形阳台栏杆（与真实的建筑构件一模一样，并连为一体）侵入观者的空间，成为通向古代废墟幻景的开口（图6-26、图6-28）。8个假壁龛，每个假壁龛里站着一位古典装扮的年轻女子，手里分别拿着各种乐器。她们通常被视为缪斯女神（Muses）[①]，然而，准确地说，应该是音乐的拟人像。[②]她们如此逼真，仿佛就要从壁龛中走下来似的。而最有趣的情节是，这些正在演奏的“美妙音乐”让一个“小女孩”（图6-25～图6-27）和一个“少年”（图6-28、图6-29）打开虚拟的门（与它对面真实的门一模一样），探出身来，好奇地四下张望。

图6-27 保罗·委罗内塞，巴巴罗别墅十字形大厅湿壁画局部，1560～1561年，马萨尔村，意大利

---

① 缪斯女神：希腊神话中司文艺的9位女神。
② 参见 Julian Kliemann, Michael Rohlmann. *Italian frescoes: High Renaissance and Mannerism, 1510-1600*[M]. New York · London: Abbeville Press Publishers, 2004: 414.

图6-28 保罗·委罗内塞，巴巴罗别墅十字形大厅湿壁画，1560～1561年，马萨尔村，意大利

图6-29 保罗·委罗内塞，巴巴罗别墅十字形大厅湿壁画局部，1560～1561年，马萨尔村，意大利

接下来，让我们来看看别墅的第二座大厅——“奥林匹克大厅”，这是一座筒形拱顶的正方形大厅，因拱顶上的湿壁画描绘的是奥林匹斯山的众神而得名。向北通向后阳台花园，向东通向卢塞恩房间，向西通向小狗房间，向南则通向十字形大厅（图6-31）。在筒形拱顶的起脚处，艺术家沿着四壁以错视画技法描绘了一圈宝瓶形栏杆的眺台（图6-32），眺台里站着马克安东尼奥·巴巴罗的家人。东边是他的妻子、小儿子和一位老保姆以及他们的宠物——小狗和鹦鹉（图6-33），西边是他两个比较大的儿子以及他们的宠物——猴子和小猫（图6-34、图6-35）。这是一座上演有趣情节的剧场，所有的家庭成员都画成真人大小且十分逼真，高高地立在虚拟的剧场眺台上向下观望。而筒形拱顶中央则上演着神话剧——那个一身白衣、骑在一条龙身上的女子，据猜测是神的智慧[①]，在天光与云层之中，她伸出双手设定恒星运行的全部过程。至于男主人，向东望，穿过一个个真实的门洞，在套间尽端的墙壁上，打猎归来的男主人带着猎犬正得意地从纵深感极其深远的门外走进来（图6-36、图6-37）。的确，艺术家别出心裁的设计好玩又逗趣，建筑空间中处处隐伏着照镜子与捉迷藏之类的错觉游戏。

图6-30　保罗·委罗内塞，巴巴罗别墅小狗房间湿壁画，1560～1561年，马萨尔村，意大利

图6-31　保罗·委罗内塞，巴巴罗别墅奥林匹克大厅南墙湿壁画，1560～1561年，马萨尔村，意大利

---

① 参见Julian Kliemann, Michael Rohlmann. *Italian frescoes: High Renaissance and Mannerism, 1510-1600* [M]. New York · London: Abbeville Press Publishers, 2004: 36.

图6-32　保罗·委罗内塞，巴巴罗别墅奥林匹克大厅天顶湿壁画，1560~1561年，马萨尔村，意大利

图6-33～图6-35　保罗·委罗内塞，巴巴罗别墅奥林匹克大厅天顶湿壁画局部，1560～1561年，马萨尔村，意大利

图6-36　保罗·委罗内塞，猎人归来湿壁画，巴巴罗别墅奥林匹克大厅从东望，1560～1561年，马萨尔村，意大利

图6-37　保罗·委罗内塞，猎人归来湿壁画局部，巴巴罗别墅奥林匹克大厅从东望，1560～1561年，马萨尔村，意大利

最后，让我们来看看别墅中四处可见的、以错视画技法描绘的假窗及其窗外风景（图6-24、图6-25、图6-26、图6-28、图6-30、图6-38、图6-39）——蓝天、白云、森林、远山、古代废墟、林荫小道……它们与别墅窗外真实的风景交错并呈，改变了人们在建筑空间中的体验，偶尔闪现的日常生活场景——窗台上的刷子和鞋、圆柱后半隐半现的小狗、角落里卷起的旗帜和作战用的号角、长矛……为戏剧空间注入了浓浓的生活气息，共同营造一种轻松、欢快、幽默、风趣的氛围。

图6-38 保罗·委罗内塞，巴巴罗别墅酒神房间湿壁画，1560～1561年，马萨尔村，意大利

图6-39 保罗·委罗内塞，巴巴罗别墅酒神房间湿壁画局部，1560～1561年，马萨尔村，意大利

如果你是450多年前第一次造访这座别墅的客人，你一定会为建筑中魔术般的错视画所倾倒，你见到的人、动物、圆柱、阳台、门窗、风景……有些是真实的，有些竟是画出来的，尤其是在烛光闪烁的夜晚，你几乎无法分辨真假，这种经历对于每个人来说都非常有趣（great fun）且难忘。不得不承认，委罗内塞机智巧妙、出神入化的错视画的名声甚至盖过了帕拉第奥建筑的风头。如今，巴巴罗别墅是帕拉第奥众多建筑中游客最多的一座，这或许不得不归因于此。

6.3.2 历史剧场

除了生活剧，手法主义艺术家还通过描绘身着古装的人物来构筑历史剧场。如，乔尔乔·瓦萨里为坎榭列利亚宫（Palazzo della Cancelleria）百天室（Saladei Cento Giorni）所作的湿壁画（图 6-40、图 6-41，1546 年），描绘了教皇保罗三世的事迹——保罗三世任命红衣主教并分配封地（图 6-40）以及各国向保罗三世进贡（图 6-41）——艺术家通过侵入观者空间的层层台阶与逐渐延伸至远处的列柱，创造了一个虚构但可信的戏剧舞台，进而为观者制造了一种在场的强烈感受，似乎沿着这些台阶走上去，就可以直面保罗三世，甚至参与到历史故事之中。

再如，乔瓦尼·安东尼奥·福索罗为蒂姆（Thieme）的波尔图别墅（Villa da Porto）所作的壁画（图 6-42、图 6-43，约 1560~1565 年），在以柱廊建构的虚拟舞台空间中上演了克娄巴特拉（Cleopatra）的盛宴等一系列古代历史剧。同一题材到了巴洛克时代的画家乔瓦尼·巴蒂斯塔·提埃坡罗（Giovanni Battista Tiepolo，1696—1770）手里，则更见奢侈豪华、金碧辉煌（图 7-46，约 1750 年）。

至于在建筑空间中，选择描绘这些历史剧的原因，极有可能是出于说教的目的。依据保罗·科提西的观点，除了作为装饰的功能之外，绘画的功能还在于将历史教训置于观者眼前①，绘画与建筑都是政治与社会控制的一种潜在的形式。

图6-40　乔尔乔·瓦萨里，保罗三世任命红衣主教并分配封地，1546年，坎榭列利亚宫百天室壁面装饰，罗马，意大利

图6-41　乔尔乔·瓦萨里，各国向保罗三世进贡，1546年，坎榭列利亚宫百天室壁面装饰，罗马，意大利

---

① 参见 Julian Kliemann, Michael Rohlmann. *Italian frescoes: High Renaissance and Mannerism, 1510-1600* [M]. New York · London: Abbeville Press Publishers, 2004: 36.

图6-42　乔瓦尼·安东尼奥·福索罗，克娄巴特拉的盛宴、西庇阿的克制，约1560～1565年，波尔图别墅，蒂姆，意大利

图6-43　乔瓦尼·安东尼奥·福索罗，在马西尼萨前的索芳妮斯贝、穆奇乌斯·司凯沃拉，约1560～1565年，波尔图别墅，蒂姆，意大利

6.3.3 神话剧场

神话剧场同样出于说教的目的。上文提到的曼图亚泰宫的普赛克室，讲述了灵魂由于卑微的服役而被允许上升为神并获得幸福的故事。与之遥相呼应的巨人室（Sala del Giganti），则讲述了傲慢的天堂反叛者遭到神的严厉惩罚的故事。这两个房间一北一南，都由朱利奥·罗马诺装饰。在这两个房间中，观者将分别经历两种不同的审美体验——一种是以快感为基础的愉悦，一种是以痛感为基础、在痛感中夹杂快感的崇高。前面已经讨论过普赛克室，下面让我们来看看巨人室。

关于巨人室，瓦萨里在他著名的《名人传》中有如下精彩的描述："朱利奥富于想象力和创造力，为展示自己的才华，他打算在宫邸的一个拐角处建一个与上述那个描绘普赛克故事的房间相似的屋子，并使其墙壁与饰画相匹配，以使观众产生幻觉。因为这里地处沼泽，因此他打了双层深地基。在拐角处的上方，他建造了一个圆形房间，这个房间的墙壁非常厚实，这样房间外部的 4 个角就可以承受双层桶形拱顶的重量。接着，他在房间各个角落处建造了粗面石工的门、窗和壁炉，所有的粗面石仿佛是草率雕刻的，而且歪歪斜斜，似乎正向一边倾斜，大有一触即塌之势。完成这个风格怪异的房间后，朱利奥开始在里面绘制极其怪诞的装饰画面，即《朱庇特用雷电劈死巨人》。拱顶的最高处是天国，在这里可以看到用自下而上的透视短缩法绘制的朱庇特宝座，宝座位于一座由许多爱奥尼亚式圆柱支撑的圆形神庙内，宝座的正上方是华盖和朱庇特的鹰，所有这些事物都在云端。在较低处是愤怒的朱庇特正在用雷电击杀那些桀骜不驯的巨人，朱诺在他的下方助战。他们的四周是面貌奇特的风神，他们正在向地面吹风。女神俄普斯（Ops）和她的狮子听到令人胆战心寒的雷电声，急忙转过身去，其他诸神也是如此，站在马尔斯（Mars）身边的维纳斯更是花容失色。而摩摩斯（Momus）双臂伸出，似乎担心天国会塌下来，但他的身子却无法移动。美惠三女神也被这震耳欲聋的霹雳声吓坏了，她们旁边的时序女神（Hours）也胆战心惊。总之，所有神灵都急忙驱车逃命，月神、农神萨杜恩（Saturn）和雅努斯（Janus）为了躲避可怕的雷鸣，朝云层最薄处逃去；尼普顿（Neptune）和他的海豚在一起，同样准备逃命，他似乎要依靠他的三叉戟才能稳住自己的身体。帕拉斯（Pallas）和 9 位缪斯女神惊骇地站在那里，茫然无措，不知究竟发生了什么事情。潘（Pan）抱着一个吓得发抖的仙女，似乎要把她从熊熊大火和闪电中救出来；阿波罗站在太阳车里，时序女神正劝阻他不要前往。巴库斯、西勒努斯（Silenus）、萨梯和仙女都惊恐万状，伍尔坎（Vulcan）肩扛一把大铁锤，注视着正向墨丘利讲述这件事的赫拉克勒斯。在他们身旁是吓得发抖的波摩娜（Pomona）、维尔图姆努斯（Vertumnus）和其他在空中四散逃命的神灵。无论是站着的还是在空中飞翔的神灵，无不显示出极端恐惧之情，我想，不可能有比这幅画更动人心魄的作品了。

在这些画的下面，换言之，在拱顶弧拱之下的墙壁上，朱利奥描绘的是一些巨人，其中的一些巨人背负大山和肩扛巨石，他们打算把这些岩石层层叠加，建造一条通向天国的阶梯，就在此时，他们遭到了灭顶之灾：朱庇特雷霆震怒，整个天国也被巨人的行为激怒了，天国的众神灵对巨人们的鲁莽和傲慢极为不安，于是纷纷使用法力使岩石砸向巨人，整个世界也乱套了，一派世界末日的景象。我们看到布里阿柔斯（Briareus）躲在一个黑暗的洞穴里，几乎被一大堆山石掩盖，其他一些巨人横七竖八地躺在地上，其中的一些巨人被山石的碎片砸死。还有一些巨人正试图通过一个黑暗岩洞的裂缝（透过这个裂缝可以看到远处的一幅美丽的风景）逃生，但却被朱庇特的闪电击中，仆地而死，和其他巨人一样，他们也将免不了被岩石埋葬的命运。朱利奥在另一个部分描绘的是其他一些巨人，他们在坍塌的神庙、柱子等的袭击下纷纷丧命。在这些建筑的废墟中赫然挺立着一个房间的壁炉，炉火被点燃，就像是巨人在燃烧一样；这里还有普鲁托（Pluto），他正驾着由几匹瘦马拉着的马车，与复仇女神（Furies）一起向画面中央逃去。这样，朱利奥既借助火光紧扣了故事主题，又为壁炉增添了一个漂亮的装饰。

另外，为了增加画面的恐怖气氛，朱利奥还着力刻画了巨人倒地的种种姿态，画中的巨人被雷电击中，纷纷仆倒在地上，其中的一些在前面，一些在后面；一些丧命，一些遭受重创，还有一些埋在山石和废墟之下。可以说，人们从未看到过比这更恐怖、更逼真的场景了。任何人只要走进这间屋子，看到这些摇摇欲坠的门窗和其他破碎的部分，看到剧烈摇动的高山和废墟，都会情不自禁地担心画中的东西会向自己袭来，当他看到天国的神灵四处溃逃的景象后，这种恐惧感就愈加强烈。但最让人惊奇的是这些画面既无开头，也无结尾，也不存在突如其来的中断，而是环环相扣，也没有分割画面的饰带或饰边，因此，靠近建筑的物体显得非常大，远处风景中的物体逐渐变小，最终消失。这座不超过 15 布拉恰（约 9 米）长的房间给人的感觉就像是一个开阔的乡村。地板由许多鹅卵石平整地铺砌而成，墙壁下部也绘着类似的卵石，因而壁角并不明显，这使整个平面浑然一体，就像一个完整的大空间。这是朱利奥非凡的判断力和精湛技巧所取得的绝妙效果，所有艺术家都应感激他这些别出心裁的创意。”[①]

① 引自（意）乔尔乔·瓦萨里．意大利艺苑名人传·巨人的时代（上）[M]. 刘耀春，毕玉，朱莉译．武汉：湖北美术出版社、长江文艺出版社，2003: 396–398.

的确，这可说是迄今为止所仅见最震撼人心、最匪夷所思、最富于强烈的刺激性与戏剧性的神话剧场。在此，用鹅卵石铺砌的地面（图 6-44），形成简单的单元重复，不禁令我们想起饰有美杜莎之头的古罗马马赛克镶嵌地面（图 3-7），但相比之下，则更见疯狂，仿佛地底深处有一股巨大的吸力，整个地面正被它吸入，形成不断旋转着向下的巨大漩涡。天顶则采用从下向上仰视的极端透视视角描绘（图 6-45），向上的错觉扩张与向外的错觉扩展相结合，朱利奥狂飙似的错视画设计消融了建筑空间的真实界线，

图 6-44　朱利奥・罗马诺，巨人室湿壁画装饰，1532～1534 年，泰宫，曼图亚，意大利

图6-45　朱利奥·罗马诺，巨人室湿壁画装饰，1532～1534年，泰宫，曼图亚，意大利

故事情节从地面经壁面直抵最高的天顶，上演了一出世界末日灾难降临的神话剧。当观者进入“剧场”，站在风暴的中心时，只觉天旋地转，风起云涌，整个世界正在碎裂，并从四面八方坍塌在观者身上，巨石呼啸、电闪雷鸣、山崩地陷、洪水横流……地面不断下陷，仿佛张开的巨口，要将观者吞噬……（图 6-46～图 6-49，1532～1534 年）身临如此恐怖的末日错觉，观者能不两股战战，变色逃走？

手法主义的要义是惊世骇俗，而朱利奥的确做到了，巨人室不愧为手法主义最酣畅淋漓的一次本色出演！

总之，自文艺复兴盛期以来，艺术的发展出现了两种不同的倾向，一种是塞利奥、帕拉第奥等人开创的、专注建立古典规范的倾向；而另一种则是米开朗琪罗开创的、专注打破古典规范的倾向。前一种倾向发展出了追求严谨、墨守成规的古典主义；而后一种倾向则发展出了追求独特、炫耀机智、标新立异的手法主义。手法主义进一步发展，则产生了巴洛克、洛可可。

图6-46　朱利奥・罗马诺，巨人室湿壁画装饰细部，1532～1534年，泰宫，曼图亚，意大利

图6-47　朱利奥・罗马诺，巨人室湿壁画装饰细部，1532～1534年，泰宫，曼图亚，意大利

图6-48　朱利奥·罗马诺，巨人室湿壁画装饰细部，1532～1534年，泰宫，曼图亚，意大利

图6-49　朱利奥·罗马诺，巨人室湿壁画装饰细部，1532～1534年，泰宫，曼图亚，意大利

第七章　巴洛克：幻觉的巅峰

整个世界是个舞台，所有的男男女女不过是其上的演员罢了。

*——莎士比亚*①

正是艺术家的优秀卓越使得虚构的、欺骗的景色看起来真实可信。

*——乔凡尼·保罗·洛马佐*②

他们以为我只知道他们的面部特征，其实我早就深入到他们的五脏六腑里，他们却丝毫不知道，我是把他们全盘端出来的。

*——德·拉图尔*③

“巴洛克（Baroque）”一词源于葡萄牙语 barroco，意思是“畸形的珍珠”，它是后世的艺术理论家发明的，用来批评不符合古典规范的艺术风格，与“哥特式”、“手法主义”等术语一样，带有贬低、轻蔑的意味。

巴洛克艺术起源于罗马，通常被认为是反宗教改革的产物。率先倡导反宗教改革运动的耶稣会士刻意用巴洛克奔放的风格来征召“人类最戏剧性的才华为宗教服务。”④这种风格冲破了文艺复兴艺术家所追求的和谐与宁静、清晰与完美，在手法主义的基础上进一步发展，表现出强烈的动感与激情，夸张与冲突、反逻辑与反理性，充满了尼采在《悲剧的诞生》中所谓的酒神精神，以其无比欢快、强烈的视觉冲击，奢华、壮丽、金碧辉煌的美学，近乎卖弄的透视法和光影描绘，为观者营造了一个个想象丰富、扑朔迷离、波谲云诡的空间幻觉。这一时期，运用最有效的手段实现最大程度的欺骗的能力成为界定最优秀画家的依据，正如画家与理论家乔凡尼·保罗·洛马佐（Giovanni Paolo Lomazzo，1538—1592）所指出的，凭借透视，画家能够将他的幻想、随想以及突发的

---

① 引自（美）吉姆·帕特森，吉姆·亨特，帕蒂·P·吉利斯佩，肯尼斯·M·卡梅隆．戏剧的快乐 [M]. 北京：人民邮电出版社，2013: 13.

② 引自 Steffi Roettgen. *Italian Frescoes: The Baroque Era, 1600-1800* [M]. New York · London: Abbeville Press Publishers, 2007: 9.

③ 转引自邵亮．巴罗克艺术 [M]. 石家庄：河北教育出版社，2003: 158.

④ 引自（英）派屈克·纳特金斯．建筑的故事 [M]. 杨惠君等译．上海：上海科学技术出版社，2001: 204.

奇想转变为绘画，[1]创造错觉，而错觉能使真实琐碎变得宏伟壮丽。[2]于是，建筑界面转变为壮观的错视画作品，不仅欺骗那些凝视它们的观者的眼睛，而且意欲提升他们的灵魂，混淆真实与虚构的边界，进而将错视画这种艺术形式推向了幻觉的巅峰。对于一切热爱美好艺术的观者来说，这一时期基于建筑界面的错视画艺术呈现出一种全新的品质，其奢侈恢宏的规模与强烈夸张的程度都令之前的错视画望尘莫及，其无与伦比的视觉冲击令人久久难以平静。

7.1 全新的宇宙观与审美观

在欧洲，16 和 17 世纪是极为动荡的时期，这个时期的关键词是：宇宙探索、科学革命、地理大发现、殖民扩张、宗教改革、反宗教改革以及冒险、传教、梦幻与寻欢作乐……

1543 年，哥白尼（Nicolaus Copernicus，1473—1543）的《天体运行论》发表，标志着科学革命的开端。当时居于统治地位的"地心说"认为，地球是宇宙的中心且静止不动，日月星辰皆围绕地球旋转。哥白尼的"日心说"批判了"地心说"，认为太阳而非地球才是宇宙的中心，地球与其他行星皆围绕太阳旋转，从而引发了人类宇宙观有史以来最为重大的变革。

然而，"日心说"并不完善，之后的科学家们对"日心说"展开了批判，并根据观察事实来加以验证，逐步揭开了宇宙的神秘面纱。布鲁诺（Giordano Bruno，1548—1600）纠正了哥白尼关于太阳是宇宙中心的观点，提出宇宙是无限的，由无数星系构成，太阳系只是无限宇宙中的一个天体系统。开普勒（Johannes Kepler，1571—1630）则批判了哥白尼关于行星围绕太阳作匀速圆周运动的观点。在大量的天文观测资料的基础上，开普勒运用数学来研究行星的运行轨道，揭示出行星的运动轨道是椭圆而非圆形，并且速度有快有慢，并非匀速。这就极大地动摇了古典美学的根基——均衡与匀称。于是，全新的宇宙观催生出全新的审美观（对比第五章 5.3 圆与方：建筑空间的完美模式）。

---

① 引自 Julian Kliemann, Michael Rohlmann. *Italian frescoes: High Renaissance and Mannerism, 1510-1600* [M]. New York · London: Abbeville Press Publishers, 2004: 21.

② 引自 Julian Kliemann, Michael Rohlmann. *Italian frescoes: High Renaissance and Mannerism, 1510-1600* [M]. New York · London: Abbeville Press Publishers, 2004: 9.

在全新的审美观的支配下，建筑表现出一种喧哗与骚动的特质。这一点，我们从公认的第一座巴洛克建筑——罗马的耶稣会教堂（图 7-1，Il Gesù，1568～1575 年）立面可见一斑，其巨大的涡卷饰、反理性的断山花、造成节奏丰富变化的双壁柱……一反古典的和谐宁静，呈现出骚动不宁的态势。这一两层楼式的立面后来被耶稣会作为榜样在各地普遍推广，经历了数十年的发展，到了马丁诺·隆吉（Martino Longhi）设计的圣维桑和圣阿纳斯塔斯教堂（SS. Vincenzo ed Anastasio，1646～1650 年）立面（图 7-2），则可以说达到了夸张的顶峰：柱式被当作纯粹的装饰而完全不顾结构逻辑，竟然采用 3 棵科林斯式独立柱一组的自由组合，顶部三重断山花嵌套在一起：大三角形、小三角形与弧形山花逐层向前突出，繁复的雕饰不受建筑框架的限制，渗透到建筑中，与建筑融为一体，整个立面仿佛经历了一场大动荡，断裂、冲突、穿插、渗透、扭曲、重组……

图7-1　维尼奥拉与波尔塔，耶稣会教堂正面，1568～1575年，罗马，意大利

图7-2　马丁诺·隆吉，圣维桑和圣阿纳斯塔斯教堂正面，1646～1650年，罗马，意大利

如今，文艺复兴时期所推崇的建筑的完美模式——静态、清晰的正方形与圆形被摒弃了，取而代之的是旋转而灵活的椭圆形、弧形、波浪形……其中椭圆形作为天体运行的轨迹，因具有一种向外膨胀的运动感，带有明显的方向性，成为巴洛克建筑最钟爱的形式，许多建筑都采用了椭圆形形式，如公认的巴洛克建筑代表作、弗朗西斯科·波洛米尼（Francesco Boromini，1599—1667）设计的四喷泉圣卡罗教堂（San Carlo alle Quattro Fontane，图7-3，1638～1667年）与吉安·洛伦佐·贝尔尼尼（Gian Lorenzo Bernini，1598—1680）设计的圣安德烈教堂（S. Andrea del Quirinale，图7-5，1678年），两者均采用了椭圆形平面。四喷泉圣卡罗教堂（图7-4）波浪起伏的体形，充分地表达了运动感，而圣安德烈教堂（图7-6）则以其无处不在的圆弧形与巨形夸张的涡卷饰，再次有力地宣布了巴洛克建筑的特质。至于贝尔尼尼为巴黎卢浮宫设计的方案（图7-7，1664～1665年），则可说是这种喧哗与骚动特质的一次庄严宏伟的放大。然而，也正因如此，被认为不切实际而未被采用。

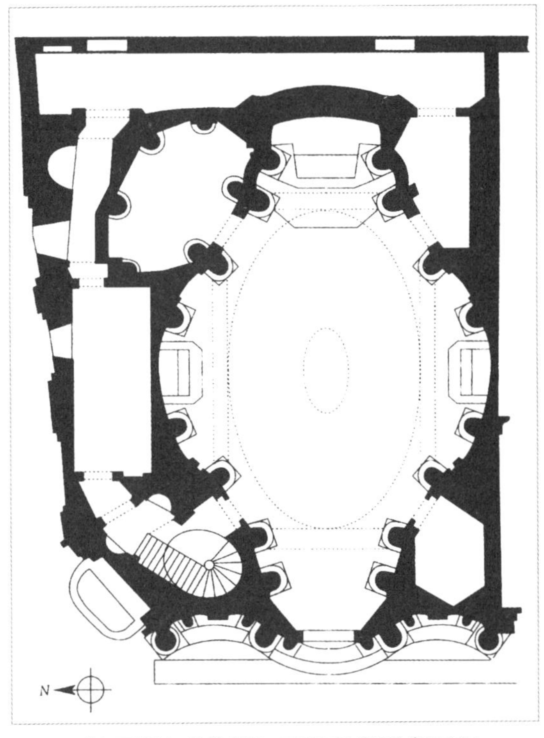

图7-3　弗朗西斯科·波洛米尼，四喷泉圣卡罗教堂平面图，1638～1667年，罗马，意大利

图7-4　弗朗西斯科·波洛米尼，四喷泉圣卡罗教堂，1638～1667年，罗马，意大利

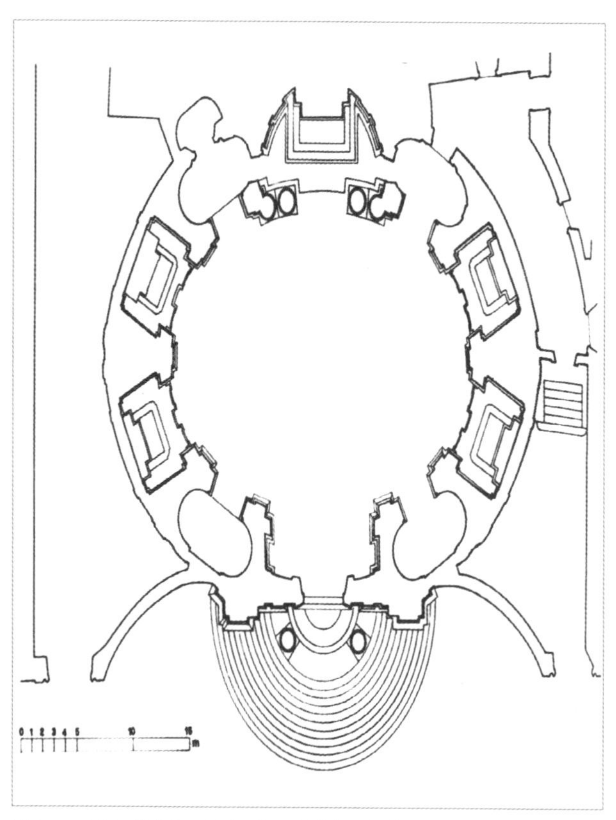

图7-5　吉安·洛伦佐·贝尔尼尼，圣安德烈教堂平面图，1678年，罗马，意大利

图7-6　吉安·洛伦佐·贝尔尼尼，圣安德烈教堂，1678年，罗马，意大利

图7-7　吉安·洛伦佐·贝尔尼尼，巴黎卢浮宫主透视第一方案，1664～1665年，卢浮宫，巴黎，法国

7.2 包罗万象的收藏

自文艺复兴以来，收藏几乎成为一种普遍的癖好。从王室、贵族到文人、学者，甚至普通百姓，无不以收藏为乐。就收藏的范围而言，则有不断扩大的趋势。文艺复兴早期，收藏的范围还主要限于古物（古代雕像与石雕残片等），当时的画廊仅用于收藏和展示雕塑。后来，绘画也成为收藏品，画廊则不仅收藏、展示雕塑，也开始收藏、展示绘画。绘画通常一幅紧挨着一幅满铺满盖地排列在画廊墙面上。到了 17 世纪晚期和 18 世纪，这种挂满画的画廊，几乎成为宫殿、贵族府邸规划的标准要素。实例如罗马的科隆纳画廊（图 7-8，约 1675 年）和红衣主教贡扎加别墅画廊（图 7-9，约 1740 年）等。

不仅绘画，后来连古书、古钱币、盔甲、武器、金银首饰……也成为收藏的对象。15 世纪末期，航海技术的突破推动了地理大发现，欧洲人惊异于新世界的广大与多元。1499 年，亚美利哥・维斯浦奇（Amerigo Vespucci）满怀敬畏之情地描述了新世界里的植物群："这些树如此漂亮和芬芳，以致我们认为来自天堂里。树或果实好像并非是我们地球的一部分。"[①]于是，境外奇珍也成为人们收藏的重要内容。17 世纪，科学革命促使科学观念深入人心，更激发了学者的研究兴趣和收藏家的热情，他们开始从世界各地广泛搜集各种动植物及矿物标本来丰富和充实收藏。

图7-8　科隆纳画廊，约1675年，罗马，意大利

图7-9　红衣主教贡扎加别墅画廊，约1740年，G.P.潘尼尼（G.P.Pannini）绘于1749年

① 引自（美）丹尼斯・谢尔曼，乔伊斯・索尔兹伯里．全球视野下的西方文明史：从古代城邦到现代都市 [M]. 陈恒，洪庆明，钱克锦等译．上海：上海三联书店出版社，2011: 560.

“博物馆（Museum）”一词源自希腊语“mouseion”，原意指供奉缪斯女神（Muses）的神殿，最早出现于16世纪。在此之前，人们习惯于称那些收藏珍奇之物的场所为“珍物柜”或“奇珍室”，其英语形式是the cabinet of curiosities，其法语形式是le cabinets de curiosité。这些奇珍室“常常被其创立者理解为大千世界中遥远国度及过去岁月的微观缩影”，作为经验知识的一种框架成为“微观宇宙”。[①]一间典型的“奇珍室”具有如下空间形态：它是一个由在四壁摆满了特制的橱柜（兼具储存与展示功能）而围合起来的空间，除此之外（除了必要的门与窗），包括天花板在内的其余空间，都被用于展示、陈列、摆放和悬挂来自于迥然不同的时间和空间背景的收藏品。它们中既有古代艺术品、人工制品，也有自然科学实物——岩石标本、珊瑚、贝壳、动植物标本，还有来自各大洲反映民俗民风的珍稀物品，包罗万象，应有尽有。正如伊文思（R. J. Evans）评论16～17世纪之交欧洲最著名的奇珍室——神圣罗马帝国皇帝鲁道夫二世（Emperor Rudolf II）的收藏——时所说，它们起到了一种“理想而完满的棱镜”的作用，“折射了大千世界的无奇不有。”[②]

1539年，保罗·乔未奥（Paolo Giovio）首次将他在科摩（Como）的收藏写作“Musaeum”。[③]此后，“Museum”一词即意味着收藏。依据现存的图像来看，17世纪的收藏尽管包罗万象、杂处一室，但都是在有序整理后加以展示的（图7-10、图7-11）。

图7-10　因佩拉脱的博物馆，那不勒斯，1599年

图7-11　加尔切欧拉里博物馆，维罗纳，1622年

① 引自曹意强．美术博物馆学导论[M]. 杭州：中国美术学院出版社，2008: 19.
② 参见李军．可视的艺术史：从教堂到博物馆[M]. 北京：北京大学出版社，2016: 64.
③ 引自Pevsner Nikolaus. *A History of Building Types* [M]. Princeton: Princeton University Press, 1976: 111.

这些画廊、珍物柜、奇珍室、博物馆可以被视为“一种以微观的方式笼括万有、便于君主据之可以象征性地声称对整个自然和人类世界拥有统摄权的企图”[①]。有鉴于此，它们作为财富、地位、知识与品位的象征，成为错视画艺术家热衷模仿的对象，在错视画艺术的发展史中扮演了重要的角色。

阿尼巴尔·卡拉奇（Annibale Carracci，1560—1609）为红衣主教奥多拉多·法尔内塞（Odoardo Farnese）用于收藏雕像的画廊所作的天顶画（图 7-12～图 7-17，1600 年），以高超的错视画技法描绘了带有镀金画框或灰墁画框的画中画、男像柱、青铜浮雕等，神奇地将筒形拱顶转变为艺术珍品的荟萃之所，并完美地呼应了画廊空间中的艺术藏品，使得上下浑然一体，忻合无间。而角落里宝瓶形栏杆之后透出的小片蓝天（图 7-16、图 7-17）则使闭塞的拱顶展露出些许无限的消息。特别值得注意的是这些带画框的画，卡拉奇以湿壁画媒介在天顶上完美地模仿了油画媒介及其画框，它们如此逼真，仿佛是从画廊的墙壁上一幅幅被搬运到天顶上一样。术语“Quadroriportato”（意大利短语，意思是“搬运的绘画”）即指这样的画。在此，卡拉奇创造了一个结构复杂的、分层的框架体系，在观者的头顶上呈现了一个华丽的艺术品世界，面对如此恢宏的艺术展现

图7-12　阿尼巴尔·卡拉齐，法尔内塞画廊天顶画，1600年，法尔内塞宫，罗马，意大利

图7-13　阿尼巴尔·卡拉齐，法尔内塞画廊天顶画，1600年，法尔内塞宫，罗马，意大利

① 引自李军．可视的艺术史：从教堂到博物馆 [M]. 北京：北京大学出版社，2016: 65.

图7-14　阿尼巴尔·卡拉齐，法尔内塞画廊天顶画局部，1600年，法尔内塞宫，罗马，意大利

图7-15　阿尼巴尔·卡拉齐，法尔内塞画廊天顶画局部，1600年，法尔内塞宫，罗马，意大利

图7-16　阿尼巴尔·卡拉齐，法尔内塞画廊天顶画局部，1600年，法尔内塞宫，罗马，意大利

图7-17　阿尼巴尔·卡拉齐，法尔内塞画廊天顶画局部，1600年，法尔内塞宫，罗马，意大利

效果，我们不禁震撼不已。据说，正是因为法尔内塞画廊的天顶画，卡拉奇被他的同代人奉为米开朗琪罗与拉斐尔的竞争对手。[12]

然而，这样的天顶画设计是极不合理的。依据万有引力定律，这些被“搬运”到天顶上的、带有沉重画框的绘画本该落下来砸到观者，因而很难让人信以为真。拉斐尔在法尔内西纳别墅凉廊所作的天顶画（图 5-46）则巧妙地回避了这一问题。其解决方案是将历史事件的绘画（采用平视透视描绘）转移到天顶上时，使之看起来仿佛悬挂于花环之间的织锦挂毯，这种方式是令人信服的，因而倍受推崇。例如彼德洛·科尔托纳（Pietro de Cortona，1596—1669）为罗马的马太宫（Palazzo Mattei di Giove）画廊拱顶所作的天顶画（图 7-18，1622～1623 年），以模仿的织锦挂毯的方式描绘了所罗门王（Solomon）的故事，并由彼得·保罗·邦奇（Pietro Paolo Bonzi，1576—1636）所作的虚构的粉饰灰泥豪华装饰框起来。

模仿的织锦挂毯可以视为“搬运的绘画”的变体，由于壁面装饰织锦挂毯比描绘的画面更加昂贵，且显得格外丰富华美，因而极受欢迎。实例如吉恩·布朗（Jean Boulanger）及其工作室为酒神画廊（Galleria di Bacco）所作的湿壁画（图 7-19，1650～1652 年），画家以湿壁画媒介绝妙地模仿了织锦挂毯的错视画效果，从而为画廊空间平添几分奢华的气质。

图7-18　彼德洛·科尔托纳与彼得·保罗·邦奇，马太宫画廊拱顶天顶画，1622~1623年，罗马，意大利

图7-19　吉恩·布朗及其工作室，酒神画廊湿壁画，1650～1652年，摩德纳（Modena）附近的萨索罗（Sassuolo），意大利

① 参见 Vernon Hyde Minor. *Baroque and Rococo: Art and Culture* [M]. Laurence King Publishing, 1999: 26.

以错视画形式模仿的珍物柜或奇珍室，表达了主人的教养与社会的身份，在17世纪力量不断上升的中产阶级圈子里尤其受欢迎。多梅尼科·里姆斯（Domenico Remps，约1620—约1699）所作的《珍物柜》（图7-20，17世纪下半叶）展现了一位收藏家所偏爱的事物——绘画、徽章、镜子、人头骨、水晶球、珊瑚、甲虫以及贝壳……在这幅画中，艺术家充分展现了高超的错视画技术，打开的橱柜门、碎裂的窗玻璃以及侵入观者空间的水果刀、向后延伸的橱柜空间……每一处细节都达到了极致的逼真与完美。这幅画是画在油画布上的，然后沿外轮廓剪切下来，可以裱到任何界面上。在这里，艺术家不仅仅描绘错觉，还展现了收藏的乐趣以及生命本身，怀表、碎裂的玻璃以及人头骨都暗示了人生的无常与易逝。类似的画作还有约翰·格奥尔格·欣茨（Johann Georg Hinz）描绘的一系列为收藏丹麦国王的珍宝而定制的柜子（图7-21，1666年）。它展示了财富——从刻有国王名字的玻璃杯到珍宝，从贵重的贝壳到雕刻花瓶。一个人头骨提醒我们人间财富的短暂与虚无，既然艺术家所采用的错视画技法使它们看起来如此真实。这幅画可能挂在留作皇家收藏展览的场所，意图通过它那虚拟

图7-20　多梅尼科·里姆斯，珍物柜，17世纪下半叶，画布油画，98.5厘米×135厘米

图7-21　约翰·格奥尔格·欣茨，珍物柜，1666年，画布油画，114厘米×93厘米，汉堡艺术画廊，德国

图7-23　亚历山大-伊西多尔（Alexandre-Isidore Leroy de Barde，1777—1828），鸟类收藏，1810年，126厘米×90厘米，卢浮宫，巴黎，法国

图7-22 阿尔伯特·艾克哈特，霍夫罗斯尼兹宫宴会厅绘画，完成于1680年，德累斯顿附近拉德博伊尔（Radebeul），德国

的真实和欺骗性的图像的双重性质来使观者眼花缭乱和惊讶不已。①

17 世纪，科学已经开始系统地记录植物群与动物群。许多艺术家遵循这种系统记录所要求的“模仿自然”的原则来绘画。荷兰艺术家阿尔伯特·艾克哈特（Albert Eckhout，约 1610—1665）1633～1664 年在巴西旅行，完成了几千张素描，为研究新大陆的自然史做出了重要的贡献。他为霍夫罗斯尼兹宫（Hoflossnitz）的宴会厅所画的 80 幅表现巴西鸟类的布面油画，镶嵌于天顶隔板之中（图 7-22），仿佛将收藏各种鸟类标本的珍物柜（图 7-23）搬运到了天花板上，从而将宴会厅转变为一个包罗万象的奇珍室。它展现了夏宫主人——维廷王朝（Wettin）的选帝侯约翰恩·乔戈一世（Hohann Georg I）对异国情调的无比热爱，同时也是巴洛克时代国王宽阔的视野和世界观的深刻见证。②

① 参见 Miriam Milan. *The Illusions of Reality: Trompe-L'oeil Painting* [M]. London: Skira, 1982: 47.

② 参见（德）罗尔夫·托曼 . 巴洛克艺术：人间剧场艺术品的世界 [M]. 李建群，赵晖译 . 北京：北京出版集团公司、北京美术摄影出版社，2014: 335-338.

7.3 感官的盛会：透视与光影的狂欢

带着无尽的矛盾，世界作为舞台这一隐喻弥漫在整个巴洛克时代。没有人比卡尔德隆·德·拉巴尔卡（Calderon de La Barca）更准确地捕捉到巴洛克时代的精神。他的寓意剧《伟大的世界剧场》于1645年演出，在其中，这位西班牙剧作家将古代的俗话“生活是一场戏”运用于他的时代。人类在天父、天神面前像一个演员一样表演。他们表演的戏剧便是自己的生活，他们的舞台就是整个世界。在整个剧中，“世界”提供给每个演员适合他或是她身份的道具，无论是国王还是乞丐。演员穿过一个门进入舞台，即“摇篮”，通过另一个门而退出，即“坟墓”。[①]

既然生活是一场戏，那么，喧哗与骚动的巴洛克建筑本质上就是一座座容纳戏剧演出的“剧场”，在这些“剧场”中，巴洛克艺术上演着一场场感官的盛会。而要理解巴洛克艺术的极端戏剧性，必须从贝尔尼尼说起。

在17世纪的艺术家中，贝尔尼尼是最重要的灵魂人物之一，正是他定义了巴洛克。他的一生接受过来自教皇、主教、宗教组织以及最富有的贵族的各种委托，几乎无所不能。依据英国日记作家约翰·伊夫林（John Evelyn）的叙述，贝尔尼尼“为一场公开的歌剧演出绘制布景、制作雕像、发明器械、创作音乐、写作喜剧，并建造了剧场。”[②]1637年，他上演了一部名为《两家剧场》（De'due teatri）的幕间剧。当幕布升起，观众看到舞台上另一批观众正在盯着真正的观众。两个演员分别面向两边的观众说出开场白。幕布降下，当幕布再次升起，人们看到那些虚构的观众在月光与火炬光中回家。然而，结局却是马背上的死神，死神“切断了所有喜剧的线索”。[③]在这里，精心设计的感官游戏达到了诡异幻觉的极致。

在罗马胜利圣玛利亚教堂的科尔纳罗礼拜堂（Cornaro Chapel in Santa Maria della Vittoria，图7-24，1645～1652年）中，贝尔尼尼更是充分调动了各种艺术手段——建筑、雕刻、舞台设计与湿壁画，诉诸各种感官，创造出一个富有强烈感染力的神圣剧场：在向外鼓胀的彩色大理石神龛打造的舞台中，贝尔尼尼采用雕塑的形式，上演了“极乐忘我的圣特雷莎（Theresa）”一剧，表现的是圣特雷莎的神秘幻觉——上帝的一位天使用一枚带火的金箭刺入她的心脏，拔出金箭的一瞬间，她感到极度痛苦，但同时又感到极度快乐，正处于一种狂喜与神秘的销魂的冲击之中，她闭上眼睛，微微地张开嘴，仰起脸来沐浴在一

---

① 参见（德）罗尔夫·托曼．巴洛克艺术：人间剧场艺术品的世界 [M]．李建群，赵晖译．北京：北京出版集团公司、北京美术摄影出版社，2014: 18.

② 引自 Vernon Hyde Minor. *Baroque and Rococo: Art and Culture* [M]. Laurence King Publishing, 1999: 84.

③ 参见 Pevsner Nikolaus. *A History of Building Types* [M]. Princeton: Princeton University Press, 1976: 71.

片来自天堂的光芒之中。而她那缥缈的天堂幻象则被托付给天顶湿壁画。画面正中，圣灵鸽发出灿烂耀眼的金色光芒，云团之上，天使唱诗班正在歌唱，湿壁画突破了建筑的边界汹涌而下，整座礼拜堂都笼罩在一片奇迹般的光芒之中。这片金色的光芒延续了来自礼拜堂后墙上方的小窗户倾泻而下的光线，在雕像后方转化为采用金属束制成的围屏，有力地烘托了舞台上这一戏剧性的瞬间。整个场景充满动感，墙上和柱子上精致的大理石花纹仿佛烈焰在燃烧，云彩与衣裙缠绕、回旋增强激情与运动的效果。舞台两侧的包厢里，赞助人红衣主教和科尔纳罗家族成员正在观看演出，包厢连同其中的人物都是雕塑，而包厢的深度幻觉则运用透视原理以浅浮雕的形式呈现出来（图7-25、图7-26）。文艺复兴时期建筑与雕塑、绘画的清晰界限被打破了，在这里，它们相互渗透、相互交织，融合为一个整体，混淆了真实与幻觉的界限，共同创造出戏剧性辉煌的幻觉效果。

图7-24　吉安·洛伦佐·贝尔尼尼雕塑，圭多·乌巴尔多·阿巴提尼（Guido·Ubaldo Abatini）湿壁画，1645～1652年，科尔纳罗礼拜堂，胜利圣玛利亚教堂，罗马，意大利

图7-25　吉安·洛伦佐·贝尔尼尼，展现了科尔纳罗家族成员的侧墙，1645～1652年，科尔纳罗礼拜堂，胜利圣玛利亚教堂，罗马，意大利

图7-26　吉安·洛伦佐·贝尔尼尼，展现了科尔纳罗家族成员的侧墙，1645～1652年，科尔纳罗礼拜堂，胜利圣玛利亚教堂，罗马，意大利

7.3.1 幻境的奇观

17 世纪，基于透视与光影的各种新可能性的探索，术语“Quadratura”诞生了。“Quadratura”是意大利语，可以译为“错觉建筑绘画”，尤指天顶画，指艺术家以其完美的错视画技法，运用极端仰视透视与光影气氛烘托，设法延续真实的建筑空间，使墙壁和天顶消失，进而创造出的整体恢宏的幻境。

安德烈·波佐（Andrea Pozzo，1642—1709）是继贝尔尼尼之后，另一位杰出的巴洛克艺术大师，“错觉建筑绘画”的集大成者，以善于虚构复杂的透视（图 7-27）著称，他还著有一部专门研究建筑绘画的书——《画家和建筑师的透视学》（*Perspectiva Pictorum et Architectorum*），第一版出版于 1693～1698 年，由于解释得十分清楚，并配有容易理解的插图，因而反复再版与重印，甚至被翻译成汉语，[①]具有广泛的影响力，书中有一幅素描（1693～1998 年，图 7-28），是他虚构的一个穹顶内景，他借助于透视学精确地建构了一个令人如此信服并且充满了逼真细节的穹顶内景，以至于每个看到它的人都会认为它是临摹自某个现存的穹顶。而他作于罗马圣伊尼亚齐奥（St Ignazio）教堂平顶上的金色穹顶则是其透视理论研究的实践。1642 年，圣伊尼亚齐奥教堂的赞助人路德维希家族（the Ludovisi）与耶稣会产生争议，于是不再赞助教堂修建计划中的穹顶。而对当时的人们而言，穹顶是天堂的象征，如果没有穹顶，教堂的艺术感染力将极度削弱。波佐的解决方案无比智慧且十分大胆——他以高超的错视画技法在十字交叉处天

图7-27　安德烈·波佐，圣弗朗西斯·泽维尔的荣光（Glory of St Francis Xavier），1676～1678年，耶稣教堂（Chiesa del Gesù），蒙多维（Mondovi），意大利

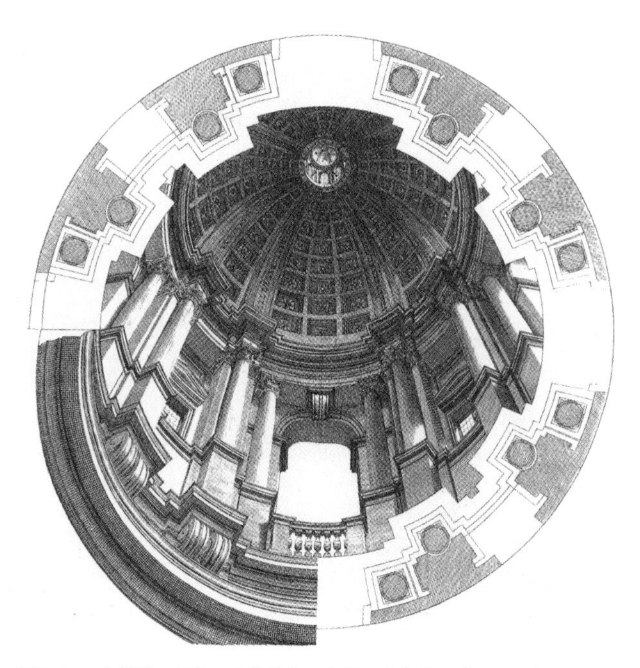

图7-28　安德烈·波佐，虚构的穹顶内景，选自他的《画家和建筑师的透视学》（1693～1698年）

① 参见 Steffi Roettgen. *Italian Frescoes: The Baroque Era, 1600-1800*[M]. New York · London: Abbeville Press Publishers, 2007: 10.

顶上描绘了一个直径达17米的金色穹顶（图7-29）来代替真实的穹顶。教堂的地面上则设置了一个黄铜标盘，站在这个最佳视点仰头观看，将看到一个闪闪发光、从底到顶光线渐增的、无比真实的穹顶幻象，真可谓空间奇迹！此外，波佐在教堂内一间长方形客厅的筒形拱顶之上的天顶画——《圣伊尼亚齐奥的荣光》（1691～1694年，图7-30），更是被公认为巴洛克艺术天顶画的杰作之一，较之科雷乔的《圣母升天》，无疑更加具有舞台戏剧性的效果，且在错觉性的空间建构方面更进一步：科雷乔仅仅通过缭绕的云朵来完成从室内天顶向室外天空的过渡，多少显得有些突兀、不合情理，而波佐则通过以透视短缩法描绘的建筑意象——画中的圆柱延续了客厅里真实壁柱的透视线向上延伸，冲破了天顶直入云端，数百个色彩缤纷的人物形象正向着天堂飞升，画面中心是圣伊尼亚齐奥背负十字架升入光辉灿烂的天国的景象。当你站在波佐在地面上标出的最佳视点仰望此画时，一种此间大

图7-29　安德烈·波佐，圣伊尼亚齐奥教堂金色穹顶错视画，1691～1694年，罗马，意大利

图7-30　安德烈·波佐，圣伊尼亚齐奥的荣光，1691～1694年，圣伊尼亚齐奥教堂中厅湿壁画，罗马，意大利

厅正是圣者灵魂升天通道的感觉油然而生，通道的尽端光芒四射照亮了四壁，给人以神秘、不可思议的心理感受，甚至连观者自己都感觉将要拔地而起，直欲向天堂飞去……

与波佐同时代的画家乔瓦尼·巴蒂斯塔·高里（Giovanni Battista Gaulli，1639—1709）早几年前在罗马的耶稣会教堂天顶画了一幅非常类似的作品《耶稣圣名礼赞》（图7-31，1672～1685年），圣名用放光的字母刻在中央，四周围着无数有翼小童（cherub）、天使和圣徒，个个狂喜地凝视着那光线，而一群恶魔或者堕落的天使被整批赶出天界，表现出绝望的样子。拥挤的场面似乎要冲破天花板的边框，天花板上到处都是云彩，载着圣徒和罪人直奔教堂而来。用贡布里希的话说就是“艺术家想使我们在画面冲破边框的情况下茫茫然而不知所措，结果我们就再也分辨不出哪儿是现实，哪儿是错觉了。”①然而，与科雷乔的《圣母升天》的情形一样，真实的空间与虚构的空间之间缺乏连接，因而，显得有些突兀了。

波佐充满激情的“神圣剧场”后来作为巴洛克时期建筑装饰的样板，在意大利、奥地利、匈牙利、德国等地广为传播。朱利奥·班索（GiulioBenso，1810—1861）作于圣母领报圣殿（Santi Annunziata del Vastato）的天顶画（图7-32）即是其翻版——利用错视画技法延续建筑空间，将唱诗班与半圆形后殿的拱顶转变为上演圣母领报与圣母升天这两部戏剧的舞台。其无比精彩的演绎，被公认为是“错觉建筑绘画”及人物画与真实建筑最成功的结合之一。②

乔瓦尼·弗朗西斯科·马切尼（Giovanni Francesco Marchini）作于德国维森塞德（Wiesentheid）圣毛里求斯（St. Mauritius）教堂

---

① 引自（英）贡布里希．艺术的故事[M]．范景中译．林夕校．北京：生活·读书·新知三联书店，1999: 443.

② 参见 Steffi Roettgen. *Italian Frescoes: The Baroque Era, 1600-1800*[M]. New York · London: Abbeville Press Publishers, 2007: 24.

图7-31 乔瓦尼·巴蒂斯塔·高里，耶稣圣名礼赞，1672～1685年，耶稣会教堂天顶湿壁画，罗马，意大利

图7-32 朱利奥·班索，带有错觉主义建筑的圣母一生（天使报喜与圣母升天）场景的唱诗班与半圆形后殿的拱顶，1637～1638年，圣母领报圣殿，热那亚，意大利

的天顶画（1728～1729年，图7-33）也是受波佐启发的众多的天顶画之一，它将波佐圣伊尼亚齐奥教堂天顶画中的建筑意象与波佐虚构的穹顶内景结合起来，在一个筒形拱顶之上，艺术家创造了一个无比豪华的穹顶幻象，从而使教堂的建筑空间几乎扩大了一倍，从教堂大厅内特定的最佳视点望去，效果足以乱真。

类似地，科斯马斯·达米安·亚桑（Cosmos Damian Asam）作于德国因戈尔施塔特（Ingolstadt）圣玛丽亚·维多利亚教堂（St. Maria Victoria）会议室的天顶画（1734年，图7-34），艺术家延续真实建筑结构的透视线向上描绘的那宏伟壮丽的建筑意象似乎使原本只有33英尺（10米）高的天花板升高了许多[1]，改变了真实的建筑空间，创造了令人愉快的空间比例。壮丽的建筑意象从入口处观看效果最好，而处于天顶画边缘的细部则从会议室中间位置看最生动鲜明。

图7-33　乔瓦尼·弗朗西斯科·马切尼，圣毛里求斯教堂天顶画，1728～1729年，维森塞德，德国

图7-34　科斯马斯·达米安·亚桑，圣玛丽亚·维多利亚教堂会议室的天顶画，1734年，因戈尔施塔特，德国

① 参见 Ursula E, and Martin Benad. *TrompeL'Oeil Today* [M]. London: W. W. Norton & Company, 2002: 95.

除了向着天国飞升，描绘曙光驱散黑夜也是错视画天顶画热衷的主题之一。这为将光影做戏剧化的处理提供了良机。在圭尔奇诺（Guercino，1591—1666）为罗马罗德维森别墅（Villa Ludovisi）所作的天顶画（图7-35，1734年）中，急剧上升的建筑直线与戏剧性的透视缩短，共同烘托出神秘的夜空中奔腾而过的曙光女神的马车。圭尔奇诺在罗马时，接触到卡拉瓦乔（Caravaggio，1571—1610）的艺术。卡拉瓦乔所开创的、运用聚光和强烈对比的明暗法以及氛围透视，深刻地影响了圭尔奇诺，在这里，更是表现得淋漓尽致。当观者仰脸观看时，但觉天顶已打开，彩云缭绕中的人物冲破建筑的边框从观者头顶飞驰而过，整座沙龙瞬间转变为观看惊心动魄的曙光初现戏剧的剧场。

而巴洛克晚期最杰出的艺术家之一乔瓦尼·巴蒂斯塔·提埃坡罗（Giovanni Battista Tiepolo，1696—1770）为德国威斯堡（Würzburg）的主教官邸楼梯厅天顶所做的湿壁画（图7-36，1752～1753年）——《行星与大陆的寓言》，则延续了大楼梯向着天顶攀升的趋势，表现了太阳神阿波罗在空中穿行，周围环绕着欧、亚、非、美四大洲的化身这一16世纪地理大发现以来倍受欢迎的主题，是赞助人全新的世界观与审美观的反映。在这里，提埃坡罗以其明快的色彩、晶莹的笔触以及如梦如幻的光影与透视，营造出一片恍如流虹的奇异境界，天顶在浮云缭绕中消失了，建筑空间显得无限开阔……

图7-35　圭尔奇诺，曙光女神，1622～1623年，湿壁画，罗德维森别墅沙龙，罗马，意大利

图7-36　乔瓦尼·巴蒂斯塔·提埃坡罗，《行星与大陆的寓言》，主教官邸楼梯厅天顶湿壁画，1752～1753年，威斯堡，德国

7.3.2 空间的戏剧

“错觉建筑绘画”在墙壁上创造出的虚拟空间所达到的“欺骗眼睛”的效果甚至比天顶画更为壮观、辉煌，在巴洛克时期，更是以空前的奢华气势与席卷一切的盛大规模冲击着我们的感官。弗朗西斯科·波洛米尼设计的罗马斯帕达宫（Palazzo Spada）是利用透视原理制造空间幻境的著名实例。他在一位数学家的帮助之下，通过依次缩减柱间距离、逐渐抬高地面的手法，使一条实际长度仅 8 米的拱廊，看起来竟长达 37 米，而其尽端实际高度仅 0.6 米的雕塑看起来则十分高大，[1]近乎魔术的错觉效果带给我们深深的震撼。类似地，波佐为罗马耶稣会教堂的封闭走廊所作的壁画（图 7-37，1682～1685 年）极大地夸张了这座走廊的深邃与宏伟，只有当你步行穿越它时，现实才会显现出来。可以说，这是以错视画技法描绘出来的模仿的建筑实现空间的错觉主义扩张的伟大成就之一。

图7-37　安德烈·波佐，罗马耶稣会教堂的封闭走廊壁画，1682～1685年，耶稣会教堂，罗马，意大利

阿戈斯蒂诺·塔西（Agostino Tassi，1578—1644）为罗马的兰切洛蒂宫（Palazzo Lancellotti）主楼层大厅创作的湿壁画（图 7-38、图 7-39，1619～1621 年）瞬间使整面墙壁消失，转变为一座双层凉廊，下层是奢华的混合柱式，上层是手法主义标志性的扭曲的麻花圆柱。置身其中，观者毫不怀疑自己正处在一座室外的花园大厅之中，连拱廊向着广阔的群山与海景敞开，鲜艳的鹦鹉与美丽的孔雀栖息在上层栏杆之上，小燕子飞越于宽广的蓝天，阳光涌入建筑空间之中……据说，塔西原本想让建筑扩张的意图延续至天顶，但由于酬金的分歧没能实现。[2]这实在是太遗憾了。另外，根据加瓦兹尼（Gavazzini）1998 年的研究表明，这些墙壁上壮观的仿建筑，实际上由多个灭点构成[3]，这显然超越了佩鲁齐的法尔内西纳别墅中著名的“透视大厅”，

图7-39　阿戈斯蒂诺·塔西，带有风景的模仿的凉廊建筑，1619～1621年，主楼层大厅湿壁画，兰切洛蒂宫，罗马，意大利

① 参见 https://en.wikipedia.org/wiki/Palazzo_Spada.

② 参见 Steffi Roettgen. *Italian Frescoes: The Baroque Era, 1600-1800*[M]. New York · London: Abbeville Press Publishers, 2007: 14.

③ 参见 Steffi Roettgen. *Italian Frescoes: The Baroque Era, 1600-1800*[M]. New York · London: Abbeville Press Publishers, 2007: 14.

图7-38 阿戈斯蒂诺·塔西，带有风景的模仿的凉廊建筑，1619～1621年，主楼层大厅湿壁画，兰切洛蒂宫，罗马，意大利

进而为错视画艺术的发展树立了新的标杆。

加斯帕德·杜盖（Gaspard Dughet，1615—1675）与乔凡尼·巴蒂斯塔·马格诺（Giovanni Battista Magno，1637—1675）合作为科隆纳宫（Palazzo Colonna）夏季套房（Appartamento Estivo）中的大厅所作的湿壁画（图7-40）可说是塔西的兰切洛蒂宫湿壁画的奢华升级版。在此，墙壁已消融，饰有人物浮雕的柱墩侵入观者的空间，大理石镶拼地面呼应着真实的地面并向着远处延伸，装饰华丽的凉廊是真实的建筑空间向着虚拟的田园景观的完美过度，镀金的浮雕柱饰、鲜妍的垂花环、精美的宝瓶型栏杆以及栏杆上的孔雀、小鸟和盆花……所有这一切都是艺术家描绘出来的，华丽辉煌的幻境让整座大厅散发着迷人的魔力……

图7-40　加斯帕德·杜盖与乔凡尼·巴蒂斯塔·马格诺，建筑绘画与景观，17世纪中期，夏季套房中的大厅，科隆纳宫，罗马，意大利

图7-41　路易斯·多里格尼，阿莱格里别墅主厅湿壁画，约1719年，阿莱格里别墅，维罗纳，意大利

除了将墙壁转化为室外的花园景观之外，将墙壁转化为剧场舞台也颇受欢迎。路易斯·多里格尼（Louis Dorigny，1654—1742）为维罗纳（Verona）的阿莱格里别墅（Villa Allegri）主厅所作的湿壁画（图7-41～图7-43），其灵感显然来自奢华的古罗马剧场舞台，与贝尔尼尼设计的科尔纳罗礼拜堂（图7-24）如出一辙。在此，艺术家运用高超的错视画技法描绘出虚构的建筑框架、壁龛与雕塑、小型包厢与小挑台等。舞台上上演的是“半人半马怪（Centaurs）与阿庇泰（Lapiths）之战”及“珀尔修斯（Perseus）展示美杜莎（Medusa）之头”。此外，不仅主厅四壁，甚至连天顶也卷入到整体剧场之中。巧妙的构思，让观

图7-42　路易斯·多里格尼，阿莱格里别墅主厅湿壁画局部，约1719年，阿莱格里别墅，维罗纳，意大利

图7-43　路易斯·多里格尼，阿莱格里别墅主厅湿壁画局部，约1719年，阿莱格里别墅，维罗纳，意大利

者仰面望到古代神话中的诸神——风神（Aeolus）、密涅瓦（Minerva）、黛安娜（Diana）、以利沙（Elisha）与太阳神的二轮战车（Chariot of Helios）以及位于天顶中央的圣灵鸽……戏剧性与刺激性在此表达得十分引人入胜。然而，值得注意的是，墙壁上的两个演出场景被艺术家描绘的镀金画框框了起来，以这样的方式呈现戏剧，是希望观者将之视为一幅带框的油画而非活生生正在演出的戏剧，如此一来，对于观者而言，则缺少了一种身临其境的现场感，不能不略嫌遗憾。

相比之下，提埃坡罗作于威尼斯拉比亚宫（Palazzo Labia）舞厅的壁画（图 7-44～ 图 7-46）所表现的戏剧则是如此栩栩如生。西墙上演的是“马克·安东尼与克娄巴特拉相会（The meeting of Mark Antony and Cleopatra）”，东墙上演的是“克娄巴特拉的盛宴（Cleopatra's Banquet）”。在这里，艺术家以无比精湛的错视画技艺描绘了侵入观者空间并向后逐渐延伸进入虚构的舞台空间的一步步台阶，台阶顶端的舞台上，身着华美服饰、与真人等大的演员无比鲜活，几乎触手可及，而与真实的建筑构件一模一样的华丽的科林斯式圆柱与镂空的雕花阳台栏板，则巧妙地延续了真实的建筑空间，并成为向着无限过渡的中介。不得不承认，在这里，所有的错觉都表现得如此逼真，令观者难以置信眼中所见并非实物，而当你举步意欲走上台阶、登顶舞台之时，也许直到撞上了墙才会幡然醒悟吧！

图7-44　乔瓦尼·巴蒂斯塔·提埃坡罗，拉比亚宫舞厅湿壁画，约1750年，威尼斯，意大利

同样是提埃坡罗的作品，维琴察的瓦尔马拉纳别墅（Villa Valmaranaai Nani）嘉年华场景房间的湿壁画（图 7-47，1757 年）中，一位端着托盘的非洲佣人正走在以错视画技法描绘的、富丽堂皇的大楼梯上，他蓦然回首，神情专注，似乎正在仔细倾听主人的吩咐。与之前盛装的戏剧舞台相比，如此日常生活化的一景，充满风趣，又饱含智慧，可以想见，观者对于墙壁之后存在的虚构空间必定深信不疑，除非伸手触摸，否则他无法相信，如此真实存在的楼梯与人物竟是艺术家在墙面上画出来的，一切皆是幻觉。

图7-45　乔瓦尼·巴蒂斯塔·提埃坡罗，马克·安东尼与克娄巴特拉相会，拉比亚宫舞厅西墙湿壁画，约1750年，威尼斯，意大利

图7-46　乔瓦尼·巴蒂斯塔·提埃坡罗，克娄巴特拉的盛宴，拉比亚宫舞厅东墙湿壁画，约1750年，威尼斯，意大利

最后，特别值得关注的是，巴洛克时代对于透视法的新探索。如我们所知，文艺复兴以来至18世纪之前，透视学的著作主要是对中心透视（又称平行透视、一点透视）作广泛的研究，对于成角透视（又称二点透视）[①]则未能涉及。最早涉及成角透视的是18世纪意大利著名的舞台布景艺术世家——比比恩纳家族（Galli Bibiena family）。

运用传统的中心透视法描绘的舞台布景虽能创造出极其深远恢宏的空间幻觉，大大突破舞台所包容的物理空间，但画面往往采取对称形式，因而比较单调，缺乏变化。而且这种透视布景灭点处于舞台后墙的中心，只有观众席居中的少数观众才能看到正确的透视效果，其他位置的观众所见往往会产生歪曲与变形。另外，舞台上的演员表演时必须注意不能离那些布景太近，因为布景中的景物依据透视原理逐渐缩小，而演员则不会，如果演员太靠近布景必将破坏完美的幻觉。如此一来，演员只好尽可能在舞台前部表演，布景则沦为纯粹的装饰，而非角色所处环境的一部分。

① 所谓成角透视是指对象仅有铅垂轮廓线与画面平行，而另外两组水平的主向轮廓线，均与画面斜交，在画面上形成两个灭点，这样画成的透视图，称为成角透视。

1703年，比比恩纳家族第二代代表人物费尔迪南多·加利·比比恩纳（Ferdinando Galli Bibiena，1657—1743）率先将成角透视引入到舞台布景设计之中。由于成角透视布景是在舞台两侧设定两个或两个以上的灭点，舞台构图不必像中心透视布景那样总是对称的，因而显得更加丰富多变也更加有趣，同时，还为观众提供了更为宽广的视域，使几乎每一位观众都可以欣赏到舞台上逼真的透视效果。此外，由于舞台后墙可以表现较近的对象，于是演员可以靠近后景活动而不必担心破坏幻觉效果。鉴于成角透视布景显著的优点，此后，比比恩纳家族成员都从事于成角透视舞台布景的设计（图7-48）。这些布景通常描绘雄伟壮观的巴洛克建筑群、大得出奇的列柱及拱廊等，并且通过仅描绘建筑物下部，其余部分似乎因体积过大以致无法容纳于舞台框内而升入上部空间及放低视平线的方式①，创造出格外高耸的景观，形成了宏大繁复、瑰丽奢华的独特美学追求，被公认为巴洛克时代舞台设计的最经典代表，开启了舞台布景设计的全新时代，同时也为错视画艺术的发展做出了杰出的贡献。

图7-47　乔瓦尼·巴蒂斯塔·提埃坡罗，端着托盘的非洲佣人走在错视画楼梯上，嘉年华场景房间湿壁画，1757年，瓦尔马拉纳别墅，维琴察，意大利

图7-48　比比恩纳家族成员（可能是弗朗西斯科，1659～1739），以成角透视法完成的舞台布景设计，这是一个典型的比比恩纳式项目，繁复又宏大

① 参见郑国良．图说西方舞台美术史——从古希腊到十九世纪．上海：上海书店出版社，2010: 213.

图7-49 朱塞佩·加利·比比恩纳的代表作《建筑与透视设计》中的一页

另外，值得一提的是，比比恩纳家族成员还留下了许多透视学研究的著作，如费尔迪南多·加利·比比恩纳的代表作《立基于几何透视规则的市政建筑学》（1711年）、《透视学的种种运用》（1740年）及朱塞佩·加利·比比恩纳（Giuseppe Galli Bibiena，1696—1757）的代表作《建筑与透视设计》（1740年，图7-49）[①]等，这些著作如同他们的舞台设计实践一样，对后世产生了深远的影响。

卡罗·因诺森·卡洛内（Carlo Innocenzo Carlone，1686—1775）为布鲁西亚（Brescia）附近的乐驰别墅（Villa Lechi）舞厅所作的巨幅湿壁画（图7-50）几乎就是比比恩纳家族成角透视舞台布景设计的复本。承载着别墅主人浪漫的遐想，卡洛内将一座普通的舞厅转变为一座雄伟辉煌的秘密宫殿——巨大而奢华的大理石圆柱、曲线流转的大楼梯、雕饰精美的小挑台与栏杆、层层叠叠的巨型拱廊及门洞……身着巴洛克华美服装的贵族男女，有的在小挑台上悠闲地说着话，有的则优雅地步下大楼梯，一个男仆站在休息平台上正在等候吩咐……可以想见，人们在装饰着如此变幻莫测、曲折幽邃的虚构宫殿的错视画艺术与恢宏壮阔、气势磅礴的巴洛克音乐之中翩翩起舞时，心灵所感受到的艺术的感染力该是多么刻骨铭心！

① 赖旭东．穿越巴洛克舞台的比比恩纳家族．装饰[J]，2012（5）：19.

图7-50　卡罗·因诺森·卡洛内，带有幻想的建筑的宫廷场景，1745～1747年，乐驰别墅舞厅，布鲁西亚附近，意大利

图7-51　多梅尼科·布吕尼（建筑）与彼得罗·利比里亚（人物），客厅天顶湿壁画，1652年，富士卡里尼别墅，帕多瓦，意大利

图7-52　多梅尼科·布吕尼（建筑）与彼得罗·利比里亚（人物），学识、修辞与真理陪伴战神马尔斯，客厅湿壁画局部，1652年，富士卡里尼别墅，帕多瓦，意大利

7.4 盛极而衰

尽管波佐之类的巴洛克艺术家们费尽心机运用透视法建构出令人难以捉摸的空间幻觉并且几至乱真的程度，然而，不可否认的是，这样的错觉性场景仅仅对于一个独眼的观者是精确的，他必须保持静止不动并专注地凝视着画面。否则，一当观者移动到某个不理想的视点之时，空间深度幻觉就会制造一种压力，透视变形的感觉伴随着不稳定的感觉，整座虚构的建筑似乎摇摇欲坠、将要倒塌似的，此时，所有幻觉的伪装都消失了，其效果变得几乎可以说是荒谬可笑的。另一方面，身着古代或当时服装的人物的植入，虽然使戏剧性大大增加，但由于这些画出来的人物总是固定不动的，因而显得十分僵硬，也大大削弱了错视画"欺骗眼睛"的效果。例如多梅尼科·布吕尼（Domenico Bruni，1599—1666）与彼得罗·利比里亚（Pietro Liberi，1605—1687）为富士卡里尼别墅（Villa Foscarini Negrelli Rossi）客厅合作的湿壁画，当观者站在最佳视点观看时，天顶画延续了真实建筑的结构，将建筑空间向上拔高了几乎一倍，一个虚幻的世界在真实的世界之上敞开，呈现出一幅完美的天国景观的错觉（图7-51），同样，当观者站在最佳视点观看错视画壁画时，眼前将呈现一个完美的、延续了真实建筑空间的虚构的戏剧舞台（图7-52）。然而，当观者离开艺术家设定的最佳视点，移动到一个不那么理想的视点之时，眼前看到的却是一幅怎样歪斜扭曲的景象（图7-53）！

图7-53　多梅尼科·布吕尼（建筑）与彼得罗·利比里亚（人物），客厅湿壁画全景，1652年，富士卡里尼别墅，帕多瓦，意大利

起初，人们被错视画艺术所带来的惊世骇俗的“欺骗眼睛”的效果所征服，对于错视画艺术的喜爱体现在几乎每一座教堂、宫殿、贵族府邸的墙壁与天顶都以之为装饰。然而，伴随着错视画艺术的普及，对于这一类的“智力游戏”人们逐渐见怪不怪，产生了审美疲劳，加之本身内在的痼疾，错视画艺术渐渐开始失宠。

另一方面，16世纪时，威尼斯工匠用玻璃制作镜子的工艺走向成熟，大片平整光亮的镜子开始占领宫殿及私宅的墙壁，成为室内装饰的新宠。一个著名的实例是法国凡尔赛宫的“镜廊（Galerie des glaces）”（图7-54，1679～1684年）。作为“太阳王”路易十四出场的隆重舞台，这条宽大的通廊长76米（或说73米），高13.1米，宽9.7米[①]，面向花园的外墙上有17扇拱形巨窗，内墙上则有同样数量和形状的镜窗（假窗）与之一一对应，数百面镜子反射着从窗外照射进来的光线熠熠生辉，原本封闭厚实的内墙瞬间转变为开放通透的室外景观，当观者在长长的镜廊中穿行之时，那虚实变幻、奇趣迭生的空间效果令人叹为观止。可以说，在扩张建筑空间、创造虚拟世界的视觉欺骗方面，镜子似乎比错视画更有效且逼真。

图7-54　于·阿·孟莎与勒布伦，凡尔赛宫镜廊，1679～1684年，法国

“镜廊”可谓是镜子在建筑史上最为闪亮耀眼的登场。此后，伴随着价格的不断降低，镜子开始大规模普及，至洛可可（Rococo）时期，镜子被大量运用于室内装饰并开始取代墙上的油画、壁画或雕塑。正如现代艺术评论家圣耶纳（La Font de Saint-Yenne）所认为的那样，镜子的出现给高雅的绘画艺术带来了“毁灭性的打击”[②]。这或许解释了为什么创造空间深度幻觉的错视画在经历了巴洛克的极盛之后，盛极而衰，一度遭到冷落。尽管在此后的西方艺术史中，错视画始终存在，但是却再也不曾达到巴洛克时期的辉煌。

最后，不得不说的是，尽管在艺术发展史上，对于巴洛克毁誉参半、贬多褒少，但我们必须认识到，无论如何，这个时期的艺术家们为丰富与超越艺术的传统所做出的探索是弥足珍贵的，尤其在塑造建筑、雕塑、绘画相互渗透、相互交织的错觉性的、戏剧性的整体环境方面。正是由于他们的不懈努力，才使我们看到了艺术表现的种种崭新的可能性。

① 引自陈志华．外国建筑史（19世纪末叶以前）[M]．第三版．北京：中国建筑工业出版社，2004: 196.

② 引自（法）萨比娜·梅尔基奥尔－博奈．镜像的历史 [M]．周行译．桂林：广西师范大学出版社，2005: 67.

第八章　向前一步，回到从前

以古代的方式表现现代，以现代的方式表现古代。

——皮德罗·阿雷蒂诺 [①]

8.1 为艺术而艺术

康德美学认为美不涉及利害，不涉及概念，不涉及目的，实际上只应涉及形式。这一美学思想产生了巨大的影响力。19 世纪在法国沙龙诞生的“为艺术而艺术（法语：L'art pour l'art，英语：Art for art's sake）”的口号，即来源于此。从此，绘画的独立自主成为首要的。绘画不再甘心为具体的实用目的服务，要求挣脱建筑的羁绊，独立发展。

另一方面，1839 年问世的摄影术对绘画的打击之大，再怎么形容也不为过。从此，评价绘画优劣的标准发生了变化，决定绘画作品质量的，不再是逼真与否，因为这正是摄影术的优势，人们相信摄影术能够更客观、更真实地记录形象。现在，绘画不得不去探索摄影术无法表现的领域，事实上，贡布里希说：“如果没有这项发明的冲击，现代艺术就很难变成现在这个样子。”[②]

如今，在一幅画中色彩与形状如何安排的问题比描绘什么的问题更重要。印象主义者努力俘获自然中的光与色，不是通过精确地描绘，而是采用一片五彩缤纷的、模糊的色斑，绘画成为一种传达感觉和印象的媒介。保罗·塞尚（Paul Cézanne，1839—1906）抛弃了正确的透视法，不再制造错觉，而把具象的事物处理成平面的方形、圆形与三角形，追求画面的平衡感与秩序感。同样是放弃“模仿自然”的目标，文森特·梵高（Vincent van Gogh，1853—1890）的方法是采用一道道粗犷的笔触

① 引自 Mary Warner Marien, William Fleming. *Art and Ideas*[M]. Tenth Edition.Wadsworth, a part of Cengage Learning, 2005: 352.

② 引自（英）贡布里希．艺术的故事[M]. 范景中译．林夕校．北京：生活·读书·新知三联书店，1999: 524.

和鲜艳明亮的色点，夸张甚至改变事物的外形以表达他的激情。保罗·高更（Paul Gauguin，1848—1903）被原始粗野的艺术所吸引，来到塔西提岛（Tahiti），放弃透视与光影，以明快的原色与平面形来表达单纯直率的效果。

在这样的背景下，错视画艺术不可避免地走向了衰退。但它并未终结。作为一种引用，错视画时不时地闪现于古典主义者（如大卫、安格尔）与印象主义者（如马奈）的画面之中，甚至还远渡重洋被引入新大陆。最著名的实例是美国画家查尔斯·威尔逊·皮尔（Charles Willson Peale，1741—1847）所作的《楼梯群像》（图 8-1）。在这里，他的两个儿子——拉斐埃尔·皮尔（Raphaelle Peale）与提香·拉姆齐·皮尔（Titian Ramsey Peale）——一个正健步登上楼梯，另一个则立在楼梯转折处优雅地歪着头向外看。据说，这幅错视画如此逼真，竟欺骗了美国第一任总统——乔治·华盛顿（George Washington）的眼睛，以至于在经过这幅画时，他友好地向着楼梯中的两个男孩挥手致意。[①]尽管如此，不得不承认的是，错视画艺术已不再是倍受公众瞩目的中心。

进入 20 世纪，传统意义上的透视法在绘画中的统治地位进一步削弱，反透视、超透视等主观建构的空间彻底颠覆了传统的透视空间，绘画经历了种种创新的探索，向着抽象表现越走越远。

图8-1　查尔斯·威尔逊·皮尔，楼梯群像（拉斐埃尔·皮尔与提香·拉姆齐·皮尔的肖像），1795年，画布油画，费城艺术博物馆，费城，美国

① 参见 Eckhard Hollmann, JürgenTesch. *A Trick of the Eye: Trompe L'Oeil Masterpieces*[M]. New York: Prestel Publishing, 2004: 17.

立体主义源于塞尚又超越了塞尚，回归到古埃及时代的平面图形，然而是以一种超越了定点透视的方式——将一切形象打碎、分解，再加以主观的重构、组合，以求同时表现出事物的不同侧面。立体主义并没有完全否定形象再现，而到了瓦西里·康定斯基（Wassily Kandinsky，1866—1944），则完全放弃了叙事与模仿、透视与深度，转而运用点、线、面、色彩等纯粹的绘画语言来表达内心的感受与情绪，强调绘画与音乐的关系，试图创作所谓的色彩音乐，被称为“热抽象”的代表。与“热抽象”相对的是“冷抽象”，其代表人物是皮特·蒙德里安（Piet Mondrian，1872—1944），他用绘画最本质的要素——笔直的线条与纯粹的色彩来构成作品，渴望以此反映宇宙的客观法则。而作为抽象的极致，马列维奇（Kazimir Malevich，1868—1935）强调情感抽象的至高无上的理性，反对传统艺术中的具象表达方式，只依靠纯粹的几何形状进行创作。1915年他展出了《白底上的黑方块》，引起了极大的轰动，1918年，他又展出了最著名的《白上白》，标志着至上主义的最高境界——无物象的世界。

20世纪以来还有许多其他形形色色的流派：野兽派、表现主义、象征主义、达达主义、超现实主义、未来主义、风格派、构成主义、抽象表现主义……贡布里希统称之为“实验性美术”。尽管错视画受到了艺术远离具象表现的强烈冲击，但并未彻底消失，而是勉力维系。象征主义者保罗·德尔沃（Paul Delvaux，1897—1994），超现实主义者萨尔瓦多·达利（Salvador Dali，1904—1989）、雷尼·马格里特等，都常在他们的作品中运用错视画元素。正如达斯（Dars）所指出的那样：“错视画成为一种游戏，他们给这种游戏加入了一种智力的维度。”①

到了20世纪60年代后期，伴随着后现代主义思潮的风起云涌，各种具象表现的绘画再次回到人们的视野中来，照相写实主义、新客观主义（又称新即物主义）可以认为是历史悠久的错视画艺术适合于当代的新表现形式。

---

① 引自 Kevin Bruce. *The Murals of John Pugh: Beyond Tromp L'oeil*[M]. Berkeley/Toronto: Ten Speed Press, 2005: 8.

8.2 涅槃重生

与19世纪绘画的探索求新相反，19世纪的建筑却并没有发明出一种新风格，而是历史主义居于支配地位，各种历史风格卷土重来：哥特式复兴、希腊复兴、罗马复兴、新文艺复兴、巴洛克复兴等。然而，新材料、新技术与新的生活方式都要求建筑与历史主义决裂，创造出属于新时代的新风格。

在经历了工艺美术运动、新艺术运动、青年风格运动、维也纳分离派等一系列探索求新的尝试之后，20世纪初，诞生了现代主义建筑。

现代主义建筑反对装饰。阿道夫·路斯（Adolf Loos，1870—1933）提出的"装饰即是罪恶"的口号广为流传，在他看来，装饰只是为了掩盖缺陷而存在的，是野蛮时代的产物，无装饰是人类文明高度发展的结果；在建筑上加以装饰或任何其他艺术形式都是多余的，完全是在浪费。以现代建筑四大元老之一的格罗皮乌斯（Walter Gropius，1883—1969）为首的包豪斯（Bauhaus）学派强调设计建筑的时候，要摒弃附加的装饰，注重发挥结构本身的形式美，讲求材料自身的质地和色彩的搭配效果。[①]现代建筑的另一位元老勒·柯布西耶（Le Corbusier，1887—1966）在他那本著名的、被称为"现代建筑宣言书"的《走向新建筑》中以简洁有力、尖锐辛辣的语言写道："建筑艺术是一切，偏偏不是装饰艺术。垂幔、吊灯和花环，精美的椭圆形，那里面三角形的鸽子用喙梳理着羽毛或者互相梳理，贵夫人的小客厅，用金色或黑色天鹅绒靠垫装饰的，只不过是一个死亡了的精神的令人厌烦的见证。这些被宝贝蛋或者被愚蠢的乡下'窝囊废'气闷而死的圣殿使我们恼怒。我们要空气充足、光线明亮的趣味。"[②]

而现代建筑四大元老中最具代表性的人物路德维希·密斯·凡·德·罗（Ludwig Mies van der Rohe，1886—1969）提出的"少就是多"（Less is More）的设计理念则更是影响至深至远，美国作家、记者汤姆·沃尔夫（Tom Wolfe）在他的著作《从包豪斯到我们的房子》（From Bauhaus to Our House，1981年）中讲道："密斯·凡·德·罗的原则改变了世界都市三分之一的天际线"。这话毫不夸张。密斯·凡·德·罗所开创的钢结构加玻璃这种"皮与骨"的摩天大楼美学在第二次世界大战后演变为"国际主义风格"横扫全球，垄断了西方乃至全世界建筑发展达30余年之久。

建筑中对于装饰的废除，以及绘画中对于具象表现的摒弃，可以说都给予了建筑界面上的错视画艺术以致命的打击。然而，我们也必须认识到，在国际主义风格的垄断之下，地方特色开始逐渐消退，千楼一面、千城一面，建筑和城市面貌变得单调刻板，建筑空间则普遍缺乏场所感与人情味。在审美取向越来越趋于多元化和个性化的今天，以包豪斯为代表的现代主义风格设计理念受到越来越多的质疑。

---

① 参见罗小未．外国近现代建筑史[M]. 第二版．北京：中国建筑工业出版社，2004: 68.
② 引自（法）勒·柯布西耶．走向新建筑[M]. 陈志华译．西安：陕西师范大学出版社，2004: 78.

正是在这样的时代背景之下，美国著名建筑理论家、建筑师，后现代主义建筑理论的奠基人罗伯特·文丘里（Robert Venturi，1925—）于1962年写成了《建筑的复杂性与矛盾性》一书，它是最早对现代主义建筑公开宣战的建筑理论著作。1966年该书出版，并被译成多种文字广为流传，产生了巨大的影响。建筑理论界普遍认为，《建筑的复杂性与矛盾性》是1923年勒·柯布西耶写了《走向新建筑》一书以来有关建筑发展的最重要的著作。《走向新建筑》引领了现代主义建筑运动，而《建筑的复杂性与矛盾性》则奠定了后现代主义建筑思潮的理论基础，是战后建筑发展观念性转变的重要标志。书中，文丘里针对密斯的“少就是多”，提出了“少就是枯燥（Less is a bore）”的著名论断。他认为清教徒式的现代主义建筑在通过简单化的手段、忽略了很多现实性的问题之后，获得了所谓纯粹而唯美、过分简洁的形式，但是却不可避免地脱离了生活。然而，建筑在真实世界中是复杂而矛盾的，建筑师应该决定如何去解决问题，而不是决定想要解决什么问题。随后，他凭借对历史建筑的丰富知识，引用了大量的西方历史建筑以及少量的优秀现代建筑实例，来说明建筑中普遍存在的复杂性与矛盾性的现象，认为建筑需要丰富性与多元性而不是单一性与纯粹性，需要矛盾性与复杂性而不是和谐性与简洁性：“我喜欢‘两者兼顾’超过‘非此即彼’，我喜欢黑白的或者灰的而不喜欢非黑即白。一座出色的建筑应有多层含意和组合焦点：它的空间及其建筑要素会一箭双雕地既实用又有趣。”①

在文丘里的倡导下，后现代主义建筑回归历史，追求隐喻的设计手法，以各种符号的广泛使用和装饰手段来强调建筑形式的含义及象征作用，并走向大众与通俗文化，戏谑地使用古典元素。这些都为基于建筑界面的错视画艺术的复兴带来了契机。

事实上，错视画艺术在室内装饰的历史中一直扮演着重要的角色，如我们在前几章中所看到的那样。它们能够重新定义建筑空间，改变空间比例，将狭小、无窗的空间转变为宏伟壮观、包罗万象的奇珍室、画廊、博物馆

① 引自（美）罗伯特·文丘里．建筑的复杂性与矛盾性[M]．周卜颐译．北京：知识产权出版社，2006:16.

或者奢华的室外花园、优美的风景或者上演各种戏剧的舞台；能够将建筑结构压抑沉闷的效果减至最低，使天顶打开，通向无限开阔的天空……当公众再度认识到错视画能够带来的感官愉悦以及生活乐趣之时，莱奥纳多·达·芬奇的一段论述被反复援引："倘若画家想看到能使他倾心爱慕的美人，他就有能力创造她们，倘若他想看骇人心魄的怪物，或愚昧可笑的东西，或动人恻隐之心的事物，他就是他们的主宰与上帝；倘若他希望显现古代遗址或沙漠，希望在溽暑时节显现荫凉之处，在寒冷天气显现温暖场所，他便造出这些地方来。同样，倘若他想要山谷，或希望从高山之巅俯览大平原并极目远处地平线上的大海，还有，倘若他想从低凹的山谷中仰望高山，或从高山之上俯视深深的山谷和海岸，他都能胜任愉快。事实上，宇宙中存在的一切，不论可能存在、实际存在还是在想象中存在，都率先出现在他的心里，然后移到他的手上，而且它们表现得如此完美，当你瞥上一眼，它们所显现出来的比例和谐就像事物本身所固有的一样……"①

的确，错视画能够创造一种为主人的私人环境或历史定制的、全新的幻境，为感官与灵魂提供食粮。只要画家愿意，所有的梦境都可以实现，而其他形式的装饰或陈设则难以对心灵产生如此强烈的冲击。归根结底，错视画意味着欺骗眼睛，是现实与幻觉之间的游戏，它邀请观者质疑既定的观看模式与感知结构，进而改变观者的空间体验，因而，可以说，它不仅是眼睛而且也是理智的盛宴。

此外，色彩心理学家曾经指出：人居环境装饰的色彩，哪怕仅是极少的量，也应当涵盖整个光谱的范围，协调的色彩能够慰藉我们的身体与心灵。然而，我们被灌输了太多诸如"我们应当欣赏事物本身的材质之美！一堵墙就是一堵墙，并且应当看起来像一堵墙，如果对它涂脂抹粉是极其卑劣的行径"之类的言论，难道我们不应当怀疑光滑的外表与无特色的白墙背后掩盖了创造力匮乏与生活无趣的事实吗?优秀的错视画艺术往往赋予墙壁层次丰富的色彩，而这些色彩以一种微妙的或者难以觉察的潜意识方式影响着我们的感知能力，甚至我们的身体。

正因为如此，错视画艺术在历经了18世纪以来的全面衰退之后，在后现代主义"生活艺术化"、"艺术生活化"思潮的大背景之下得以涅槃重生，逐渐迎来了新的发展高峰，并以其机智巧妙、以假乱真、幽默诙谐的独特艺术魅力赢得公众的热爱与支持，在美化人居环境、丰富城市视觉文化方面做出了重要的贡献。

① 转引自"文艺复兴时期的艺术理论和风景画的兴起". 见范景中编选. 艺术与人文科学：贡布里希文选. 杭州：浙江摄影出版社，1989: 142.

8.3 西方当代错视画艺术实践

20 世纪著名的艺术史家、建筑史与设计史的泰斗级人物尼古拉斯·佩夫斯纳爵士（Sir Nikolaus Pevsner，1902—1983）在他的名著《欧洲建筑史纲》的结尾中这样写道："19 世纪架上绘画兴旺繁荣的事实，损害到了壁画，最后也损害到了建筑。这表明艺术（以及西方文明）已经陷入多么不健康的状态之中。今天的艺术似乎正在恢复它们建筑的特性，这一事实给我们展望未来带来了希望。就建筑来说，在希腊艺术和中世纪艺术发展的过程中的确居于支配地位，并且处于最佳的状态之中。拉斐尔和米开朗琪罗仍然是依据建筑与绘画之间的平衡关系来构思画面的。而提香、伦勃朗、委拉斯凯兹却都不再这样构思画面了。架上绘画可能达到了相当高的美学成就，但它们的成就脱离了人类生活的共同基础。到了 19 世纪，甚至更过分了，一些后来的艺术潮流已经显示出独立的、自给自足的画家们不容讨价还价的危险态度。拯救，只可能来自于建筑，因为直接使用，因为功能的和结构的基本原理，因为建筑这种艺术与生活的需要密切相关。"①

从中，我们可以看到，佩夫斯纳强调绘画必须回归建筑，恢复其所谓的建筑的特性，才能从一味地自给自足、自娱自乐的危险态度中获得拯救。姑且不论脱离建筑束缚的绘画是否真如佩夫斯纳所认为的那样不健康，也不论其绘画必须回归建筑的观点是否偏颇，且让我们来约略考察一番西方当代错视画艺术实践，从中，我们或许会悟到些什么。

接下来，我们将分别从新材料与新技术、室内景观、城市壁画与街头立体画 4 个方面来考察一番西方当代错视画艺术实践。

8.3.1 新材料与新技术

20 世纪以来，伴随着科技和文化的进步与发展，新材料与新技术的广泛应用，使得基于建筑界面的西方错视画艺术呈现出前所未有的崭新面貌。

首先，发明于 20 世纪的丙烯颜料——一种兼具油彩的厚重与水彩的轻灵的绘画新材料受到错视画艺术家的青睐。它色泽饱满、透明、鲜润、亮泽，能像油彩般多层与多遍叠加，卓越地塑造坚实、浑厚的肌理效果，且无论怎样调和都不会有"脏"与"灰"的感觉，又能像水彩般地泼洒流淌，表达酣畅淋漓的效果，如夏日晴朗的天空、波涛汹涌的大海、色彩斑斓的秋叶等；它的兼容性好，可以与多种材料混合使用产生丰富、独特的艺术效果；它是水溶性的，能快速干燥，但干后即不再溶于水，因而不必担心画面受潮

① 引自 Nikolaus Pevsner. *An Outline of European Architecture*[M]. Penguin Books. Middlesex, Baltimore and Ringwood, 1990: 21-22.

损坏。此外，艺术家可以轻而易举地修改任何失误，如果觉得画中某一部分不满意，只需抹掉重画即可。最重要的是，用丙烯颜料绘制的作品持久性长，画面牢固，从理论上讲永远也不会褪色、脆化、变黄。以上特质使丙烯几乎成为一种万能颜料，尤其适于室内外大型壁画的绘制，对于大多数错视画艺术家而言，可谓是最完美的选择。

其次，伴随着第二次世界大战以来全世界掀起的史无前例的建筑热潮，无数现代主义风格的新建筑建造起来，这些建筑上大面积裸露的墙面为艺术家们提供了绝佳的创作机会。现代脚手架设计使艺术家们能够征服数层楼高的墙壁（图 8-2），高空作业平台（图 8-3）与曲臂式高空作业车（图 8-4、图 8-5）的出现，则使艺术家们能够站在安全的平台内升降到任何位置完成作品，进而将城市闲置立面当作画布，留下一幅幅巨型错视画，从而使整座城市幻化为无比壮观的露天美术馆，焕发出无与伦比的生机与活力。

再次，如我们所知，艺术家在正式绘制壁画之前，通常先绘制设计草图，待设计草图确定之后，再将之按比例放大到目标界面之上。这是一件十分繁琐且费力的事，通常采用网格定位法，即在网格的指导之下，用粉笔将草图轮廓线上的一些关键点逐一转移到目标界面之上，再将这些点连接起来得到放大的轮廓。伴随着幻灯机之类的投影装置的出现与运用，艺术家

图8-2　现代脚手架设计使艺术家们能够征服数层楼高的墙壁

图8-3　用于巨型壁画创作的高空作业平台

图8-4　曲臂式高空作业车使艺术家们能够站在安全的平台内升降到任何位置绘制作品

可以将设计草图直接投影到目标界面之上，从而轻而易举地获得精确放大的底稿，这大大节省了艺术家的时间与精力（图 8-6）。

如今，艺术家可以通过建造三维实体模型或通过计算机辅助设计软件，如 SketchUp、3DSmax、AutoCAD 等应用软件，创建三维电脑模型来模拟显示错视画所虚构的建筑空间，尤其是模拟显示光影如何掠过空间，这有助于艺术家在建筑的二维界面上创造出足以乱真、令人信服的三维空间错觉。本书第一章提到的错视画艺术大师约翰·普夫接受委托为一座 1920 年代的西班牙复兴式别墅创作一幅错视画。委托人是一位社团执行总裁，除了这个身份之外，他还是一位精通多门学问的学者。为了反映主人的兴趣与爱好，普夫在两个大木头衣橱之间的白墙上，描绘了一间虚构的密室。仿佛福尔摩斯探案集中的情节，哪位来访者无意中触到了机关，那面带有壁炉并挂着荷兰大师画作的墙壁旋转着打开了，让我们窥见一间充满书籍与科学仪器的密室（图 8-7）。普夫特意建造了一个三维的实体模型（图 8-8），用以探索虚拟空间的光影与透视，在充分研究这个模型的基础上，普夫最终成功地创造出了足以欺骗眼睛的空间错觉。

最后，值得一提的是，今天，许多艺术家已经不再去现场作画，而是在工作室中用帆布、无纺布或者画板代替目标界面潜心绘制（图 8-9）。工作室为艺术家提供了一个可控的环境，尤其是可控的光线，而不必担心受到恶劣天气的影响，并且摆脱了在公共场所作画所受到的干扰。作品完成后，这些帆布、无纺布或画板被运送到现场，以壁纸技术不费力地安装、粘贴到目标界面之上。艺术家在现场再稍加修饰及调整以使画面与周围环境完全融合。

图8-5　曲臂式高空作业车与脚手架结合帮助艺术家完成巨型壁画作品

图8-6　用幻灯机在目标界面上投射设计草图放样

图8-7　约翰·普夫，密室，丙烯画于帆布再粘贴到目标界面上，加利福尼亚北部，美国

图8-8　创建三维实体模型来模拟显示错视画虚构的建筑空间

图8-9　同时创作多幅错视画作品的艺术家工作室情景

8.3.2 别开生面的室内景观

现代主义建筑摒弃附加装饰，讲求发挥新材料（钢、铁、玻璃、钢筋混凝土等）与新结构（钢结构、框架结构等）本身的美学性能。在现代主义风格的建筑空间内，为了与建筑自身的风格相呼应、相协调，错视画也呈现出与传统形式全然不同的新面貌。

汉斯·彼得·路特（Hans Peter Reuter，1942—）为第六届卡塞尔文献展（documenta VI）创作的一件环境艺术作品（图 8-10、1977 年）——一个嵌有错视画的房间（415 厘米 × 370 厘米 × 1400 厘米），可谓当代错视画艺术的杰作。当观者沿着满铺蓝色瓷砖的弧形墙壁前行时，似乎沿着台阶走上去，再走几步就是出口了，灿烂的阳光正从上方倾泻而下。然而，如果你果真踏上台阶，走到第 4 步的时候，你一定会"咚——"地一声撞上墙壁。原来，艺术家以其高超的错视画技法，在房间尽端的墙面上，卓越地模拟了房间的延伸部分。在此，真实的空间与虚构的空间如此巧妙地交织渗透，将一个平庸无趣的空间转变为一条通向无限的、极具未来感与科幻色彩的神奇隧道。可以说，任何挂在墙壁上的独立的架上绘画都无法达到与真实空间如此完美的结合、如此令人难忘的强烈效果。在此，我们不能不为佩夫斯纳所说的建筑对绘画的"拯救"感动，而事实上，这种"拯救"是相互的，建筑"拯救"绘画的同时，绘画也"拯救"了建筑。

让我们再来看一幅充满睿智的错视画（图 8-11，1988 年），这是深受大众喜爱的错视画大师理查德·哈斯（Richard Haas，1936—）的作品。在纽约的美国艺术与手工艺博物馆（American Arts and Crafts Museum）楼梯间墙壁所描绘的错视画中，墙壁被虚构的工字型钢构架打断，漆成红色的铁制楼梯与挑台迂回穿插并投下阴影，贴有面砖的波浪形体块侵入观者的空间，弧形玻璃砖幕墙向后延伸制造了空间深度幻觉，这些虚构的现代建筑构件以一种有趣的方式展现了一个毗连的、并不存在的空间一角，而蓝色则向观者显露了室外广阔的天空，进而消除了现代主义建筑中大面积白墙面所带来的单调压抑的感觉，并赋予错视画这种古老的艺术形式以 20 世纪的崭新面貌。

图8-10　汉斯·彼得·路特，嵌有错视画的满铺蓝色瓷砖的房间，画布油画，350厘米×370厘米，第六届卡塞尔文献展（documenta VI）环境艺术作品，1977年，卡塞尔（Kassel），德国

图8-11　理查德·哈斯，美国艺术与手工艺博物馆楼梯间墙壁错视画，1988年，纽约，美国

图8–12 理查德・哈斯，梅里马克大厦大厅错视画壁画，纽约，美国

同样是哈斯的作品。在纽约的梅里马克大厦（Merrimack Building）大厅（图 8-12）中，哈斯展现了他非凡的艺术天赋与创造力，将一堵面积达 4305 平方英尺（400 平方米）[①]的白墙转变为一座恢宏壮丽的中庭景观：玻璃与钢的大穹顶，韵律优美的连续拱券，多层金属环廊，蓊郁浓密的热带植物，“米”字形石栏板的小拱桥，层层跌落的瀑布……好一派清明、空幽的气象！从喧嚣的闹市转入这样的环境，谁会不为之欣喜愉悦呢？

说到当代西方错视画，怎能少了约翰·普夫的作品？作为当代最重要的错视画代表人物之一，普夫有意味的多层叙事元素赋予其作品一种复杂的有深度的内涵，因而被认为高于装饰画，甚至超越了错视画。[②]

1997 年，普夫接受 ICTV（集成电路电视）的委托创作了《在人机交互技术面前的儿童》错视画（图 8-13）。它在墙上打开了一个个以方形为单位的层层套叠的不规则洞口——蓝色的、红色的、黄色的，尽端是一个电视屏幕，屏幕中以方形线框动态地延续了洞口的透视。鲜明亮丽的三原色，充满高科技元素的景观，让趴在洞口的小男孩无比着迷。这个小男孩是我们的替身，透过他的眼睛，我们能够发现这幅错视画令人兴奋的奥秘——面对未来科技无法预知的前景的无限好奇。事实上，还有什么能比透过儿童的眼睛探索高科技世界更好的选择呢？与成人面对科技不断变化发展的复杂性感到威胁与不知所措相反，儿童是多么乐于接受与被吸引！

图8-13　约翰·普夫，在人机交互技术面前的儿童，丙烯画于帆布上再安装到现场，1997年，8英尺×8英尺，洛斯加托斯市，加利福尼亚州，美国

① 参见 Ursula E, and Martin Benad. *TrompeL'Oeil Today*[M]. London: W. W. Norton & Company, 2002: 12.

② 参见 Kevin Bruce. *The Murals of John Pugh*: *Beyond Trompe l'Oeil*[M]. California: Ten Speed Press, 2006: 3.

这幅画是普夫用丙烯颜料画于帆布之上的，先在工作室里完成后再粘贴于现场。注意！小男孩脚边的那个侵入观者空间的银灰色小盒子——ICTV 开发的含有多种交互式应用软件的设备，它是从现实向虚构过渡的关键的联结，正是它，引领我们跨入未来科技的神奇世界。巧妙的设计生动地表达了委托者的身份与特质，进而成为场景中令人印象深刻的闪光点。

普夫为阿什·佩特（Ash Patel）住宅创作的错视画《入侵者》（图 8-14）是表达高科技与未来感的又一杰作。佩特本人是一位高科技主管，也是一位科幻小说迷。在你去佩特住宅家庭剧场的路上，你会偶然瞥见一扇门，它偶然地打开着，你向里看时，可以看到一个神秘的地下洞室，类似于胡佛水坝（Hoover Dam）下面的发电机组办公室，一进一进，层层叠叠，通向神秘遥远的未知。巨大的、超自然的蓝色结晶体，可能是来自未来的宇宙飞船的能源。表面起伏不平的深色岩石、温暖的桔色灯光、休息平台上暧昧的投影、黑暗而渺不可知的出口，一切显得如此静谧而诡异，仿佛什么邪恶势力正在向我们逼近……普夫在日常的生活中成功地嵌入一个如此非日常、引人无限遐想的场景，充分表达了一位科幻迷渴望超越凡尘俗事、耽湎于幻想世界的执著。的确，它比任何独立的架上绘画更具有带入感和现场感，仿佛我们举步即可踏入那个墙壁背后无比深邃的异质空间。

图8-14　约翰·普夫，入侵者，丙烯画于白色材质（NWM）上再安装于现场，2004年，佩特住宅，7英尺×3英尺，洛斯阿尔托斯山（Los Altos Hills），加利福尼亚州，美国

8.3.3 脱胎换骨的城市壁画

城市壁画特指绘制于建筑外立面的壁画。始于20世纪20年代的墨西哥壁画艺术运动带动了城市壁画的发展，将艺术从博物馆的樊篱中解放出来，并将对社会的责任置于首位。此后，这种艺术形式在世界各国追随者甚众，尤其是在美国。20世纪30年代，美国罗斯福政府在新政中建立了"联邦艺术计划"，推动艺术介入城市文化公共空间的塑造。[①]之后在60年代，美国成立国家艺术基金会，赞助、监督与实施公共艺术。随后美国各州政府相继出台公共艺术"百分比法案"，以立法形式确定新建公共建筑的预算中不低于1%的费用用于艺术。[②]几十年过去了，美国有超过2500幅公共建筑上的壁画在"联邦艺术计划"的范围之内得到赞助。[③]这些处于户外的城市壁画，属于每一个人——从露宿街头、无家可归者直至市长。它们为社区提供了一种共同的历史感与共同的文化，是一种非常强有力的交流方式，有助于团结人们，使人们和睦相处，普及社会审美教育，进而创造一种社区的自豪感与激情。

上文提到的美国艺术家理查德·哈斯是描绘错视画城市壁画最重要的代表人物之一，他在借鉴传统错视画艺术的基础上，将城市当作他的画布绘制了大量建筑立面，这些作品以其引起错觉的方式和前所未有的巨大尺度不仅将错视画艺术提升到了新的高度，也为壁画艺术本身带来了新的转机。

1975年，哈斯以错视画技法描绘了纽约王子街112号建筑立面，这是他第一件巨型城市壁画。在此，他成功地将东面丑陋的清水砖墙转变为一个面积达834平方米的铸铁构件立面，这些铸铁构件与建筑北立面上的一模一样，从而将北立面以错视画的方式成功地延续到了东立面上，其逼真的程度让人真伪莫辨。正如建筑批评家贝斯·邓洛普（Beth Dunlop）所指出的那样："本质上，幻想和现实在哈斯绘制的墙壁上合而为一，因此很难区分哪里是真实的结束，哪里是幻觉的开始。"[④]

从王子街建筑立面开始，哈斯接受了大量的委托，创作了一系列巨型错视画城市壁画。从马萨诸塞州的波士顿建筑中心（Boston Architectural Centre in Massachusetts，1977年）到俄勒冈州的波特兰历史协会（Historical Society in Portland, Oregon，1989年），哈斯的壁画创造了一种气势恢宏的建筑结构的惊人印象。正如哈斯本人所说："我的大多数作品具有一种建筑的性质。这些壁画尤其依赖于建筑与环境，建筑与环境是它的一部分。在圣路易的最大的室外壁画超过12000平方米，覆盖了一座主要建筑的三个侧面，还有其他几个项目也接近于这个尺寸。我不仅已经广泛研究了我自己国家建筑的历史，而且还研究遍了世界上其他国家及各个历史时期的作品，我常常在

---

① 参见张敢．罗斯福新政时期的美国艺术[J]．中国美术馆，2007（2）：43-47.

② 参见（法）弗雷德里克·马特尔．论美国的文化[M]．周莽译．北京：商务印书馆，2013: 171.

③ 参见 Eckhard Hollmann. Jürgen Tesch. *A Trick of the Eye: Trompe L'Oeil Masterpieces* [M]. New York: Prestel Publishing, 2004: 75.

④ 转引自张敢．从现代主义到历史主义——理查德·哈斯的建筑绘画[J]．装饰，2008（12）：26.

图8-15 理查德·哈斯，十字路口大厦错视画立面，1115平方米，1980年，时代广场，纽约，美国

我的项目中应用这些素材。”[①]正是凭借对历史建筑的丰富知识，哈斯通过戏谑与引喻的方式挪用与拼贴历史上的各种风格与要素，成功地将各种平乏的建筑外墙转变为激动人心的错视画展示立面，将观者带入不同的国家与遥远的时代，从而强有力地表达了后现代主义的艺术主张。

在纽约时代广场，有一座十字路口大厦（Crossroads Building），长久以来，它孤零零地伫立于林立的高楼大厦包围之中，粗野主义的外表显得丑陋不堪。1980 年，哈斯重新设计了建筑外观，以巨型错视画的方式赋予大厦以古典主义的外衣（图 8-15），从而在冷漠呆板的钢筋水泥丛林中植入一抹后现代主义的温馨与亮色。

在辛辛那提（Cincinnati），哈斯以其超凡绝俗的艺术想象力将 6 层楼高的克罗格公司同业会（Brotherhood Building of the Kroger Company）建筑立面转变为一座纪念碑，纪念富有传奇色彩的古代罗马执政官卢修斯・昆图斯・辛辛那图斯（Lucius Quinctius Cincinnatus，公元前 519—公元前 439）（图 8-16）。辛辛那提市正是以他的名字来命名的。传说，他正在地里耕作时得到消息，元老院任命他为执政官。他临危受命前去救援被围困的罗马军队，而等到危机解除，他便立即解甲归田，一共只当了 16 天的罗马统帅。为了纪念这位美德与意志的化身——辛辛那图斯，并试图传达“人民的利益高于一切”的理念，哈斯创作了这幅巨型城市壁画。[②]如我们所见，在大厦壁面居中部分，哈斯以侵入法描绘了以西班牙大台阶（Spanish Steps）为原型的蔚为壮观的复杂台阶系统——两跑台阶环绕喷泉从左右向上延伸，至伫立着一手持矛、一手扶犁的辛辛那图斯的雕像的平台处汇合为一跑的宽大的中央台阶，再上去，又左右分开环绕着中央科林斯柱式的圆形祭坛向上，抵达以延伸法描绘的、以古罗马万神庙为原型的巨大的半圆龛。引人无限遐想的是，自圆形祭坛中腾起的滚滚浓烟婀娜而澎湃，正穿越穹顶中央的天眼向着无限飞升……这赋予了这座庄严肃穆的纪念碑几分幽默诙谐的味道，在美化城市环境的同时，也为城市平添了一层深厚的文化内涵。用哈斯自己的话说：“我运用骗过眼睛的方法绝不仅仅局限于应用这种方法本身，而是作为一种吸引观众注意力的方法。我希望，一旦观众被作品吸引，他们可以从中看到更深层次的意义并且从中读出更多的故事。通过将画出的建筑与实际存在的建筑尽可能紧密地结合，让观众感觉绘画就是城市景观的一个自然的组成部分。我相信这是作品成功的关键。”[③]

---

① 引自 Kiriakos Iosifidis. *Mural Art Vol.2: Murals on Huge Public Surfaces Around the World from Graffiti to Trompe L'oeil*[M]. PublikatVerlags-Und Handels Kg, 2009: 88.

② 参见 Eckhard Hollmann, Jürgen Tesch. *A Trick of the Eye: Trompe L'Oeil Masterpieces* [M]. New York: Prestel Publishing, 2004: 76.

③ 转引自张敢 . 从现代主义到历史主义——理查德・哈斯的建筑绘画 [J]. 装饰，2008（12）: 27.

图8-16　理查德·哈斯，向辛辛那图斯致敬，辛辛那提克罗格公司同业会建筑立面错视画，1983年，俄亥俄州，美国

欣赏完哈斯“异想天开”的恢宏巨制之后，让我们来看一幅堪称“石破天惊”的杰作——艺术家蓝天（Blue Sky）（原名沃伦·约翰逊（Warren Johnson），1938—）的《隧道景象》（图 8-17）。1974 年，蓝天接受委托，为哥伦比亚一家银行 50 英尺 ×75 英尺的外墙作画，他画了一年。在这里，我们又看到了始于古代、盛于文艺复兴时期，运用透视原理消解墙壁、扩张空间的愿望，然而，这种愿望却以这样一种前所未有、触动人灵魂深处的方式来表达——峥嵘嶙峋的山崖，幽深黑暗的隧道，隧道尽端、自海面冉冉升起的一轮红日……蓝天说：“它是我梦中的一个景象。”[①]在此，从真实向虚构的过渡如此光滑无痕，错觉的效果被极度地放大了。尽管高超的错视画技巧令人叹为观止，但作品本身的深度与内涵则更令人难以忘怀。《隧道景象》于 1975 年 10 月揭幕。1976 年 2 月的《人民》杂志撰文称之为《千变万化的幻景》，并配有作品的照片，为艺术家赢得了无尽的赞誉。此后，不时有传闻声称，好些喝醉的汽车驾驶人都曾试图穿越这条“隧道”。[②]

《隧道景象》以一种迷人的方式打破、洞穿了墙壁，这或许启发了约翰·普夫的第一幅大型错视画壁画《学院》（图 1-2，见第一章）。1980 年，普夫接受加州州立大学奇科分校的委托，为校内泰勒礼堂的混凝土外墙创作一幅壁画。事实上，奇科州立艺术系（Chico State Art Department）就设在这座建筑之中。普夫说：“我一直看着这面墙，想着如何在一幅壁画中既在建筑上又在观念上最出色地展现出这座艺术的建筑的意义。”他选择了古希腊三种古典柱式中装饰最少的多立克柱式。“我的意图是不仅运用多立克柱这种我们的文化中很容易识别的符号来描绘古希腊的古典建筑，而且还充分利用了古希腊学院（Greek academe）作为我们西方教育体系的精髓这个观念。”[③]至于怎样才能更出色地描绘这些圆柱，普夫说他在一个梦中找到了答案，“在我的梦中，我正准备画的这面墙壁竟然打破了。”[④]于是，他真的用错视画法在墙壁上创造了一个欺骗眼睛的大洞口。“据我所知，”普夫说，“我是第一个像这样打破立面的壁画家。”[⑤]打破的立面是打破思维定势、开拓胸怀的隐喻，运用在这里再恰当不过。它邀请观者参与进来，探究建筑真实的界面并且挖掘隐藏于壁画中的叙事理念。《学院》获得了巨大的成功。奇科市总商会前董事、美国西部市中心复兴顾问大卫·基尔伯恩（David Kilbourne）如此描述普夫的壁画对奇科市中心的影响：“约翰·普夫几乎独力将奇科市市中心标在了地图上。他的壁画赋予市中心更多的特征与个性。大学打破的墙壁实际上成为城市地标。”[⑥]

---

① 引自 Kiriakos Iosifidis. *Mural Art Vol.3: Murals on Huge Public Surfaces Around the World from Graffiti to Trompe L'oeil*[M]. PublikatVerlags-Und Handels Kg, 2010: 44.

② 参见 https://en.wikipedia.org/wiki/Blue_Sky_（artist）.

③ 引自 Kevin Bruce. *The Murals of John Pugh: Beyond Trompe l'Oeil*[M]. California: Ten Speed Press, 2006: 14.

④ 引自 Kevin Bruce. *The Murals of John Pugh: Beyond Trompe l'Oeil*[M]. California: Ten Speed Press, 2006: 15.

⑤ 引自 Kevin Bruce. *The Murals of John Pugh: Beyond Trompe l'Oeil*[M]. California: Ten Speed Press, 2006: 16.

⑥ 引自 Kevin Bruce. *The Murals of John Pugh: Beyond Trompe l'Oeil*[M]. California: Ten Speed Press, 2006: 17.

图8–17　蓝天（原名沃伦·约翰逊），隧道景象，1975年，哥伦比亚AgFirst农场信贷银行立面错视画，南加州，美国

打破的墙壁显露出隐秘的空间，创造一种离开此时此地的真实进入虚构的异地时空的视觉之旅，以玩味、对比当下的环境，这个想法令普夫着迷。他创作了一系列此类的错视画，件件堪称杰作，而“打破的墙壁”则成为普夫最易识别的标记之一。

在加州帕罗奥多市（Palo Alto），斯坦福大学旗下的斯坦福购物中心（Stanford Shopping Center）是一家荟萃了出色的百货公司及各式各样精品店的高档户外购物中心，中央是一条名为美食家小巷（Gourmet Alley）的狭窄步行街。步行街土褐色的西墙（图 8-18）在琳琅满目的名特产食品店与咖啡馆的热闹环境中显得十分沉闷、阴郁且丑陋。1988年，普夫在此创作了《猫捉鱼街》错视画（图 8-19），顿时使这一带大为改观，呈现出勃勃的生机与活力。猫捉鱼街是巴黎左岸一条真正的街道，被认为是巴黎最短的街道。普夫选择了以错视画技法将这条街道复制在西墙上，以使之与对面及附近的食品店相辅相成。破裂的墙壁与卷起的帆布将观者带入一个法国版的世外桃源。在小巷入口处，普夫画了一只猫和一条鱼（图 8-20）。这只猫成为购物中心附近的一个传奇。它在壁画上的位置正处于儿童眼睛的高度，许多孩子停下来与它说话，甚至亲吻它。①

---

① 参见 Kevin Bruce. *The Murals of John Pugh: Beyond Trompe l'Oeil*[M]. California: Ten Speed Press, 2006: 24.

图8-18　未画壁画之前的美食家小巷

图8-20　约翰·普夫，捉鱼的猫，猫捉鱼街壁画局部，丙烯颜料画在灰泥上，1988年，斯坦福购物中心，帕罗奥多市，加利福尼亚州，美国

图8-19　约翰·普夫，猫捉鱼街，丙烯颜料画在灰泥上，27英尺×80英尺，1988年，斯坦福购物中心，帕罗奥多市（Palo Alto），加利福尼亚州，美国

1989年秋，洛斯加托斯市（Los Gatos）的一家墨西哥餐厅委托普夫创作一幅弘扬这座城市的西班牙传统的壁画。不久，洛斯加托市发生地震，城市遭到了严重的破坏，大量建筑损毁。尽管准备画壁画的这座建筑也被震坏，但幸运的是用于作画的这面墙壁并未受损，因而项目得以继续。普夫自地震中获得灵感，创作了《七点一》（图8-21）。题目取自震级，里克特震级7.1，西班牙语写作“Siete Punto Uno”。在这里，普夫描绘了被地震震坏的墙壁以及残垣后方显露出来的、前哥伦布时期玛雅文化的虚构场景。一位红衣少女作为观者的替身正立在破裂的墙壁边缘惊讶地凝视着眼前出现的象征丰富的奇境——古代墨西哥神殿、守护神殿的美洲虎①、神殿入口上方壁龛中的“蝴蝶神”②以及壁画。值得注意的是，这幅壁画中的壁画描绘的是隔壁那座被震坏的建筑的剖面图，底部一行玛雅象形文字翻译过来就是“火、洪水与地震”。③据说这幅地震错视画欺骗了许多人，人们都以为地震使隐藏数千年的神殿因此重见天日，而那幅“壁画”则在几千年前就“预言”了今日洛斯加托斯市的地震。

普夫说：“作为一位公共艺术家，在众多各种各样的观众面前表达我自己，对于我来说，与为有限的美术馆圈子创作绘画相比更令我兴奋。借着我的壁画，我有一种感觉：我将美术馆带到了街道上。”④

在法国，1978年，11位里昂美术学院学生聚到一起，讨论如何突破私人创作与小众展示，将自己的艺术才华服务于自己所在的城市及社会公众，于是，“创造之城”团队成立（参见第一章）。长久以来，“创造之城”一直致力于为城市公共空间而创作，其目标是：地域性地、全国性地及国际性地展示、标识与美化场所、地区、城市空间、工业公司与服务公司的现场。⑤迄今为止，“创造之城”已经设计完成了670多幅宏伟的城市壁画⑥，这些作品不仅遍及里昂市区，还拓展到巴黎、马赛，直至世界范围，如巴塞罗那、墨西哥、那不勒斯、柏林、耶路撒冷、莫斯科、魁北克、横滨……甚至来到上海⑦。

“创造之城”最著名的错视画城市壁画作品当属位于索恩河畔一幢老式建筑两个沿街立面上的《里昂人》（*Fresque des Lyonnais*）（图

---

① 美洲虎在玛雅文化中是第四太阳时代的生物，统治自然力：洪水、暴雨及地震。
② 蝴蝶神在前哥伦布时期的墨西哥文化中是新生、变形与复活的象征。
③ 参见 Kevin Bruce. *The Murals of John Pugh: Beyond Trompe l'Oeil*[M]. California: Ten Speed Press, 2006: 32–35.
④ 参见 Kevin Bruce. *The Murals of John Pugh: Beyond Trompe l'Oeil*[M]. California: Ten Speed Press, 2006: 17.
⑤ 引自 Kiriakos Iosifidis. *Mural Art: Murals on Huge Public Surfaces Around the World from Graffiti to Trompe L'oeil*[M]. PublikatVerlags–Und Handels Kg, 2008: 68.
⑥ 参见 http://cite–creation.com/.
⑦ 在上海，以“法国生活方式”为主题，“创造之城”将武宁路的家乐福商厦立面改造成为世界上最大的错视画，集中体现了家乐福在中国的品牌定位。这个项目在当时哪怕是现在在武宁地区都是一大轰动，面对不断增长的当地竞争，错视画为商厦挽回了大量客户，并在竞争中赢得优势，同时，还为武宁地区增色不少，甚至成为当地众多新婚夫妇的婚纱照取景点。参见 http://www.sipgroup.com/zh/news/citecreation/.

图8-21　约翰·普夫，七点一，丙烯画在船只专用的胶合板上再安装于现场，16英尺×24英尺，1989年，洛斯加托斯市东部主街，加利福尼亚州，美国

8-22）。艺术家的设计构思十分美妙动人，在古旧冰冷的墙壁上挥毫作画，将之转变为一座名人荟萃的舞台，让观者有幸一日之内识尽里昂 2000 年历史中的风云人物——25 位历史名人及 6 位当代名人。这些名人依据年代远近放置，底层的是当代名人，楼层越往上年代也越久远。历史名人中包括：皇帝克劳狄一世（Emperor Claude）、巴黎社交界第一名媛雷卡米埃夫人（Juliette Récamier）、建立了电动力学的物理学家安培（André -Marie Ampère）、作家安托万·德·圣·埃克苏佩里（Antoine de Saint-Exupéry）及他所创造的“小王子”、电影发明人卢埃尔兄弟（Auguste et Louis Lumière）等①，他们出现于以错视画技法描绘的足以乱真的阳台或窗口，俯瞰着喧嚣都市里的车水马龙，或凭栏凝思，或侃侃而谈，气定神闲，栩栩如生。最有趣的是，在壁画的底层，艺术家还描绘了充满浓郁生活气息的日常场景，6 位当代名人则夹杂于普通的里昂市民之中：资深记者、法国当代最具文化影响力的代表人物之一贝尔纳·皮

① 参见 https://fr.wikipedia.org/wiki/Fresque_des_Lyonnais.

沃（Bernard Pivot）一手抱着一本书一手轻轻地带上身后小书店的门；曾经17次被评为最受法国人爱戴的人的神父阿贝·皮埃尔（Abbé Pierre）拄着拐杖迎面而来；足球运动员伯纳德·拉孔贝（Bernard Lacombe）双手插在裤兜里悠闲地走过；大名鼎鼎的“世纪主厨”保罗·博古斯（Paul Bocuse）一手叉腰、一手扶门立在小酒馆的门口，面露微笑；法国当代家喻户晓的大作家弗·达尔（Frédéric Dard）坐在窗前，手举盛满葡萄酒的高脚杯（图8-23）；转角处的小饭店橱窗里琳琅满目地陈列着各种里昂美食：熏肠、龙虾、烤鸡、面包……一位年轻的女士坐在餐桌前，手中拿着菜谱，眼睛却看向门外若有所思（图8-24）；而肩上扛着摄影机的著名电影导演贝特朗·塔维涅（Bertrand Tavernier）则跪在小饭店屋顶上全神贯注地拍摄街景呢……在此，艺术零距离地融入人们的生活之中，成为天然的美术馆，生活艺术化、艺术生活化，得到了最佳的诠释。

图8-22　创造之城，里昂人，索恩河畔一幢古旧建筑两个沿街立面上的错视画，正面600平方米，侧面200平方米，1994～1995年，里昂，法国

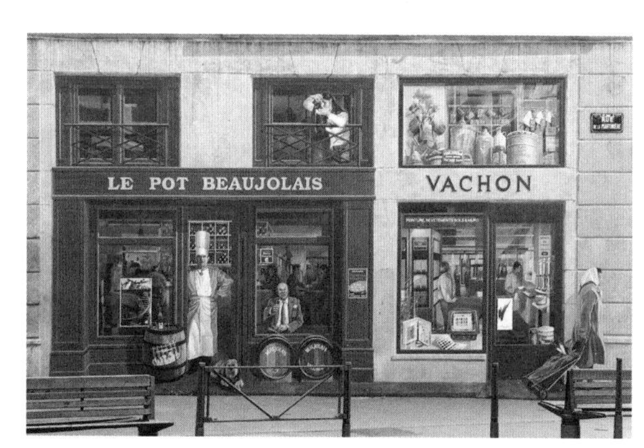

图8-23　创造之城，里昂人，索恩河畔一幢古旧建筑立面上的错视画局部，1994～1995年，里昂，法国

图8-24　创造之城，里昂人，索恩河畔一幢古旧建筑立面上的错视画局部，1994～1995年，里昂，法国

目前欧洲最大的错视画城市壁画——1200平方米的《卡尼》（*Le Mur des Canuts*）是“创造之城”的另一件杰作（图8-26）。1987年之前，这座位于红十字高地的建筑有一堵灰暗沉闷的水泥墙面（图8-25），1987年，“创造之城”将之转变为一个生机无限的“社区”，此后，这堵墙又经历了1997年和

图8-25　尚未描绘壁画之前灰暗沉闷的水泥墙面

图8-26　创造之城，卡尼，1200平方米，经历了1987年、1997年、2013年三次描绘改造之后的样子，里昂，法国

2013年两次描绘，每次描绘都与时俱进，和谐地融入周围环境之中。如今，一幢幢高大的“住宅楼”依山而立，雄伟壮观的“大台阶”似乎正在邀请观者追随前人的脚步上山观光……在这里，我们可以看到在“丝之梦”小作坊中忙碌的纺织工人（图8-27）、在休息平台上跳街舞的少年（图8-28）、坐在小木偶剧场前吃棉花糖的小男孩、在银行办事及等待的人们、推着自行车的老先生、玩滑板车的邻家男孩、正在看涂料样本的油漆匠、头戴安全帽的建筑工人、站在麦克风前的流浪艺人（图8-29）、顶层阳台上坐在轮椅里作画的老人……据说，画中所有人物皆取自现实中的社区居民，艺术家将他们入画，不仅让当地居民倍感荣幸与骄傲，也促进了当地居民之间的交流，拉近了人与人之间的距离，增强了社区的凝聚力。《卡尼》如今是里昂游人最多的热点之一，这不能不归功于艺术家将卡尼街区的一幕幕熟悉的生活场景表现得活灵活现、以假乱真的巨大艺术魅力。

长久以来，莫斯科河（Moskova river）畔一座带有室外楼梯的建筑的侧立面一直是空荡荡的（图8-30），向观者传达的美学理念是我们熟悉的口号“装饰就是罪恶”。“创造之城”绝妙的错视画设计在保留了原有的楼梯与门的同时，洞穿了冰冷阴郁的墙壁，呈现给观者一派充满浪漫幻想的奇观（图8-3）——蔚蓝的海水，金色的沙滩，蜿蜒的木栈道，诺曼底

图8-27　创造之城，卡尼，错视画城市壁画局部，2013年，里昂，法国

图8-28　创造之城，卡尼，错视画城市壁画局部，2013年，里昂，法国

图8-29　创造之城，卡尼，错视画城市壁画局部，2013年，里昂，法国

样式、木质骨架结构的豪华宅邸，横亘高空的玻璃人行天桥，色彩艳丽的热气球，身着20世纪初期时髦服装的绅士淑女……瞬间带你到那以诺曼底最优美的海岸闻名于世的法国度假胜地多维尔（Deauville）。这件错视画巨作成功的诀窍在于，艺术家通过虚构的建筑物与天桥制造了从真实向心灵幻境的过渡，使观者在不知不觉间穿越了艺术的开口，进入到另一个时空之中，谁会不乐于享受这样的视觉欺骗，乐于体验这样的神奇错觉之旅呢？

图8-30　未描绘壁画之前的建筑，莫斯科河畔，莫斯科，俄罗斯

图8-31　创造之城，莫斯科河畔的度假胜地多维尔，莫斯科，俄罗斯

8.3.4 惊世骇俗的街道立体画

如我们所知，古罗马的地面镶嵌画因会产生一种场地深度的不确定感而著称，例如饰有美杜莎之头的古罗马马赛克镶嵌地面（图 3-7），观者会产生一种地面越来越透明的感觉，整个平面仿佛向下凹陷的深井，呈现出一种穿越性的虚空（见第三章）。在朱利奥·罗马诺的泰宫巨人厅中，用鹅卵石铺砌的地面（图 6-44），形成简单的单元重复，与饰有美杜莎之头的古罗马马赛克镶嵌地面相比，更见疯狂，仿佛地底深处有一股巨大的吸力，整个地面正被它吸入，形成不断旋转着向下的巨大漩涡（见第六章）。尽管艺术家早已有意识地创造向下扩张的空间，然而，遗憾的是，一直以来，地面都不曾像其他建筑界面——墙壁、天顶一样成为扩张空间的错视画艺术的载体。直至 20 世纪 80 年代，一种新兴的街道立体画（3D Street Art，3D Sidewalk Art 或 3D Pavement Art），即一种在二维的地面上描绘出以假乱真的三维立体效果的绘画，才开始涉及传统的错视画未予充分开发的建筑界面——地面。

图8-32　库尔特・温纳，最后的审判，1985年，曼图亚，意大利

美国艺术家库尔特・温纳（Kurt Wenner）是街道立体画的创始人。他受到变形透视（anamorphic perspective）的启发，发明了一种全新的几何结构，[①] 以其了不起的独创性融合了文艺复兴古典主义的视觉遗产与 21 世纪的想象力，创造出了惊人的 3D 立体形象。[②]

图8-33　库尔特・温纳，水带来生命，1991年，棕榈树沙漠，亚利桑那州，美国

---

① 参见 https://en.wikipedia.org/wiki/Kurt_Wenner.

② 参见 KiriakosIosifidis. *Mural Art Vol.3: Murals on Huge Public Surfaces Around the World from Graffiti to Trompe L'oeil*[M]. PublikatVerlags-Und Handels Kg, 2010: 234.

1982年，温纳来到罗马，开始了街道立体画创作。至1984年，他已经成为全球各大媒体竞相追逐的大师级艺术家。1985年，美国国家地理频道将温纳在欧洲的街道立体画作品拍摄成纪录片《粉笔画杰作》（*Masterpieces in Chalk*）。1987年，这部纪录片在纽约电影节上获得了美术类第一名。20世纪80年代中期，温纳首次将街道立体画引入圣巴巴拉美术馆（Santa Barbara Museum of Art）。不久，他在加利福尼亚州圣芭芭拉旧大使馆创办了第一个街道艺术节。此后，他在全国各地又创办了许多一直延续至今的节庆活动。鉴于他对艺术教育所做出的杰出奉献，他被授予肯尼迪中心大奖（Kennedy Center Medallion）。[①]

作为一位国际艺术家，目前，温纳的作品已经在30多个国家和地区展出，为遍及世界各地的客户创作了几千平方英尺的绘画。[②]其代表作有《最后的审判》（图8-32）、《水带来生命》（图8-33）、《办公室街道》（图8-34）、《滑铁卢意外事件》（图8-35）、《比利时地铁》（图8-36）等。温纳的绘画总是在讲述一个个故事，从一定的角度望去，只觉地面正向下凹陷，而从地下深处钻出来的各种人物似乎就要跃然而出，乱真的效果十分惊人。通过这些绘画，温纳试图引导公众去重新思考被现代艺术所摒弃的古典主义的价值。他深信，古典主义艺术语言是一种被忽视过久的关键手段，而由他所开创的街道立体画恰恰表明这种古老的语言可以孕育出一种全新的艺术形式。[③]

伴随着温纳的作品越来越受欢迎，全球数百位艺术家受到温纳的启发创作出属于他们自己的街道立体画形式。诸如英国艺术家朱利安·比弗（Julian Beever）、德国艺术家埃德加·穆勒（Edgar Muller）等人的作品，追本溯源，都起于温纳在20世纪80年代的发明。

图8-34　库尔特·温纳，办公室街道，2005年，曼图亚，意大利

图8-35　库尔特·温纳，滑铁卢意外事件，2007年，滑铁卢火车站，伦敦，英国

① 参见 https://en.wikipedia.org/wiki/Kurt_Wenner.

② 参见 KiriakosIosifidis. *Mural Art Vol.3: Murals on Huge Public Surfaces Around the World from Graffiti to Trompe L'oeil*[M]. PublikatVerlags-Und Handels Kg, 2010: 234.

③ 参见 https://en.wikipedia.org/wiki/Kurt_Wenner.

图8-36　库尔特・温纳，比利时地铁，2007年，布鲁塞尔，比利时

素有“街头毕加索”之称的朱利安·比弗自20世纪90年代中期开始在路面上创作街道立体画，至今在欧洲已经创作了数百件作品。[①]他喜欢在画面中安置与场景互动的真人（有时就是他自己），真真假假，欺骗你的眼睛。在他的笔下，路面可以转变为池塘，逼真的青蛙蹲居于睡莲叶子之上与你相遇；也可以转变为万里冰封的北极，一头海狮从破裂的冰面中探出头来，用鼻尖顶着一罐饮料递给你；路面甚至突然爆裂，往下一瞧，却发现地下深处竟是神秘的火箭发射基地，而你就站在喷着浓烟烈焰正在腾飞的火箭尖端！……最有意思的是，当你在路上好端端地走着时，却忽然发现，前方的路面塌陷了，而你不知何时莫名其妙地来到一座大楼顶层的挑檐上，低头一看——啊！大楼着火了！楼下的街道上围满了观看的人群，两个警察正仰头向你喊话，千钧一发之际，幸而蝙蝠侠与罗宾现身，他们拉着绳索爬上来营救，你则蹲下身子，几乎命悬一线（图8-37）；坐在公园休闲椅上拥吻的情侣，脚下的地面忽然魔术般地张开大口，从地下竖起来的巨大摩天轮与地面相接，正旋转着把坐在公园休闲椅上的人们逐一送到地下那充满欢乐气氛的游乐场，下一个就轮到你了（图8-38）……前不久，比弗还发布了一组5张照片——先是他手里拿着工具在熙熙攘攘的街头到处“探测”，然后，他拿起铲子“开挖”地面，挖出来的“土”越堆越多，越堆越多……最后，竟被他挖到了“金矿”！于是，他跪下来，手里捧着大把的金币，一脸的心满意足！[②]千万别以为比弗真的发财了哦！其实，他不过是在创作欺骗眼睛的街道立体画。天马行空的想象、风趣幽默的效果，让比弗在世界各地赢得了无数拥趸，所到之处，无不引起轰动效应。

图8-37　朱利安·比弗，蝙蝠侠与罗宾的营救

图8-38　朱利安·比弗，命运，圣地亚哥，智利，为3M电信公司创作，作为其“智慧”行动的一部分

---

① 参见 https://en.wikipedia.org/wiki/Julian_Beever.

② 参见 http://www.julianbeever.net/index.php?option=com_phocagallery&view=category&id=2&Itemid=8.

比弗之后，全球最具影响力的街道立体画大师非埃德加·穆勒莫属。穆勒在研习传统错视画的基础之上，广泛吸收现代信息领域的新技术，创造出了属于他自己的新风格。他的街道立体画场面恢宏壮观、惊心动魄、奇幻瑰丽，在街头制造了一个又一个视觉陷阱：飞流直下的大瀑布（图8-39）、充满戏剧性的冰川悬崖（图8-40）、恍如世界末日的火山爆发（图8-41）、发射出神秘妖冶的绿光与漂浮着古老海洋生物的洞穴（图8-42、图8-43）、升腾起一股凤凰形喷泉的峡谷深渊（图8-44）……穆勒的神作为平凡的世界开启了一扇又一扇超现实之门，为身处日常生活的观者带来了神奇的视觉震撼。特别值得一提的是，穆勒精心打造的巨幅街道立体画甚至出现在2010年上海世界博览会上，那湍急的瀑布之中融入世博会会徽等元素，效果逼真，极具视觉冲击力。①

图8-39　埃德加·穆勒，2007年，瀑布，280平方米，穆斯乔（MooseJaw），萨斯喀彻温省（Saskatchewan），加拿大

图8-41　埃德加·穆勒，火山爆发，2008年，盖尔登，德国

图8-40　埃德加·穆勒，裂缝，2008年，敦劳费尔（Dun Laoghaire），爱尔兰

① 参见 http://www.china.com.cn/news/tech/2009-08/06/content_18286247.htm.

总之，街道立体画是传统的错视画艺术在当代的创造性发展与延伸，大师们非凡的想象力，为我们展现了一个又一个奇妙的地下世界。当今，世界各地每年都举办各种街道绘画节庆赛事，如爱尔兰敦劳费尔（Dun Laoghaire）的“世界文化节”、德国盖尔登（Geldern）的“国际街道绘画节”、意大利格拉齐的“格拉齐节（The Grazie Festival）”等，都可见到街道立体画大师们活跃的身影，他们的惊世杰作甫一面世，即通过互联网在全世界广泛传播，引发了追捧狂潮，收获了无数喝彩。

图8-43　埃德加·穆勒，绿宝石洞穴，2013年，克拉斯诺戈尔斯克，莫斯科，俄罗斯

图8-44　埃德加·穆勒，凤凰（鹰），2011年，城市艺术画廊，大急流城，美国

图8-42　埃德加·穆勒，神秘洞穴，2011年，伦敦，英国

8.4 错视画创作的若干原则

错视画这种发源于古希腊时代的艺术形式极其古老，历经了古罗马时代的高度发展，中世纪的相对停滞，文艺复兴时期的再度繁荣，至巴洛克时代达于巅峰，然后盛极而衰，几近绝迹，直至今天的涅槃重生，两千多年来几度衰退，几度复兴，不禁让我们忍不住感叹：真是“向前一步，回到从前。后退一步，进到未来。”（Go forward into the past. Go back to the future.）

经历了以上对基于建筑界面的西方错视画艺术的起源与发展的考察，我们总结出在建筑界面上创作令人信服的错视画（除了必须具备高超的绘画技法之外）应当遵循的若干原则，希望能够为当代中国的设计艺术实践提供借鉴：

（1）前景中所描绘的事物必须与实物等大，否则对于观者来说，就不会将它们与真实的事物相混淆。远处物体的尺寸则应当依照透视法相应地缩减。

（2）在错视画中，应当避免采用极端的透视变形，因为如果要想达到乱真的效果，它们要求观者处于特定的视点、静止不动且只能用一只眼睛观看。一般而言，无论是采用侵入法还是延伸法，较浅的突起与进深都比较可取，因为从几乎所有的视点来看它们都很真实。因此，以错视画描绘门窗、壁龛、碗碟柜、书架、古董柜、衣柜等是不错的选择。如约翰·普夫的《树根系列》1号与2号（图8-45），白色的壁龛与闯入的树根，从哪个角度看都足以乱真。出于同样的理由，描绘风景最好选择广角而避免灭点和直线结构。如此一来，观者可以自由地在房间里走来走去，而不需要静止不动。

（3）只有当错视画与建筑环境逻辑相关时，对于眼睛的欺骗才会奏效。所描绘的情境在特定的空间中必须是可信的。应当避免出现一些与建筑空间无关的内容，并且在风格上最好与建筑的风格相匹配。如原本无窗的、地下室内的游泳池，让人倍感压抑、沉闷，李海纳·马里亚·莱茨克（Rainer Maria Latzke）的错视画《鸟瞰格里莫（Grimaud）屋顶》（图8-46）则巧妙地将实墙转变为小镇远景，在这里，虚构的空间与建筑环境完美融合，画面倒映于游泳池水面之中，你会误以为身在屋顶平台之上，这里视野开阔，空气清新，顿时烦恼尽消，心情舒畅。

（4）所描绘的事物不能因为空间的限制而看起来不完整，一个物象可以被其他物象所遮挡，但是不能被空间边界所切断，否则错视的效果就无法实现。诸如棕榈树直接从地板上长出来、半片云朵飘浮在空中之类，由于缺乏与真实世界的联结，观者很自然会把它看成是一幅画，而不会误以为真。

（5）制造联结：地面、墙面和天花是房间的边界，错视画使这些建筑的界面转变为通向虚构世界的开口。观者看到一个虚构的场景似乎魔法般地存在于建筑背后，如果开口以那些似乎侵入真实空间的构件框起来，那么真实的空间与虚构的世界之间的通道就可以几乎不被注意地穿过，并且乱真的效果十分鲜明。而模仿真实世界中已有的构件是连接内与外、真实的与虚构的空间的一种高度有效的方式。

（6）考虑观看错视画时的光线条件是很重要的，因为这会影响到设计。如果房间里有一扇窗户，那么描绘的影子就应该总是与那些真实的物体将会投下的影子相一致。

（7）错视画应当尽量描绘那些永恒而持久的事物，作为一幅壁画诸如大海、天空、棕榈树之类的主题是可信的，而描绘冲浪运动员奋力挣扎的主题，则是较不可信的选择。这样的绘画可能是现实主义的，但它们不能产生令人信服的幻觉。

图8-45　约翰·普夫，树根系列1号与2号，1994年，丙烯画于MOD板，26英寸×42英寸

图8-46　李海纳·马里亚·莱茨克，鸟瞰格里莫（Grimaud）屋顶，无窗地下室中的游泳池需要空气流通的远景

主要参考文献

外文部分：

[1] Miriam Milman. *The Illusions of Reality: Trompe-L'oeil Painting* [M]. London: Skira, 1982.

[2] Eckhard Hollmann, Jürgen Tesch. *A Trick of the Eye: Trompe L'Oeil Masterpieces* [M]. New York: Prestel Publishing, 2004.

[3] Yves Lanthier, *The Art of Trompe L'oeil Murals* [M]. Cincinnati: North Light Books, 2004.

[4] Ursula E, and Martin Benad. *Trompe L'Oeil Today* [M]. London: W. W. Norton & Company, 2002.

[5] Kevin Bruce. *The Murals of John Pugh: Beyond Trompe l'Oeil*[M]. California: Ten Speed Press, 2006.

[6] Ursula E, and Martin Benad. *Trompe L'oeil : Sky And Sea* [M]. New York: W. W. Norton &Company, 2005.

[7] Ursula E, and Martin Benad. *TrompeL'Oeil: Grisaille, Architecture & Drapery* [M]. New York: W. W. Norton &Company, 2006.

[8] Ursula E, and Martin Benad. *Trompe L'Oeil: Italy Ancient and Modern* [M]. New York: W. W. Norton &Company, 2008.

[9] Umberto Pappalardo. *The Splendor of Roman Wall Painting* [M]. Los Angeles: The J. Paul Getty Museum, 2009.

[10] Karen S, Chambers. *Trompe L'Oeil At Home: Faux Finishes And Fantasy Settings* [M]. New York: Rizzoli, 1993.

[11] Richard Brilliant. *Roman Art: from the Republic to Constantine* [M]. London: Phaidon Press Ltd., 1974.

[12] John R, Clarke. *Art in the Lives of Ordinary Romans* [M]. University of California Press, 2003.

[13] Gay Robins. *The Art of Ancient Egypt* [M]. Cambridge: Harvard University Press, 1997.

[14] JaromirMalek. *Egypt: 4000 Years of Art* [M]. London: Phaidon Press Ltd, 2003.

[15] FilippoPedrocco, Massimo Favilla, RuggeroRugolo. *Frescoes of The Veneto: Venetian Palaces and Villas* [M]. New York: The Vendome Press, 2009: p38.

[16] Kathleen Wren Christian. *Empire Without End: Antiquities Collections in Renaissance Rome, c.1350-1527* [M]. New Haven and London: Yale University Press, 2010.

[17] KiriakosIosifidis. *Mural Art: Murals on Huge Public Surfaces Around the World from Graffiti to Trompe L'oeil*[M]. PublikatVerlags- Und Handels Kg, 2008.

[18] KiriakosIosifidis. *Mural Art Vol.2: Murals on Huge Public Surfaces Around the World from Graffiti to Trompe L'oeil*[M]. PublikatVerlags- Und Handels Kg, 2009.

[19] KiriakosIosifidis. *Mural Art Vol.3: Murals on Huge Public Surfaces Around the World from Graffiti to Trompe L'oeil[*M]. PublikatVerlags- Und Handels Kg, 2010.

[20] Joachim Poeschke. *Italian Frescoes: The Age of Giotto,1280-1400* [M]. New York · London: Abbeville Press Publishers, 2005.

[21] Steffi Roettgen. Italian Frescoes: *The Early Renaissance,1400-1470* [M]. New York · London: Abbeville Press Publishers, 1996.

[22] Steffi Roettgen. Italian Frescoes: *The Flowering of The Renaissance, 1470-1510* [M]. New York · London: Abbeville Press Publishers, 1997.

[23] Julian Kliemann, Michael Rohlmann. *Italian frescoes: High Renaissance and Mannerism, 1510-1600* [M]. New York · London: Abbeville Press Publishers, 2004.

[24] Steffi Roettgen. *Italian Frescoes: The Baroque Era,1600-1800* [M]. New York · London: Abbeville Press Publishers, 2007.

[25] ShaaronMagrelli, Giovanna Uzzani. *The Italian Renaissance* [M]. Florence: SCALA Group S.p.A. 2009.

[26] Antonio Foscari. *Frescos within Palladio's Architecture: Malcontenta 1557-1575* [M]. Z ü rich: Lars M ü ller, 2013.

[27] Robert L, Solso. *Cognition and the Visual Arts* [M]. fourth printing.London: The MIT Press, 1999.

[28] Victor I, Stoichita. *A Short History of the Shadow* [M]. London: Reaktion Book Ltd, 1999.

[29] Pevsner Nikolaus. *A History of Building Types [*M]. Princeton: Princeton University Press, 1976.

[30] Mary Warner Marien, *William Fleming. Art and Ideas* [M]. Tenth Edition. Wadsworth, a part of Cengage Learning, 2005.

[31] Vernon Hyde Minor. *Baroque and Rococo: Art and Culture* [M]. Laurence King Publishing, 1999.

[32] Nikolaus Pevsner. *An Outline of European Architecture* [M]. Penguin Books. Middlesex, Baltimore and Ringwood, 1990.

[33] SilkeVry. *Trick of the Eye: Art and Illusion* [M]. Munich · Berlin · London · New York:Prestel, 2010.

[34] Rolf Toman. *Baroque: Architecture·Sculpture·Painting* [M]. h.f.ullmann publishing GmbH, 2013.

[35] Genvieve Warwick. *Bernini: Art as Theatre* [M]. New Haven and London: Yale University Press, 2012.

[36] Phyllis Hartnoll. *The theatre a concise history* [M]. London: Thames and Hudson Ltd, 1985.

[37] Edwin Wilson. *The Theater Experience* [M]. Third Edition. New York: McGRAW−HILL Book Company, 1985.

中文部分：

[1]（英）E.H. 贡布里希．艺术与错觉——图画再现的心理学研究 [M]. 林夕，李本正，范景中译．长沙：湖南科学技术出版社．2004.

[2]（英）贡布里希．艺术的故事 [M]. 范景中译．林夕校．北京：生活·读书·新知三联书店，1999.

[3]（奥）恩斯特·克里斯，奥托·库尔茨．艺术家的传奇 [M]. 潘耀珠译．杭州：中国美术学院出版社，1990.

[4]（意）乔尔乔·瓦萨里．意大利艺苑名人传·中世纪的反叛 [M]. 刘耀春译．武汉：湖北美术出版社、长江文艺出版社，2003.

[5]（意）乔尔乔·瓦萨里．意大利艺苑名人传·巨人的时代（上）[M]. 刘耀春，毕玉，朱莉译．武汉：湖北美术出版社、长江文艺出版社．2003.

[6]（意）乔尔乔·瓦萨里．意大利艺苑名人传·巨人的时代（下）[M]. 徐波，刘耀春，张旭鹏，辛旭译．武汉：湖北美术出版社、长江文艺出版社．2003.

[7]（意）乔尔乔·瓦萨里．意大利艺苑名人传·辉煌的复兴 [M]. 徐波，刘君，毕玉译．武汉：湖北美术出版社、长江文艺出版社．2003.

[8]（古罗马）维特鲁威．（美）I.D. 罗兰英译．陈平中译．建筑十书 [M]. 北京：北京大学出版社，2012.

[9]（意）阿尔贝蒂．论绘画 [M].（美）胡珺，辛尘译注．南京：凤凰出版传媒股份有限公司、江苏教育出版社，2012.

[10]（英）诺曼·布列逊．注视被忽视的事物：静物画四论 [M]. 丁宁译．杭州：浙江摄影出版社，2000.

[11]（英）彼得·柯林斯．现代建筑设计思想的演变 [M]. 英若聪译．北京：中国建筑工业出版社，2003.

[12]（美）马克・彭德格拉斯特 . 镜子的历史 [M]. 吴文忠译 . 北京：中信出版社，2005.
[13]（美）吉姆・帕特森，吉姆・亨特，帕蒂・P・吉利斯佩，肯尼斯・M・卡梅隆 . 戏剧的快乐 [M]. 北京：人民邮电出版社，2013.
[14]（德）达格玛・卢茨 . 古希腊艺术如数家珍 [M]. 程爽译 . 长春：吉林出版集团有限责任公司，2012.
[15]（英）吉塞拉・里克特 . 希腊艺术手册 [M]. 李本正，范景中译 . 杨成凯校 . 杭州：中国美术学院出版社，1989.
[16]（法）让－诺埃尔・罗伯特 . 古罗马人的欢娱 [M]. 王长明，田禾，李变香译 . 桂林：广西师范大学出版社，2005.
[17]（意）塞巴斯蒂亚诺・塞利奥 . 建筑五书 [M]. 刘畅，李倩怡，孙闯译 . 北京：中国建筑工业出版社，2014.
[18]（美）南希・H. 雷梅治，安德鲁・雷梅治 . 罗马艺术——从罗慕路斯到君士坦丁 [M]. 郭长刚，王蕾译 . 孙宜学校 . 桂林：广西师范大学出版社，2005.
[19]（德）托马斯・R，霍夫曼 . 古罗马艺术如数家珍 [M]. 程昱译 . 长春：吉林出版集团有限责任公司，2012.
[20]（美）萨拉・柯耐尔 . 西方美术风格演变史 [M]. 欧阳英，樊小明译 . 杭州：中国美术学院出版社，2008.
[21]（奥）维克霍夫 . 罗马艺术——它的基本原理及其在早期基督教绘画中的运用 [M]. 陈平译 . 北京：北京大学出版社，2010.
[22]（英）约翰・B・沃德－珀金斯 . 罗马建筑 [M]. 吴葱，张威，庄岳译 . 北京：中国建筑工业出版社，1999.
[23]（美）约翰・T. 帕雷提，加里・M. 拉德克 . 意大利文艺复兴时期的艺术 [M]. 朱璇译 . 孙宜学校 . 桂林：广西师范大学出版社，2005.
[24]（意）列奥纳多・达・芬奇 . 达・芬奇论绘画 [M]. 戴勉编译 . 朱龙华校 . 桂林：广西师范大学出版社，2003.
[25]（意）列奥纳多・达・芬奇 . 达・芬奇笔记 [M].（美）H・安娜・苏编 . 刘勇译 . 长沙：湖南科学技术出版社，2015.
[26]（英）罗萨・玛利亚・莱茨 . 剑桥艺术史：文艺复兴艺术 [M]. 钱乘旦译 . 南京：凤凰出版传媒集团、译林出版社，2009.
[27]（英）彼得・默里 . 文艺复兴建筑 [M]. 王贵祥译 . 北京：中国建筑工业出版社，1999.
[28]（英）冯伟 . 透视前后的空间体验与建构 [M]. 李开然译 . 南京：东南大学出版社，2009.
[29]（美）卡罗尔・斯特里克兰博士 . 拱的艺术——西方建筑简史 [M]. 王毅译 . 上海：上海人民美术出版社，2005.
[30]（英）萨莫森 . 建筑的古典语言 [M]. 张欣玮译 . 杭州：中国美术学院出版社，1994.
[31]（德）汉诺—沃尔特・克鲁夫特 . 建筑理论史——从维特鲁威到现在 [M]. 王贵祥译 . 北京：中国建筑工业出版社，2005.
[32]（意）安德烈亚・帕拉第奥 . 帕拉第奥建筑四书 [M]. 李路珂，郑文博译 . 北京：中国建筑工业出版社，2015.
[33]（德）席勒 . 审美教育书简 [M]. 张玉能译 . 南京：译林出版社，2012.
[34]（英）约翰・罗斯金 . 建筑的七盏明灯 . 济南：山东画报出版社，2006.
[35]（英）派屈克・纳特金斯 . 建筑的故事 [M]. 杨惠君等译 . 上海：上海科学技术出版社，2001.
[36]（法）于贝尔・达米施 . 云的理论：为了建立一种新的绘画史 [M]. 董强译 . 南京：江苏美术出版社，2014.
[37]（美）黎辛斯基 . 完美的房子 [M]. 杨惠君译 . 天津：天津大学出版社，2007.
[38]（美）丹尼斯・谢尔曼，乔伊斯・索尔兹伯里 . 全球视野下的西方文明史：从古代城邦到现代都市 [M]. 陈恒，洪庆明，钱克锦等译 . 上海：上海三联书店出版社，2011.

[39]（德）罗尔夫·托曼 . 巴洛克艺术：人间剧场艺术品的世界 [M]. 李建群，赵晖译 . 北京：北京出版集团公司、北京美术摄影出版社，2014.
[40]（挪）克里斯蒂安·诺伯格－舒尔茨 . 巴洛克建筑 [M]. 刘念雄译 . 北京：中国建筑工业出版社，2000.
[41]（法）勒·柯布西耶 . 走向新建筑 [M]. 陈志华译 . 西安：陕西师范大学出版社，2004.
[42]（美）罗伯特·文丘里 . 建筑的复杂性与矛盾性 [M]. 周卜颐译 . 北京：知识产权出版社，2006.
[43]（英）佛比·麦克劳顿 . 透视与错觉 [M]. 贺俊杰，周石平译 . 长沙：湖南科学技术出版社，2012.
[44] 陈志华 . 外国建筑史（19 世纪末叶以前）[M]. 第三版 . 北京：中国建筑工业出版社，2004.
[45] 罗小未 . 外国近现代建筑史 [M]. 第二版 . 北京：中国建筑工业出版社，2004.
[46] 曹意强 . 美术博物馆学导论 [M]. 杭州：中国美术学院出版社，2008.
[47] 曹意强 . 时代的肖像 [M]. 北京：文物出版社，2006.
[48] 邵亮 . 巴罗克艺术 [M]. 石家庄：河北教育出版社，2003.
[49] 李军 . 可视的艺术史：从教堂到博物馆 [M]. 北京：北京大学出版社，2016.
[50] 朱光潜 . 西方美学史 [M]. 北京：人民文学出版社，1963.
[51] 殷光宇 . 透视 [M]. 杭州：中国美术学院出版社，1999.

图片来源

图 1-1 Kevin Bruce. *The Murals of John Pugh: Beyond Trompe l'Oeil*[M]. California: Ten Speed Press, 2006: 14.

图 1-2 Kiriakos Iosifidis. *Mural Art: Murals on Huge Public Surfaces Around the World from Graffiti to Trompe L'oeil*[M]. Publikat Verlags-Und Handels Kg, 2008: 193.

图 1-3 Miriam Milan. *The Illusions of Reality: Trompe-L'oeil Painting*[M]. London: Skira, 1982:70.

图 1-4 Silke Vry. *Trick of The Eye: Art and Illusion*[M]. Munich · Berlin · London · New York: Prestel Verlag, 2010: 16.

图 1-5 Eckhard Hollmann, Jürgen Tesch. *A Trick of the Eye: Trompe L'Oeil Masterpieces*[M]. New York: Prestel Publishing, 2004: 69.

图 1-6 Miriam Milman. *The Illusions of Reality: Trompe-L'oeil Painting*[M]. London: Skira, 1982: 88.

图 1-7 Karen S. Chambers. *Trompe L'oeil at Home: Faux finishes and Fantasy Settings*[M]. New York: RIZZOLI, 1993: 178.

图 1-8 Miriam Milman. *The Illusions of Reality: Trompe-L'oeil Painting*[M]. London: Skira, 1982: 86.

图 1-9 Eckhard Hollmann, Jürgen Tesch. *A Trick of the Eye: Trompe L'Oeil Masterpieces*[M]. New York: Prestel Publishing, 2004: 47.

图 1-10 Miriam Milman. *The Illusions of Reality: Trompe-L'oeil Painting*[M]. London: Skira, 1982: 88.

图 1-11 Miriam Milman. *The Illusions of Reality: Trompe-L'oeil Painting*[M]. London: Skira, 1982: 89.

图 1-12 Farid Chenoune. *Jean Paul Gaultier*[M]. London: Thames and Huson Ltd, 1996: 46.

图 1-13 Farid Chenoune. *Jean Paul Gaultier*[M]. London: Thames and Huson Ltd, 1996: 47.

图 1-14 http://china.ynet.com/3.1/1507/29/10264187_2.html.

图 1-15 http://china.ynet.com/3.1/1507/29/10264187_9.html.

图 2-1 Robert L, Solso. *Cognition and the Visual Arts*[M]. fourth printing. London: The MIT Press, 1999: 18.

图 2-2 M.H.Pirenne. *Optics, painting & Photography*[M]. Cambridge: University Press, 1970: 2.

图 2-3 Victor I. Stoichita. *A Short History of the Shadow*[M]. London: Reaktion Book Ltd, 1999: 137.

图 2-4 Victor I. Stoichita. *A Short History of the Shadow*[M]. London: Reaktion Book Ltd, 1999: 42.

图 2-5 Victor I. Stoichita. *A Short History of the Shadow*[M]. London: Reaktion Book Ltd, 1999: 32.

图 2-6 （英）E.H. 贡布里希．艺术与错觉——图画再现的心理学研究 [M]. 林夕，李本正，范景中译．长沙：湖南科学技术出版社，2004: 77.

图 2-7 Robert L, Solso. *Cognition and the Visual Arts*[M]. fourth printing. London: The MIT Press, 1999: 192.

图 2-8 Mary Warner Marien, William Fleming. *Art and Ideas*[M]. Tenth Edition. Wadsworth, a part of Cengage Learning, 2005: 2.

图 2-9 https://en.wikipedia.org/wiki/Cave_of_Altamira.

图 2-10 *30,000 Years of Art, The Story of Human Creativity Across Time & Space*[M]. London: Phaidon Press Limited, 2015:8.

图 2-11 *30,000 Years of Art, The Story of Human Creativity Across Time & Space*[M]. London: Phaidon Press Limited, 2015:9.

图 2-12 Gay Robins. *The Art of Ancient Egypt*[M]. Cambridge: Harvard University Press, 1997: 127.

图 2-13 Jaromir Malek. *Egypt: 4000 Years of Art*[M]. London: Phaidon Press Ltd, 2003:160.

图 2-14 Robert L, Solso. *Cognition and the Visual Arts*[M]. fourth printing. London: The MIT Press, 1999: 198.

图 2-15 Jaromir Malek. *Egypt: 4000 Years of Art*[M]. London: Phaidon Press Ltd, 2003:162.

图 2-16 仁田三夫摄影．古埃及遗产瑰宝 [M]. 东京：晨星出版公司，1985:25.

图 2-17 Gay Robins. *The Art of Ancient Egypt*[M]. Cambridge: Harvard University Press, 1997: 22.

图 2-18 仁田三夫摄影．古埃及遗产瑰宝 [M]. 东京：晨星出版公司，1985:22-23.

图 2-19 Jaromir Malek. *Egypt: 4000 Years of Art*[M]. London: Phaidon Press Ltd, 2003: 159.

图 2-20 Gay Robins. *The Art of Ancient Egypt*[M]. Cambridge: Harvard University Press, 1997:185.

图 2-21 仁田三夫摄影．古埃及遗产瑰宝 [M]. 东京：晨星出版公司，1985:22.

图 2-22 隋丞．阅读视觉经典 [M]. 天津：天津大学出版社，2007: 9.

图 2-23 仁田三夫摄影．古埃及遗产瑰宝 [M]. 东京：晨星出版公司，1985:26-27.

图 2-24　Michael Bennett and Aaron J. Paul. *MAGNA GRAECIA: Greek Art from South Italy and Sicily*[M]. New York and Manchester: Hudson Hills Press, 2002: 52.
图 2-25　Michael Bennett and Aaron J. Paul. *MAGNA GRAECIA: Greek Art from South Italy and Sicily*[M]. New York and Manchester: Hudson Hills Press, 2002: 60.
图 2-26a　John Griffiths Pedley. *Greek Art and Archaeology*[M]. Third Edition. London: Laurence King Publishing Ltd, 2002: 204.
图 2-26b　Nigel Spivey. *Greek Art*[M]. London: Phaidon Press Limited, 1997: 16-17.
图 2-27　（德）托尼奥・赫尔舍．古希腊艺术（插图版）[M]. 陈亮译．北京：世界图书出版公司，2014: 100.
图 2-28　Nigel Spivey. *Greek Art*[M]. London: Phaidon Press Limited, 1997: 286.
图 2-29　Nigel Spivey. *Greek Art*[M]. London: Phaidon Press Limited, 1997: 287.
图 2-30　Nigel Spivey. *Greek Art*[M]. London: Phaidon Press Limited, 1997: 292.
图 2-31　Nigel Spivey. *Greek Art*[M]. London: Phaidon Press Limited, 1997: 293.
图 2-32　Nigel Spivey. *Greek Art*[M]. London: Phaidon Press Limited, 1997: 291.
图 2-33　Nigel Spivey. *Greek Art*[M]. London: Phaidon Press Limited, 1997: 289.
图 2-34　Mary Warner Marien, William Fleming. *Art and Ideas*[M]. Tenth Edition.Wadsworth, a part of Cengage Learning, 2005: 2.
图 2-35　Phyllis Hartnoll. *The Theatre: A Concise History*（*revised edition*）[M]. London: Thames and Hudson, 1985: 23.
图 2-36　John Griffiths Pedley. *Greek Art and Archaeology*[M]. Third Edition. London: Laurence King Publishing Ltd, 2002: 295.
图 2-37　John Boardman. *Greek Art*[M]. Fourth edition revised and expanded. London: Thames and Hudson Ltd, 1996: 168.
图 3-1　Robert Etienne, 王振孙译．庞培：掩埋在地下的荣华 [M]. 上海：上海世纪出版集团、上海书店出版社，1987: 36-37.
图 3-2　Umberto Pappalardo. *The Splendor of Roman Wall Painting*[M]. Los Angeles: The J. Paul Getty Museum, 2009: 19.
图 3-3　Carol C, Mattusch. *Pompeii and the Roman Villa: Art and Culture around the Bay of Naples*[M]. New York: Thames & Hudson, 2008: 20.
图 3-4　世界美术大系 [M]. 第 6 卷．东京：株式会社学习研究社（学研），1974: 31.
图 3-5　Umberto Pappalardo. *The Splendor of Roman Wall Painting*[M]. Los Angeles: The J. Paul Getty Museum, 2009: 156.
图 3-6　Richard Brilliant. *Roman Art: from the Republic to Constantine*[M]. London: Phaidon Press Ltd., 1974: 143.
图 3-7　Richard Brilliant. *Roman Art: from the Republic to Constantine*[M]. London: Phaidon Press Ltd., 1974: 135.
图 3-8　Carol M, Richardson. *Locating Renaissance Art*[M]. Volume 2. London: Yale University Press, 2007: 49.
图 3-9　（英）大卫・沃特金．傅景川等译．西方建筑史 [M]. 长春：吉林人民出版社，2004: 17.
图 3-10　Philip Matyszak. *Ancient Rome on Five Denarii a Day*[M]. London: Thames & Hudson, 2007: 54-55.
图 3-11　（英）约翰・B・沃德－珀金斯．罗马建筑 [M]. 吴葱，张威，庄岳译．北京：中国建筑工业出版社，1999: 120-121.
图 3-12　John R. Clarke. *Art in the Lives of Ordinary Romans*[M]. Berkeley・Los Angeles・ London: University of California Press, 2003: 138.
图 3-13　Phyllis Hartnoll. *The Theatre: A Concise History*（*revised edition*）[M]. London: Thames and Hudson, 1985: 57.
图 3-14　Phyllis Hartnoll. *The Theatre: A Concise History*（*revised edition*）[M]. London: Thames and Hudson, 1985: 56.
图 3-15　Phyllis Hartnoll. *The Theatre: A Concise History*（*revised edition*）[M]. London: Thames and Hudson, 1985: 57.
图 3-16　Umberto Pappalardo. *The Splendor of Roman Wall Painting*[M]. Los Angeles: The J. Paul Getty Museum, 2009: 24.
图 3-17　Umberto Pappalardo. *The Splendor of Roman Wall Painting*[M]. Los Angeles: The J. Paul Getty Museum, 2009: 9.
图 3-18　Phyllis Hartnoll. *The Theatre: A Concise History*（*revised edition*）[M]. London: Thames and Hudson, 1985: 27.
图 3-19　Umberto Pappalardo, Rosaria Ciardiello. *MOSA·QUES: GRECQUES ET ROMAINES*[M]. Pairs: Citadelles, 2010: 144.
图 3-20　Umberto Pappalardo, Rosaria Ciardiello. *MOSA·QUES: GRECQUES ET ROMAINES*[M]. Pairs: Citadelles, 2010: 145.
图 3-21　Umberto Pappalardo, Rosaria Ciardiello. *MOSA·QUES: GRECQUES ET ROMAINES*[M]. Pairs: Citadelles, 2010: 138-139.
图 3-22　Umberto Pappalardo, Rosaria Ciardiello. *MOSA·QUES: GRECQUES ET ROMAINES*[M]. Pairs: Citadelles, 2010: 143.
图 3-23　Umberto Pappalardo, Rosaria Ciardiello. *MOSA·QUES: GRECQUES ET ROMAINES*[M]. Pairs: Citadelles, 2010: 194.

图 3−24 Umberto Pappalardo, Rosaria Ciardiello. *MOSA·QUES: GRECQUES ET ROMAINES*[M]. Pairs: Citadelles, 2010: 195.
图 3−25 Umberto Pappalardo. *The Splendor of Roman Wall Painting*[M]. Los Angeles: The J. Paul Getty Museum, 2009: 31.
图 3−26 Umberto Pappalardo. *The Splendor of Roman Wall Painting*[M]. Los Angeles: The J. Paul Getty Museum, 2009: 84.
图 3−27 Umberto Pappalardo. *The Splendor of Roman Wall Painting*[M]. Los Angeles: The J. Paul Getty Museum, 2009: 86−87.
图 3−28 Umberto Pappalardo. *The Splendor of Roman Wall Painting*[M]. Los Angeles: The J. Paul Getty Museum, 2009: 224.
图 3−29 Umberto Pappalardo. *The Splendor of Roman Wall Painting*[M]. Los Angeles: The J. Paul Getty Museum, 2009: 88.
图 3−30 Umberto Pappalardo. *The Splendor of Roman Wall Painting*[M]. Los Angeles: The J. Paul Getty Museum, 2009: 74.
图 3−31 Umberto Pappalardo. *The Splendor of Roman Wall Painting*[M]. Los Angeles: The J. Paul Getty Museum, 2009: 74−75.
图 3−32 Umberto Pappalardo. *The Splendor of Roman Wall Painting*[M]. Los Angeles: The J. Paul Getty Museum, 2009: 226.
图 3−33 Umberto Pappalardo. *The Splendor of Roman Wall Painting*[M]. Los Angeles: The J. Paul Getty Museum, 2009: 67.
图 3−34 Umberto Pappalardo. *The Splendor of Roman Wall Painting*[M]. Los Angeles: The J. Paul Getty Museum, 2009: 67.
图 3−35 Umberto Pappalardo. *The Splendor of Roman Wall Painting*[M]. Los Angeles: The J. Paul Getty Museum, 2009: 80.
图 3−36 Umberto Pappalardo. *The Splendor of Roman Wall Painting*[M]. Los Angeles: The J. Paul Getty Museum, 2009: 81.
图 3−37 Umberto Pappalardo. *The Splendor of Roman Wall Painting*[M]. Los Angeles: The J. Paul Getty Museum, 2009: 72.
图 3−38 Umberto Pappalardo. *The Splendor of Roman Wall Painting*[M]. Los Angeles: The J. Paul Getty Museum, 2009: 65.
图 3−39 Umberto Pappalardo. *The Splendor of Roman Wall Painting*[M]. Los Angeles: The J. Paul Getty Museum, 2009: 72.
图 3−40 Umberto Pappalardo. *The Splendor of Roman Wall Painting*[M]. Los Angeles: The J. Paul Getty Museum, 2009: 78.
图 3−41 Umberto Pappalardo. *The Splendor of Roman Wall Painting*[M]. Los Angeles: The J. Paul Getty Museum, 2009: 48.
图 3−42 Umberto Pappalardo. *The Splendor of Roman Wall Painting*[M]. Los Angeles: The J. Paul Getty Museum, 2009: 49.
图 3−43 Umberto Pappalardo. *The Splendor of Roman Wall Painting*[M]. Los Angeles: The J. Paul Getty Museum, 2009: 33.
图 3−44 Umberto Pappalardo. *The Splendor of Roman Wall Painting*[M]. Los Angeles: The J. Paul Getty Museum, 2009: 34.
图 3−45 Umberto Pappalardo. *The Splendor of Roman Wall Painting*[M]. Los Angeles: The J. Paul Getty Museum, 2009: 35.
图 3−46 Umberto Pappalardo. *The Splendor of Roman Wall Painting*[M]. Los Angeles: The J. Paul Getty Museum, 2009: 38.
图 3−47 Umberto Pappalardo. *The Splendor of Roman Wall Painting*[M]. Los Angeles: The J. Paul Getty Museum, 2009: 105.
图 3−48 Umberto Pappalardo. *The Splendor of Roman Wall Painting*[M]. Los Angeles: The J. Paul Getty Museum, 2009: 11.
图 3−49 Umberto Pappalardo. *The Splendor of Roman Wall Painting*[M]. Los Angeles: The J. Paul Getty Museum, 2009: 112.
图 3−50 Umberto Pappalardo. *The Splendor of Roman Wall Painting*[M]. Los Angeles: The J. Paul Getty Museum, 2009: 113.
图 3−51 Umberto Pappalardo. *The Splendor of Roman Wall Painting*[M]. Los Angeles: The J. Paul Getty Museum, 2009: 111.
图 3−52 Umberto Pappalardo. *The Splendor of Roman Wall Painting*[M]. Los Angeles: The J. Paul Getty Museum, 2009: 114.
图 3−53 Umberto Pappalardo. *The Splendor of Roman Wall Painting*[M]. Los Angeles: The J. Paul Getty Museum, 2009: 115.
图 3−54 Umberto Pappalardo. *The Splendor of Roman Wall Painting*[M]. Los Angeles: The J. Paul Getty Museum, 2009: 123.
图 3−55 Carol C, Mattusch. *Pompeii and the Roman Villa: Art and Culture around the Bay of Naples*[M]. New York: Thames & Hudson, 2008: 298.
图 3−56 Carol C, Mattusch. *Pompeii and the Roman Villa: Art and Culture around the Bay of Naples*[M]. New York: Thames & Hudson, 2008: 299.
图 3−57 Umberto Pappalardo. *The Splendor of Roman Wall Painting*[M]. Los Angeles: The J. Paul Getty Museum, 2009: 146.
图 3−58 Umberto Pappalardo. *The Splendor of Roman Wall Painting*[M]. Los Angeles: The J. Paul Getty Museum, 2009: 147.
图 3−59 Umberto Pappalardo. *The Splendor of Roman Wall Painting*[M]. Los Angeles: The J. Paul Getty Museum, 2009: 148.
图 3−60 Umberto Pappalardo. *The Splendor of Roman Wall Painting*[M]. Los Angeles: The J. Paul Getty Museum, 2009: 133.
图 3−61 （美）南希·H. 雷梅治，安德鲁·雷梅治．罗马艺术——从罗慕路斯到君士坦丁 [M]. 郭长刚，王蕾译．孙宜学校．桂林：广西师范大学出版社，2005: 123.
图 3−62 （英）苏珊·伍德福德．剑桥艺术史——古希腊罗马艺术 [M]. 钱乘旦译．南京：凤凰出版传媒集团、译林出版社，2009: 102.
图 3−63 Umberto Pappalardo. *The Splendor of Roman Wall Painting*[M]. Los Angeles: The J. Paul Getty Museum, 2009: 134.
图 3−64 Carol C, Mattusch. *Pompeii and the Roman Villa: Art and Culture around the Bay of Naples*[M]. New York: Thames & Hudson, 2008: 172.
图 3−65 Umberto Pappalardo. *The Splendor of Roman Wall Painting*[M]. Los Angeles: The J. Paul Getty Museum, 2009: 153.
图 3−66 John R. Clarke. *The Houses of Roman Italy 100B.C.-A.D. 250: Ritual, Space, and Decoration*[M]. Berkeley and Los Angeles: University of California Press, 1991: 70.
图 3−67 John R. Clarke. *Art in the Lives of Ordinary Romans*[M]. Berkeley·Los Angeles· London: University of California Press, 2003: 140.
图 3−68 John R. Clarke. *Art in the Lives of Ordinary Romans*[M]. Berkeley·Los Angeles· London: University of California Press, 2003: 140.
图 3−69 Umberto Pappalardo. *The Splendor of Roman Wall Painting*[M]. Los Angeles: The J. Paul Getty Museum, 2009: 162.
图 3−70 Ippolita di Majo. *Raphaël et son école*[M]. Florence: SCALA Group S.p.A., 2008: 99.
图 3−71 Julian Kliemann, Michael Rohlmann. *Italian frescoes: High Renaissance and Mannerism, 1510-1600*[M]. New York·London: Abbeville Press Publishers, 2004: 11.
图 3−72 Julian Kliemann, Michael Rohlmann. *Italian frescoes: High Renaissance and Mannerism, 1510-1600*[M]. New York·London: Abbeville Press Publishers, 2004: 12.

图 3-73 Carol C, Mattusch. *Pompeii and the Roman Villa: Art and Culture around the Bay of Naples*[M]. New York: Thames & Hudson, 2008: 244.
图 3-74 Umberto Pappalardo. *The Splendor of Roman Wall Painting*[M]. Los Angeles: The J. Paul Getty Museum, 2009: 167.
图 3-75 Carol C, Mattusch. *Pompeii and the Roman Villa: Art and Culture around the Bay of Naples*[M]. New York: Thames & Hudson, 2008: 247.
图 3-76 Umberto Pappalardo. *The Splendor of Roman Wall Painting*[M]. Los Angeles: The J. Paul Getty Museum, 2009: 169.
图 3-77 Umberto Pappalardo. *The Splendor of Roman Wall Painting*[M]. Los Angeles: The J. Paul Getty Museum, 2009: 169.
图 3-78 Carol C, Mattusch. *Pompeii and the Roman Villa: Art and Culture around the Bay of Naples*[M]. New York: Thames & Hudson, 2008: 217.
图 3-79 Carol C, Mattusch. *Pompeii and the Roman Villa: Art and Culture around the Bay of Naples*[M]. New York: Thames & Hudson, 2008: 218.
图 3-80 Ursula E. and Martin Benad. *Trompe L'Oeil Today*[M]. London: W. W. Norton & Company, 2002: 35.
图 3-81 Ursula E. and Martin Benad. *Trompe L'Oeil Today*[M]. London: W. W. Norton & Company, 2002: 35.
图 3-82 世界美术大系 [M]. 第 6 卷 . 东京 : 株式会社学习研究社（学研）, 1974: 32.
图 3-83 Umberto Pappalardo. *The Splendor of Roman Wall Painting*[M]. Los Angeles: The J. Paul Getty Museum, 2009: 177.
图 3-84 Umberto Pappalardo. *The Splendor of Roman Wall Painting*[M]. Los Angeles: The J. Paul Getty Museum, 2009: 204.
图 3-85 Robert Etienne. 王振孙译 . 庞培 : 掩埋在地下的荣华 [M]. 上海 : 上海世纪出版集团、上海书店出版社 , 1987: 25.
图 3-86 Carol C, Mattusch. *Pompeii and the Roman Villa: Art and Culture around the Bay of Naples*[M]. New York: Thames & Hudson, 2008: 289.
图 3-87 Carol C, Mattusch. *Pompeii and the Roman Villa: Art and Culture around the Bay of Naples*[M]. New York: Thames & Hudson, 2008: 287.
图 4-1 Mary Warner Marien, William Fleming. *Art and Ideas*（*Tenth Edition*）[M]. Belmont: Thomson Wadsworth, 2005: 132.
图 4-2 https://commons.wikimedia.org/wiki/File:Aya_Sofya_Interior.jpg.
图 4-3 （美）托马斯·F·马太 . 拜占庭艺术 [M]. 卢峭梅译 . 王炼，卢越校 . 北京 : 中国建筑工业出版社 , 2004: 130.
图 4-4 （美）托马斯·F·马太 . 拜占庭艺术 [M]. 卢峭梅译 . 王炼，卢越校 . 北京 : 中国建筑工业出版社 , 2004: 150.
图 4-5 https://en.wikipedia.org/wiki/Basilica_of_San_Vitale.
图 4-6 https://en.wikipedia.org/wiki/Basilica_of_San_Vitale.
图 4-7 Mary Warner Marien, William Fleming. *Art and Ideas*（*Tenth Edition*）[M]. Belmont: Thomson Wadsworth, 2005: 134.
图 4-8 Mary Warner Marien, William Fleming. *Art and Ideas*（*Tenth Edition*）[M]. Belmont: Thomson Wadsworth, 2005: 135.
图 4-9 https://en.wikipedia.org/wiki/Basilica_of_San_Vitale.
图 4-10 Mary Warner Marien, William Fleming. *Art and Ideas*（*Tenth Edition*）[M]. Belmont: Thomson Wadsworth, 2005: 161.
图 4-11 https://en.wikipedia.org/wiki/Basilica_of_St._Sernin,_Toulouse.
图 4-12a https://fr.wikipedia.org/wiki/Chapelle_des_moines_de_Berz%C3%A9-la-Ville.
图 4-12b Mary Warner Marien, William Fleming. *Art and Ideas*（*Tenth Edition*）[M]. Belmont: Thomson Wadsworth, 2005: 167.
图 4-13 https://fr.wikipedia.org/wiki/Chapelle_des_moines_de_Berz%C3%A9-la-Ville.
图 4-14 Mary Warner Marien, William Fleming. *Art and Ideas*（*Tenth Edition*）[M]. Belmont: Thomson Wadsworth, 2005: 192.
图 4-15 （英）派屈克·纳特金斯 . 建筑的故事 [M]. 杨惠君等译 . 上海 : 上海科学技术出版社 , 2001: 159.
图 4-16 Mary Warner Marien, William Fleming. *Art and Ideas*（*Tenth Edition*）[M]. Belmont: Thomson Wadsworth, 2005: 205.
图 4-17 Joachim Poeschke. *Italian Frescoes: The Age of Giotto,1280-1400*[M]. New York · London: Abbeville Press Publishers, 2005: 69.
图 4-18 Miriam Milan. *The Illusions of Reality: Trompe-L'oeil Painting*[M]. London: Skira, 1982: 21.
图 4-19 Joachim Poeschke. *Italian Frescoes: The Age of Giotto,1280-1400*[M]. New York · London: Abbeville Press Publishers, 2005: 256.
图 4-20 Miriam Milan. *The Illusions of Reality: Trompe-L'oeil Painting*[M]. London: Skira, 1982: 22.
图 4-21 Joachim Poeschke. *Italian Frescoes: The Age of Giotto,1280-1400*[M]. New York · London: Abbeville Press Publishers, 2005: 193.
图 4-22 Miriam Milan. *The Illusions of Reality: Trompe-L'oeil Painting*[M]. London: Skira, 1982: 20.
图 4-23 Joachim Poeschke. *Italian Frescoes: The Age of Giotto,1280-1400*[M]. New York · London: Abbeville Press Publishers, 2005: 195.
图 4-24 Joachim Poeschke. *Italian Frescoes: The Age of Giotto,1280-1400*[M]. New York · London: Abbeville Press Publishers, 2005: 196.
图 4-25 （英）贡布里希 . 艺术的故事 [M]. 范景中译 . 林夕校 . 北京 : 生活·读书·新知三联书店 , 1999: 200.
图 5-1a （法）于贝尔·达米施 . 云的理论 : 为了建立一种新的绘画史 [M]. 董强译 . 南京 : 江苏美术出版社 , 2014: 137.
图 5-1b （英）冯伟 . 透视前后的空间体验与建构 [M]. 李开然译 . 南京 : 东南大学出版社 , 2009: 81.
图 5-2a Steffi Roettgen. *Italian Frescoes: The Early Renaissance,1400-1470*[M]. New York · London: Abbeville Press Publishers, 1996: 122.
图 5-2b Robert L, Solso. *Cognition and the Visual Arts*[M]. fourth printing. London: The MIT Press, 1999: 209.
图 5-3 M.H.Pirenne. *Optics, painting & Photography*[M]. Cambridge: University Press, 1970: 73.
图 5-4 Erwin Panofsky. *Perspective as Symbolic Form*[M]. Translated by Christopher S. Wood. New York: Zone Books, 1997: 64.
图 5-5 （意）阿尔贝蒂 . 论绘画 [M].（美）胡珺，辛尘译注 . 南京 : 凤凰出版传媒股份有限公司、江苏教育出版社 , 2012: 35
图 5-6 殷光宇 . 透视 [M]. 杭州 : 中国美术学院出版社 , 1999: 3.
图 5-7 （英）贡布里希 . 艺术的故事 [M]. 范景中译 . 林夕校 . 北京 : 生活·读书·新知三联书店 , 1999: 359.
图 5-8 （英）佛比·麦克劳顿 . 透视与错觉 [M]. 贺俊杰，周石平译 . 长沙 : 湖南科学技术出版社 , 2012: 15.
图 5-9a Robert L, Solso. *Cognition and the Visual Arts*[M]. fourth printing. London: The MIT Press, 1999: 190.
图 5-9b Robert L, Solso. *Cognition and the Visual Arts*[M]. fourth printing. London: The MIT Press, 1999: 191.

图 5-10 Alessandro Angelini. *Piero della Francesca et la perspective*[M]. Paris: Le Figaro, 2008: 124-125.
图 5-11 Robert L, Solso. *Cognition and the Visual Arts*[M]. fourth printing. London: The MIT Press, 1999: 161.
图 5-12 （意）列奥纳多·达·芬奇 . 达·芬奇笔记 [M].（美）H·安娜·苏编 . 刘勇译 . 长沙 : 湖南科学技术出版社 , 2015: 82.
图 5-13 （意）列奥纳多·达·芬奇 . 达·芬奇笔记 [M].（美）H·安娜·苏编 . 刘勇译 . 长沙 : 湖南科学技术出版社 , 2015: 83.
图 5-14 （意）列奥纳多·达·芬奇 . 达·芬奇笔记 [M].（美）H·安娜·苏编 . 刘勇译 . 长沙 : 湖南科学技术出版社 , 2015: 89.
图 5-15 （意）列奥纳多·达·芬奇 . 达·芬奇笔记 [M].（美）H·安娜·苏编 . 刘勇译 . 长沙 : 湖南科学技术出版社 , 2015: 141.
图 5-16 （意）列奥纳多·达·芬奇 . 达·芬奇笔记 [M].（美）H·安娜·苏编 . 刘勇译 . 长沙 : 湖南科学技术出版社 , 2015: 153.
图 5-17 （德）汉诺－沃尔特·克鲁夫特 . 建筑理论史——从维特鲁威到现在 [M]. 王贵祥译 . 北京 : 中国建筑工业出版社 , 2005: 43.
图 5-18 （德）汉诺－沃尔特·克鲁夫特 . 建筑理论史——从维特鲁威到现在 [M]. 王贵祥译 . 北京 : 中国建筑工业出版社 , 2005: 46.
图 5-19 （德）汉诺－沃尔特·克鲁夫特 . 建筑理论史——从维特鲁威到现在 [M]. 王贵祥译 . 北京 : 中国建筑工业出版社 , 2005: 48.
图 5-20 Julian Kliemann, Michael Rohlmann. *Italian frescoes: High Renaissance and Mannerism, 1510-1600*[M]. New York · London: Abbeville Press Publishers, 2004: 242.
图 5-21 Julian Kliemann, Michael Rohlmann. *Italian frescoes: High Renaissance and Mannerism, 1510-1600*[M]. New York · London: Abbeville Press Publishers, 2004: 243.
图 5-22 Julian Kliemann, Michael Rohlmann. *Italian frescoes: High Renaissance and Mannerism, 1510-1600*[M]. New York · London: Abbeville Press Publishers, 2004: 254.
图 5-23 Julian Kliemann, Michael Rohlmann. *Italian frescoes: High Renaissance and Mannerism, 1510-1600*[M]. New York · London: Abbeville Press Publishers, 2004: 39.
图 5-24 Julian Kliemann, Michael Rohlmann. *Italian frescoes: High Renaissance and Mannerism, 1510-1600*[M]. New York · London: Abbeville Press Publishers, 2004: 39.
图 5-25 （意）列奥纳多·达·芬奇 . 达·芬奇笔记 [M].（美）H·安娜·苏编 . 刘勇译 . 长沙 : 湖南科学技术出版社 , 2015: 45.
图 5-26 （英）彼得·默里 . 文艺复兴建筑 [M]. 王贵祥译 . 北京 : 中国建筑工业出版社 , 1999: 63.
图 5-27 （英）彼得·默里 . 文艺复兴建筑 [M]. 王贵祥译 . 北京 : 中国建筑工业出版社 , 1999: 63.
图 5-28 （英）彼得·默里 . 文艺复兴建筑 [M]. 王贵祥译 . 北京 : 中国建筑工业出版社 , 1999: 63.
图 5-29 （英）彼得·默里 . 文艺复兴建筑 [M]. 王贵祥译 . 北京 : 中国建筑工业出版社 , 1999: 63.
图 5-30 （英）彼得·默里 . 文艺复兴建筑 [M]. 王贵祥译 . 北京 : 中国建筑工业出版社 , 1999: 145.
图 5-31 Filippo Pedrocco, Massimo Favilla, Ruggero Rugolo. *Frescoes of The Veneto: Venetian Palaces and Villas*[M]. New York: The Vendome Press, 2009: 133.
图 5-32 Kathleen Wren Christian. *Empire Without End: Antiquities Collections in Renaissance Rome, c.1350-1527*[M]. New Haven and London: Yale University Press, 2010: 200.
图 5-33 Kathleen Wren Christian. *Empire Without End: Antiquities Collections in Renaissance Rome, c.1350-1527*[M]. New Haven and London: Yale University Press, 2010: 210.
图 5-34 Kathleen Wren Christian. *Empire Without End: Antiquities Collections in Renaissance Rome, c.1350-1527*[M]. New Haven and London: Yale University Press, 2010: 175.
图 5-35 Kathleen Wren Christian. *Empire Without End: Antiquities Collections in Renaissance Rome, c.1350-1527*[M]. New Haven and London: Yale University Press, 2010: 375.
图 5-36 Pevsner Nikolaus. *A History of Building Types*[M]. Princeton: Princeton University Press, 1976: 111.
图 5-37 http://www.npg.org.uk/collections/search/portraitLarge/mw07037/Thomas-Howard-14th-Earl-of-Arundel-4th-Earl-of-Surrey-and-1st-Earl-of-Norfolk.
图 5-38 http://www.npg.org.uk/collections/search/portraitLarge/mw07038/Aletheia-ne-Talbot-Countess-of-Arundel-and-Surrey.
图 5-39 Julian Kliemann, Michael Rohlmann. *Italian frescoes: High Renaissance and Mannerism, 1510-1600*[M]. New York · London: Abbeville Press Publishers, 2004: 147.
图 5-40 Julian Kliemann, Michael Rohlmann. *Italian frescoes: High Renaissance and Mannerism, 1510-1600*[M]. New York · London: Abbeville Press Publishers, 2004: 159.
图 5-41 Ippolita di Majo. *Raphaël et son école*[M]. Florence: SCALA Group S.p.A., 2008: 182.
图 5-42 Ippolita di Majo. *Raphaël et son école*[M]. Florence: SCALA Group S.p.A., 2008: 183.
图 5-43 Julian Kliemann, Michael Rohlmann. *Italian frescoes: High Renaissance and Mannerism, 1510-1600*[M]. New York · London: Abbeville Press Publishers, 2004: 174.
图 5-44 Julian Kliemann, Michael Rohlmann. *Italian frescoes: High Renaissance and Mannerism, 1510-1600*[M]. New York · London: Abbeville Press Publishers, 2004: 180.
图 5-45 Julian Kliemann, Michael Rohlmann. *Italian frescoes: High Renaissance and Mannerism, 1510-1600*[M]. New York · London: Abbeville Press Publishers, 2004: 180.
图 5-46 Julian Kliemann, Michael Rohlmann. *Italian frescoes: High Renaissance and Mannerism, 1510-1600*[M]. New York · London: Abbeville Press Publishers, 2004: 201.

图 5-47 Julian Kliemann, Michael Rohlmann. *Italian frescoes: High Renaissance and Mannerism, 1510-1600*[M]. New York · London: Abbeville Press Publishers, 2004: 34.

图 5-48 Julian Kliemann, Michael Rohlmann. *Italian frescoes: High Renaissance and Mannerism, 1510-1600*[M]. New York · London: Abbeville Press Publishers, 2004: 31.

图 5-49 Julian Kliemann, Michael Rohlmann. *Italian frescoes: High Renaissance and Mannerism, 1510-1600*[M]. New York · London: Abbeville Press Publishers, 2004: 31.

图 5-50 Julian Kliemann, Michael Rohlmann. *Italian frescoes: High Renaissance and Mannerism, 1510-1600*[M]. New York · London: Abbeville Press Publishers, 2004: 42.

图 5-51 Julian Kliemann, Michael Rohlmann. *Italian frescoes: High Renaissance and Mannerism, 1510-1600*[M]. New York · London: Abbeville Press Publishers, 2004: 43.

图 5-52 https://commons.wikimedia.org/wiki/Category:Santa_Maria_presso_San_Satiro_(Milan)_-_Inside.

图 5-53 （英）彼得·默里．文艺复兴建筑 [M]. 王贵祥译．北京：中国建筑工业出版社，1999: 60.

图 5-54 https://commons.wikimedia.org/wiki/Category:Santa_Maria_presso_San_Satiro_(Milan)_-_Inside.

图 5-55 （英）彼得·默里．文艺复兴建筑 [M]. 王贵祥译．北京：中国建筑工业出版社，1999: 156.

图 5-56 Miriam Milman. *The Illusions of Reality: Trompe-L'oeil Painting*[M]. London: Skira, 1982: 19.

图 5-57 Shaaron Magrelli, Giovanna Uzzani. *The Italian Renaissance*[M]. Florence: SCALA Group S.p.A. 2009: 101.

图 5-58 Shaaron Magrelli, Giovanna Uzzani. *The Italian Renaissance*[M]. Florence: SCALA Group S.p.A. 2009: 100.

图 5-59 Shaaron Magrelli, Giovanna Uzzani. *The Italian Renaissance*[M]. Florence: SCALA Group S.p.A. 2009: 72.

图 5-60 Shaaron Magrelli, Giovanna Uzzani. *The Italian Renaissance*[M]. Florence: SCALA Group S.p.A. 2009: 73.

图 5-61 Shaaron Magrelli, Giovanna Uzzani. *The Italian Renaissance*[M]. Florence: SCALA Group S.p.A. 2009: 71.

图 5-62 Ursula E. and Martin Benad, *Trompe L'Oeil Today*[M]. London: W. W. Norton & Company, 2002: 97.

图 5-63 Steffi Roettgen. *Italian Frescoes: The Flowering of The Renaissance, 1470-1510*[M]. New York · London: Abbeville Press Publishers, 1997: 335.

图 5-64 Miriam Milman. *The Illusions of Reality: Trompe-L'oeil Painting*[M]. London: Skira, 1982: 16.

图 5-65 Julian Kliemann, Michael Rohlmann. *Italian frescoes: High Renaissance and Mannerism, 1510-1600*[M]. New York · London: Abbeville Press Publishers, 2004: 210.

图 5-66 Julian Kliemann, Michael Rohlmann. *Italian frescoes: High Renaissance and Mannerism, 1510-1600*[M]. New York · London: Abbeville Press Publishers, 2004: 210.

图 5-67 Julian Kliemann, Michael Rohlmann. *Italian frescoes: High Renaissance and Mannerism, 1510-1600*[M]. New York · London: Abbeville Press Publishers, 2004: 211.

图 5-68 Julian Kliemann, Michael Rohlmann. *Italian frescoes: High Renaissance and Mannerism, 1510-1600*[M]. New York · London: Abbeville Press Publishers, 2004: 405.

图 5-69 Julian Kliemann, Michael Rohlmann. *Italian frescoes: High Renaissance and Mannerism, 1510-1600*[M]. New York · London: Abbeville Press Publishers, 2004: 401.

图 5-70 Julian Kliemann, Michael Rohlmann. *Italian frescoes: High Renaissance and Mannerism, 1510-1600*[M]. New York · London: Abbeville Press Publishers, 2004: 409.

图 5-71 Alessandro Angelini. *Piero della Francesca et la perspective*[M]. Paris: Le Figaro, 2008: 315.

图 5-72 Miriam Milman. *The Illusions of Reality: Trompe-L'oeil Painting*[M]. London: Skira, 1982: 50.

图 5-73 Miriam Milman. *The Illusions of Reality: Trompe-L'oeil Painting*[M]. London: Skira, 1982: 50.

图 5-74 Steffi Roettgen. *Italian Frescoes: The Flowering of The Renaissance, 1470-1510*[M]. New York · London: Abbeville Press Publishers, 1997: 37.

图 5-75 Marco Folin. *Courts and Courtly Arts in Renaissance Italy: Art, Culture and Politics,1395-1530*[M]. Woodbridge, Suffolk: Antique Collectors' Club, 2011: 171.

图 5-76 Steffi Roettgen. *Italian Frescoes: The Flowering of The Renaissance, 1470-1510*[M]. New York · London: Abbeville Press Publishers, 1997: 38.

图 5-77 Julian Kliemann, Michael Rohlmann. *Italian frescoes: High Renaissance and Mannerism, 1510-1600*[M]. New York · London: Abbeville Press Publishers, 2004: 371.

图 5-78 Julian Kliemann, Michael Rohlmann. *Italian frescoes: High Renaissance and Mannerism, 1510-1600*[M]. New York · London: Abbeville Press Publishers, 2004: 377.

图 5-79 Julian Kliemann, Michael Rohlmann. *Italian frescoes: High Renaissance and Mannerism, 1510-1600*[M]. New York · London: Abbeville Press Publishers, 2004: 382.

图 5-80 Julian Kliemann, Michael Rohlmann. *Italian frescoes: High Renaissance and Mannerism, 1510-1600*[M]. New York · London: Abbeville Press Publishers, 2004: 382.

图 6-1 Mary Warner Marien, William Fleming. *Art and Ideas*（*Tenth Edition*）[M]. Belmont: Thomson Wadsworth, 2005: 354.

图 6-2 Shaaron Magrelli, Giovanna Uzzani. *The Italian Renaissance*[M]. Florence: SCALA Group S.p.A. 2009: 68.

图 6-3 Shaaron Magrelli, Giovanna Uzzani. *The Italian Renaissance*[M]. Florence: SCALA Group S.p.A. 2009: 69.

图 6-4 （英）彼得·默里 . 文艺复兴建筑 [M]. 王贵祥译 . 北京：中国建筑工业出版社 , 1999: 92.

图 6-5 Julian Kliemann, Michael Rohlmann. *Italian frescoes: High Renaissance and Mannerism, 1510-1600*[M]. New York · London: Abbeville Press Publishers, 2004: 265.

图 6-6 Julian Kliemann, Michael Rohlmann. *Italian frescoes: High Renaissance and Mannerism, 1510-1600*[M]. New York · London: Abbeville Press Publishers, 2004: 20.

图 6-7 Julian Kliemann, Michael Rohlmann. *Italian frescoes: High Renaissance and Mannerism, 1510-1600*[M]. New York · London: Abbeville Press Publishers, 2004: 24.

图 6-8 Julian Kliemann, Michael Rohlmann. *Italian frescoes: High Renaissance and Mannerism, 1510-1600*[M]. New York · London: Abbeville Press Publishers, 2004: 24.

图 6-9 Julian Kliemann, Michael Rohlmann. *Italian frescoes: High Renaissance and Mannerism, 1510-1600*[M]. New York · London: Abbeville Press Publishers, 2004: 302.

图 6-10 Julian Kliemann, Michael Rohlmann. *Italian frescoes: High Renaissance and Mannerism, 1510-1600*[M]. New York · London: Abbeville Press Publishers, 2004: 303.

图 6-11 Julian Kliemann, Michael Rohlmann. *Italian frescoes: High Renaissance and Mannerism, 1510-1600*[M]. New York · London: Abbeville Press Publishers, 2004: 63.

图 6-12 Julian Kliemann, Michael Rohlmann. *Italian frescoes: High Renaissance and Mannerism, 1510-1600*[M]. New York · London: Abbeville Press Publishers, 2004: 26.

图 6-13 Julian Kliemann, Michael Rohlmann. *Italian frescoes: High Renaissance and Mannerism, 1510-1600*[M]. New York · London: Abbeville Press Publishers, 2004: 27.

图 6-14 Julian Kliemann, Michael Rohlmann. *Italian frescoes: High Renaissance and Mannerism, 1510-1600*[M]. New York · London: Abbeville Press Publishers, 2004: 27.

图 6-15 Filippo Pedrocco, Massimo Favilla, Ruggero Rugolo. *Frescoes of The Veneto: Venetian Palaces and Villas*[M]. New York: The Vendome Press, 2009: 38.

图 6-16 Filippo Pedrocco, Massimo Favilla, Ruggero Rugolo. *Frescoes of The Veneto: Venetian Palaces and Villas*[M]. New York: The Vendome Press, 2009: 36.

图 6-17 Filippo Pedrocco, Massimo Favilla, Ruggero Rugolo. *Frescoes of The Veneto: Venetian Palaces and Villas*[M]. New York: The Vendome Press, 2009: 79.

图 6-18 Antonio Foscari. *Frescos within Palladio's Architecture: Malcontenta 1557-1575*[M]. Zürich: Lars Müller, 2013: 122.

图 6-19 Antonio Foscari. *Frescos within Palladio's Architecture: Malcontenta 1557-1575*[M]. Zürich: Lars Müller, 2013: 123.

图 6-20 Filippo Pedrocco, Massimo Favilla, Ruggero Rugolo. *Frescoes of The Veneto: Venetian Palaces and Villas*[M]. New York: The Vendome Press, 2009: 115.

图 6-21 Julian Kliemann, Michael Rohlmann. *Italian frescoes: High Renaissance and Mannerism, 1510-1600*[M]. New York · London: Abbeville Press Publishers, 2004: 40.

图 6-22 Julian Kliemann, Michael Rohlmann. *Italian frescoes: High Renaissance and Mannerism, 1510-1600*[M]. New York · London: Abbeville Press Publishers, 2004: 40.

图 6-23 Julian Kliemann, Michael Rohlmann. *Italian frescoes: High Renaissance and Mannerism, 1510-1600*[M]. New York · London: Abbeville Press Publishers, 2004: 416.

图 6-24 （英）彼得·默里 . 文艺复兴建筑 [M]. 王贵祥译 . 北京：中国建筑工业出版社 , 1999: 153.

图 6-25 Filippo Pedrocco, Massimo Favilla, Ruggero Rugolo. *Frescoes of The Veneto: Venetian Palaces and Villas*[M]. New York: The Vendome Press, 2009: 59.

图 6-26 Silke Vry. *Trick of the Eye: Art and Illusion*[M]. Munich · Berlin · London · New York:Prestel, 2010: 42.

图 6-27 Eckhard Hollmann, Jürgen Tesch. *A Trick of the Eye: Trompe L'Oeil Masterpieces*[M]. New York: Prestel Publishing, 2004: 31.

图 6-28 Julian Kliemann, Michael Rohlmann. *Italian frescoes: High Renaissance and Mannerism, 1510-1600*[M]. New York · London: Abbeville Press Publishers, 2004: 424-425.

图 6-29 Filippo Pedrocco, Massimo Favilla, Ruggero Rugolo. *Frescoes of The Veneto: Venetian Palaces and Villas*[M]. New York: The Vendome Press, 2009: 66.

图 6-30 Julian Kliemann, Michael Rohlmann. *Italian frescoes: High Renaissance and Mannerism, 1510-1600*[M]. New York · London: Abbeville Press Publishers, 2004: 419.

图 6-31 Julian Kliemann, Michael Rohlmann. *Italian frescoes: High Renaissance and Mannerism, 1510-1600*[M]. New York · London: Abbeville Press Publishers, 2004: 417.

图 6-32 Julian Kliemann, Michael Rohlmann. *Italian frescoes: High Renaissance and Mannerism, 1510-1600*[M]. New York · London: Abbeville Press Publishers, 2004: 420.

图 6-33 Miriam Milman. *The Illusions of Reality: Trompe-L'oeil Painting*[M]. London: Skira, 1982: 24.

图 6-34 Filippo Pedrocco, Massimo Favilla, Ruggero Rugolo. *Frescoes of The Veneto: Venetian Palaces and Villas*[M]. New York: The Vendome Press, 2009: 60.

图 6-35 Filippo Pedrocco, Massimo Favilla, Ruggero Rugolo. *Frescoes of The Veneto: Venetian Palaces and Villas*[M]. New York: The Vendome Press, 2009: 61.

图 6-36 Julian Kliemann, Michael Rohlmann. *Italian frescoes: High Renaissance and Mannerism, 1510-1600*[M]. New York · London: Abbeville Press Publishers, 2004: 418.

图 6-37 Filippo Pedrocco, Massimo Favilla, Ruggero Rugolo. *Frescoes of The Veneto: Venetian Palaces and Villas*[M]. New York: The Vendome Press, 2009: 76.

图 6-38 https://en.wikipedia.org/wiki/Villa_Barbaro#/media/File:Veronese_Villa_Barbaro.jpg.

图 6-39 Filippo Pedrocco, Massimo Favilla, Ruggero Rugolo. *Frescoes of The Veneto: Venetian Palaces and Villas*[M]. New York: The Vendome Press, 2009: 69.

图 6-40 Julian Kliemann, Michael Rohlmann. *Italian frescoes: High Renaissance and Mannerism, 1510-1600*[M]. New York · London: Abbeville Press Publishers, 2004: 28.

图 6-41 Julian Kliemann, Michael Rohlmann. *Italian frescoes: High Renaissance and Mannerism, 1510-1600*[M]. New York · London: Abbeville Press Publishers, 2004: 29.

图 6-42 Julian Kliemann, Michael Rohlmann. *Italian frescoes: High Renaissance and Mannerism, 1510-1600*[M]. New York · London: Abbeville Press Publishers, 2004: 39.

图 6-43 Julian Kliemann, Michael Rohlmann. *Italian frescoes: High Renaissance and Mannerism, 1510-1600*[M]. New York · London: Abbeville Press Publishers, 2004: 39.

图 6-44 https://en.wikipedia.org/wiki/File:Gigant.jpg.

图 6-45 Julian Kliemann, Michael Rohlmann. *Italian frescoes: High Renaissance and Mannerism, 1510-1600*[M]. New York · London: Abbeville Press Publishers, 2004: 311.

图 6-46 Julian Kliemann, Michael Rohlmann. *Italian frescoes: High Renaissance and Mannerism, 1510-1600*[M]. New York · London: Abbeville Press Publishers, 2004: 312.

图 6-47 Julian Kliemann, Michael Rohlmann. *Italian frescoes: High Renaissance and Mannerism, 1510-1600*[M]. New York · London: Abbeville Press Publishers, 2004: 312.

图 6-48 Julian Kliemann, Michael Rohlmann. *Italian frescoes: High Renaissance and Mannerism, 1510-1600*[M]. New York · London: Abbeville Press Publishers, 2004: 313.

图 6-49 Julian Kliemann, Michael Rohlmann. *Italian frescoes: High Renaissance and Mannerism, 1510-1600*[M]. New York · London: Abbeville Press Publishers, 2004: 313.

图 7-1 Rolf Toman. *Baroque: Architecture · Sculpture · Painting*[M]. h.f.ullmann publishing GmbH, 2013: 13.

图 7-2 （英）萨莫森．建筑的古典语言 [M]. 张欣玮译．杭州：中国美术学院出版社，1994: 63.

图 7-3 Mary Warner Marien, William Fleming. *Art and Ideas*（*Tenth Edition*）[M]. Belmont: Thomson Wadsworth, 2005: 365.

图 7-4 Rolf Toman. *Baroque: Architecture · Sculpture · Painting*[M]. h.f.ullmann publishing GmbH, 2013: 42.

图 7-5 （挪）克里斯蒂安·诺伯格－舒尔茨．巴洛克建筑 [M]. 刘念雄译．北京：中国建筑工业出版社，2000: 72.

图 7-6 Rolf Toman. *Baroque: Architecture · Sculpture · Painting*[M]. h.f.ullmann publishing GmbH, 2013: 39.

图 7-7 （挪）克里斯蒂安·诺伯格－舒尔茨．巴洛克建筑 [M]. 刘念雄译．北京：中国建筑工业出版社，2000: 147.

图 7-8 Pevsner Nikolaus. *A History of Building Types*[M]. Princeton: Princeton University Press, 1976: 114.

图 7-9 Pevsner Nikolaus. *A History of Building Types*[M]. Princeton: Princeton University Press, 1976: 113.

图 7-10 李军．可视的艺术史：从教堂到博物馆 [M]. 北京：北京大学出版社，2016: 63.

图 7-11 李军．可视的艺术史：从教堂到博物馆 [M]. 北京：北京大学出版社，2016: 62.

图 7-12 Genvieve Warwick. *Bernini: Art as Theatre*[M]. New Haven and London: Yale University Press, 2012: 89.

图 7-13 Steffi Roettgen. *Italian Frescoes: The Baroque Era,1600-1800*[M]. New York · London: Abbeville Press Publishers, 2007: 17.

图 7-14 Julian Kliemann, Michael Rohlmann. *Italian frescoes: High Renaissance and Mannerism, 1510-1600*[M]. New York · London: Abbeville Press Publishers, 2004: 468.

图 7-15 Julian Kliemann, Michael Rohlmann. *Italian frescoes: High Renaissance and Mannerism, 1510-1600*[M]. New York · London: Abbeville Press Publishers, 2004: 471.

图 7-16 Julian Kliemann, Michael Rohlmann. *Italian frescoes: High Renaissance and Mannerism, 1510-1600*[M]. New York · London: Abbeville Press Publishers, 2004: 473.

图 7-17 Julian Kliemann, Michael Rohlmann. *Italian frescoes: High Renaissance and Mannerism, 1510-1600*[M]. New York · London: Abbeville Press Publishers, 2004: 463.

图 7-18 Steffi Roettgen. *Italian Frescoes: The Baroque Era,1600-1800*[M]. New York · London: Abbeville Press Publishers, 2007: 17.

图 7-19 Steffi Roettgen. *Italian Frescoes: The Baroque Era,1600-1800*[M]. New York · London: Abbeville Press Publishers, 2007: 52.

图 7-20 Eckhard Hollmann, Jürgen Tesch. *A Trick of the Eye: Trompe L'Oeil Masterpieces*[M]. New York: Prestel Publishing, 2004: 45.

图 7-21 （德）罗尔夫·托曼．巴洛克艺术：人间剧场艺术品的世界 [M]. 李建群，赵晖译．北京：北京出版集团公司、北京美术摄影出版社，2014: 366.

图 7-22 （德）罗尔夫·托曼．巴洛克艺术：人间剧场艺术品的世界 [M]. 李建群，赵晖译．北京：北京出版集团公司、北京美术摄影出版社，2014: 336-337.

图 7-23 Eckhard Hollmann, Jürgen Tesch. *A Trick of the Eye: Trompe L'Oeil Masterpieces*[M]. New York: Prestel Publishing, 2004: 57.

图 7-24 Steffi Roettgen. *Italian Frescoes: The Baroque Era,1600-1800*[M]. New York · London: Abbeville Press Publishers, 2007: 27.

图 7-25 Genvieve Warwick. *Bernini: Art as Theatre*[M]. New Haven and London: Yale University Press, 2012: 58.

图 7-26 Genvieve Warwick. *Bernini: Art as Theatre*[M]. New Haven and London: Yale University Press, 2012: 59.

图 7-27 Steffi Roettgen. *Italian Frescoes: The Baroque Era,1600-1800*[M]. New York · London: Abbeville Press Publishers, 2007: 263.

图 7-28 Ursula E. and Martin Benad. *Trompe L'Oeil Today*[M]. London: W. W. Norton & Company, 2002: 98.

图 7-29 Steffi Roettgen. *Italian Frescoes: The Baroque Era,1600-1800*[M]. New York · London: Abbeville Press Publishers, 2007: 275.

图 7-30 Kevin Bruce. *The Murals of John Pugh: Beyond Trompe l'Oeil*[M]. California: Ten Speed Press, 2006: 7.

图 7-31 Steffi Roettgen. *Italian Frescoes: The Baroque Era,1600-1800*[M]. New York · London: Abbeville Press Publishers, 2007: 265.

图 7-32 Steffi Roettgen. *Italian Frescoes: The Baroque Era,1600-1800*[M]. New York · London: Abbeville Press Publishers, 2007: 25.

图 7-33 Ursula E. and Martin Benad. *Trompe L'Oeil Today*[M]. London: W. W. Norton & Company, 2002: 99.

图 7-34 Ursula E. and Martin Benad. *Trompe L'Oeil Today*[M]. London: W. W. Norton & Company, 2002: 94-95.

图 7-35 Steffi Roettgen. *Italian Frescoes: The Baroque Era, 1600-1800*[M]. New York · London: Abbeville Press Publishers, 2007: 116-117.

图 7-36 Rolf Toman. *Baroque: Architecture · Sculpture · Painting*[M]. h.f.ullmann publishing GmbH, 2013: 219.

图 7-37 Steffi Roettgen. *Italian Frescoes: The Baroque Era, 1600-1800*[M]. New York · London: Abbeville Press Publishers, 2007: 264.

图 7-38 Steffi Roettgen. *Italian Frescoes: The Baroque Era, 1600-1800*[M]. New York · London: Abbeville Press Publishers, 2007: 10.

图 7-39 Eckhard Hollmann, Jürgen Tesch. *A Trick of the Eye: Trompe L'Oeil Masterpieces*[M]. New York: Prestel Publishing, 2004: 6.

图 7-40 Steffi Roettgen. *Italian Frescoes: The Baroque Era, 1600-1800*[M]. New York · London: Abbeville Press Publishers, 2007: 242.

图 7-41 Filippo Pedrocco, Massimo Favilla, Ruggero Rugolo. *Frescoes of The Veneto: Venetian Palaces and Villas*[M]. New York: The Vendome Press, 2009: 239.

图 7-42 Filippo Pedrocco, Massimo Favilla, Ruggero Rugolo. *Frescoes of The Veneto: Venetian Palaces and Villas*[M]. New York: The Vendome Press, 2009: 243.

图 7-43 Filippo Pedrocco, Massimo Favilla, Ruggero Rugolo. *Frescoes of The Veneto: Venetian Palaces and Villas*[M]. New York: The Vendome Press, 2009: 245.

图 7-44 Steffi Roettgen. *Italian Frescoes: The Baroque Era, 1600-1800*[M]. New York · London: Abbeville Press Publishers, 2007: 385.

图 7-45 Steffi Roettgen. *Italian Frescoes: The Baroque Era, 1600-1800*[M]. New York · London: Abbeville Press Publishers, 2007: 388.

图 7-46 Steffi Roettgen. *Italian Frescoes: The Baroque Era, 1600-1800*[M]. New York · London: Abbeville Press Publishers, 2007: 389.

图 7-47 Steffi Roettgen. *Italian Frescoes: The Baroque Era, 1600-1800*[M]. New York · London: Abbeville Press Publishers, 2007: 445.

图 7-48 Phyllis Hartnoll. *The theatre a concise history*[M]. London: Thames and Hudson Ltd, 1985: 54-55.

图 7-49 Edwin Wilson. *The Theater Experience*[M]. Third Edition. New York: McGRAW-HILL Book Company, 1985: 284.

图 7-50 Steffi Roettgen. *Italian Frescoes: The Baroque Era, 1600-1800*[M]. New York · London: Abbeville Press Publishers, 2007: 22.

图 7-51 Filippo Pedrocco, Massimo Favilla, Ruggero Rugolo. *Frescoes of The Veneto: Venetian Palaces and Villas*[M]. New York: The Vendome Press, 2009: 159.

图 7-52 Filippo Pedrocco, Massimo Favilla, Ruggero Rugolo. *Frescoes of The Veneto: Venetian Palaces and Villas*[M]. New York: The Vendome Press, 2009: 161.

图 7-53 Filippo Pedrocco, Massimo Favilla, Ruggero Rugolo. *Frescoes of The Veneto: Venetian Palaces and Villas*[M]. New York: The Vendome Press, 2009: 158.

图 7-54 Rolf Toman. *Baroque: Architecture · Sculpture · Painting*[M]. h.f.ullmann publishing GmbH, 2013: 137.

图 8-1 Kevin Bruce. *The Murals of John Pugh: Beyond Trompe l'Oeil*[M]. California: Ten Speed Press, 2006: 8.

图 8-2 Kiriakos Iosifidis. *Mural Art: Murals on Huge Public Surfaces Around the World from Graffiti to Trompe L'oeil*[M]. Publikat Verlags-Und Handels Kg, 2008: 105.

图 8-3 Kiriakos Iosifidis. *Mural Art: Murals on Huge Public Surfaces Around the World from Graffiti to Trompe L'oeil*[M]. Publikat Verlags-Und Handels Kg, 2008: 137.

图 8-4 Kiriakos Iosifidis. *Mural Art: Murals on Huge Public Surfaces Around the World from Graffiti to Trompe L'oeil*[M]. Publikat Verlags-Und Handels Kg, 2008: 97.

图 8-5 Kiriakos Iosifidis. *Mural Art: Murals on Huge Public Surfaces Around the World from Graffiti to Trompe L'oeil*[M]. Publikat Verlags-Und Handels Kg, 2008: 167.

图 8-6　Kevin Bruce. *The Murals of John Pugh: Beyond Trompe l'Oeil*[M]. California: Ten Speed Press, 2006: 144.
图 8-7　Kevin Bruce. *The Murals of John Pugh: Beyond Trompe l'Oeil*[M]. California: Ten Speed Press, 2006: 131.
图 8-8　Kevin Bruce. *The Murals of John Pugh: Beyond Trompe l'Oeil*[M]. California: Ten Speed Press, 2006: 145.
图 8-9　Kevin Bruce. *The Murals of John Pugh: Beyond Trompe l'Oeil*[M]. California: Ten Speed Press, 2006: 149.
图 8-10　Eckhard Hollmann, Jürgen Tesch. *A Trick of the Eye: Trompe L'Oeil Masterpieces*[M]. New York: Prestel Publishing, 2004: 79.
图 8-11　Ursula E. and Martin Benad. *Trompe L'Oeil Today*[M]. London: W. W. Norton & Company, 2002: 77.
图 8-12　Ursula E. and Martin Benad. *Trompe L'Oeil Today*[M]. London: W. W. Norton & Company, 2002: 12.
图 8-13　Kevin Bruce. *The Murals of John Pugh: Beyond Trompe l'Oeil*[M]. California: Ten Speed Press, 2006: 55.
图 8-14　Kevin Bruce. *The Murals of John Pugh: Beyond Trompe l'Oeil*[M]. California: Ten Speed Press, 2006: 123.
图 8-15　Miriam Milman. *The Illusions of Reality: Trompe-L'oeil Painting*[M]. London: Skira, 1982: 104.
图 8-16　Eckhard Hollmann, Jürgen Tesch. *A Trick of the Eye: Trompe L'Oeil Masterpieces*[M]. New York: Prestel Publishing, 2004: 77.
图 8-17　Kiriakos Iosifidis. *Mural Art Vol.3: Murals on Huge Public Surfaces Around the World from Graffiti to Trompe L'oeil*[M]. Publikat Verlags-Und Handels Kg, 2010: 46.
图 8-18　Kevin Bruce. *The Murals of John Pugh: Beyond Trompe l'Oeil*[M]. California: Ten Speed Press, 2006: 25.
图 8-19　Kevin Bruce. *The Murals of John Pugh: Beyond Trompe l'Oeil*[M]. California: Ten Speed Press, 2006: 22-23.
图 8-20　Kevin Bruce. *The Murals of John Pugh: Beyond Trompe l'Oeil*[M]. California: Ten Speed Press, 2006: 25.
图 8-21　Kevin Bruce. *The Murals of John Pugh: Beyond Trompe l'Oeil*[M]. California: Ten Speed Press, 2006: 33.
图 8-22　http://dvalot.free.fr/pictures/fresques/Fresque_des_Lyonnais_DSE_3179.jpg.
图 8-23　http://dvalot.free.fr/pictures/fresques/Lyonnais_DSD_8844.jpg.
图 8-24　http://dvalot.free.fr/pictures/fresques/Lyonnais_DSD_8861.jpg.
图 8-25　http://cite-creation.com/.
图 8-26　http://www.visiterlyon.com/media/catalog/product/cache/1/small_image/435x400/a252c21a66a0b10c30e02412957332ec/m/u/mur-peint-des-canuts.jpg.
图 8-27　http://dvalot.free.fr/pictures/fresques/Canuts_DSD_9047.jpg.
图 8-28　http://dvalot.free.fr/pictures/fresques/Canuts_DSD_9048.jpg.
图 8-29　http://dvalot.free.fr/pictures/fresques/Canuts_DSD_9066.jpg.
图 8-30　Kiriakos Iosifidis. *Mural Art: Murals on Huge Public Surfaces Around the World from Graffiti to Trompe L'oeil*[M]. Publikat Verlags-Und Handels Kg, 2008: 69.
图 8-31　Kiriakos Iosifidis. *Mural Art: Murals on Huge Public Surfaces Around the World from Graffiti to Trompe L'oeil*[M]. Publikat Verlags-Und Handels Kg, 2008: 69.
图 8-32　Kiriakos Iosifidis. *Mural Art Vol.3: Murals on Huge Public Surfaces Around the World from Graffiti to Trompe L'oeil*[M]. Publikat Verlags-Und Handels Kg, 2010: 234.
图 8-33　Kiriakos Iosifidis. *Mural Art Vol.3: Murals on Huge Public Surfaces Around the World from Graffiti to Trompe L'oeil*[M]. Publikat Verlags-Und Handels Kg, 2010: 235.
图 8-34　Kiriakos Iosifidis. *Mural Art Vol.3: Murals on Huge Public Surfaces Around the World from Graffiti to Trompe L'oeil*[M]. Publikat Verlags-Und Handels Kg, 2010: 235.
图 8-35　Kiriakos Iosifidis. *Mural Art Vol.3: Murals on Huge Public Surfaces Around the World from Graffiti to Trompe L'oeil*[M]. Publikat Verlags-Und Handels Kg, 2010: 235.
图 8-36　Kiriakos Iosifidis. *Mural Art Vol.3: Murals on Huge Public Surfaces Around the World from Graffiti to Trompe L'oeil*[M]. Publikat Verlags-Und Handels Kg, 2010: 234.
图 8-37　http://www.julianbeever.net/index.php?option=com_phocagallery&view=category&id=2&Itemid=8.
图 8-38　http://www.julianbeever.net/index.php?option=com_phocagallery&view=category&id=2&Itemid=8.
图 8-39　http://abduzeedo.com/insane-3d-paintings-street-edgar-muller.
图 8-40　http://www.metanamorph.com/index.php?site=project&cat_dir=3D-Pavement-Art&proj=The-Crevasse.
图 8-41　http://abduzeedo.com/insane-3d-paintings-street-edgar-muller.
图 8-42　http://www.metanamorph.com/index.php?site=project&cat_dir=The-Caves&proj=Mysterious-Caves-in-Europe.
图 8-43　http://www.metanamorph.com/index.php?site=project&cat_dir=Evolution&proj=Emerald-Cave.
图 8-44　http://www.metanamorph.com/index.php?site=project&cat_dir=Unconditional-Love&proj=Phoenix.
图 8-45　Kevin Bruce. *The Murals of John Pugh: Beyond Trompe l'Oeil*[M]. California: Ten Speed Press, 2006: 37.
图 8-46　Ursula E. and Martin Benad. *Trompe L'Oeil Today*[M]. London: W. W. Norton & Company, 2002: 91.
图 9-1　作者自摄.
图 9-2　作者自摄.
图 9-3　http://www.ausnznet.com/news_sql/article_detail.asp?articleID=32233.

后记　开放的未来

当年，拜读钱钟书先生的《七缀集》，有一段文字印象很深，钱先生说："和西洋诗相形之下，中国旧诗大体上显得情感不奔放，说话不唠叨，嗓门儿不提得那么高，力气不使得那么狠，颜色不着那么浓。在中国诗里算是'浪漫'的，和西洋诗相形之下，仍然是'古典'的；在中国诗里算是痛快的，比起西洋诗，仍然不失为含蓄的。我们以为词华够鲜艳了，看惯纷红骇绿的他们还欣赏它的素淡；我们以为'直恁响喉咙'了，听惯大声高唱的他们只觉得是低言软语。同样，从束缚在中国旧诗传统里的读者看来，西洋诗里空灵的终嫌着痕迹、费力气，淡远的终嫌有烟火气、荤腥味，简洁的终嫌不够惜墨如金。"①在中国文化的浸染中成长的我，深有同感。在审美上，我一度崇尚"乐而不淫、哀而不伤"的含蓄与节制，于是，难免觉得西方人尽情宣泄情感，有些用力过猛、不留余地。

伴随着与西方人的更多接触之后，这种感受越发强烈。他们奔放、热情，每天都会为了微不足道的小事放声大笑，让空气里充满欢乐与激情……而这些小事，在中国人的生活里每天发生，却从来不见逗笑了谁。

2010 年夏天，我前往北欧考察设计，阿姆斯特丹机场的一幕幕令我至今难忘。走下舷梯，步入机场休息厅时，我看见一个欧洲青年仰躺在地上，头倚靠着柱子，正聚精会神地阅读一本书。在公共场所里也能如此随意吗？我心中感叹……恰好，另一个金发碧眼的年轻人迎面走来，没有留意到仰卧在地上的男孩，被男孩的长腿绊了一下，一个趔趄，险险摔倒……然后，两个人就这么相视哈哈大笑起来，笑得夸张无比……原来，一件可能引发冲突的事，在西方人那里，不仅可以不恼，反而还会显得格外简单美好，正能量满满。

① 钱钟书．七缀集．北京：生活·读书·新知三联书店，2002: 16-17.

当我走到水池边洗手的时候，我面前的镜子里反射出远处一个30岁左右的女人，正探头探脑地向我这边张望，见我注意到她，她就径直跑到我身边来，指着我脚上的运动鞋，又指指她脚上的运动鞋，然后，哈哈大笑着说："The same！"又是挑眉，又是耸肩，神采飞扬，那脸上的表情与肢体语言真是丰富无比。连看到穿同款鞋的人，也会如此兴奋地跑过来告诉你。我由衷地感到，在西方，人们善于把繁琐的现实转变为赏心乐事，而让别人感得愉悦，仿佛就是每个人的义务。这种开朗爱笑的天性，或许解释了本书中探讨的欺骗你、逗笑你的错视画艺术。

选择西方错视画艺术作为研究课题，也源于阿姆斯特丹机场的经历。当我拖着行李箱立在自动步道上，有那么一瞬间，恍然觉得自己仍然身在机舱内（图9-1）。原来，在狭长的走道空间两侧的白墙上，艺术家用错视画技法描绘了两排几可乱真的"舷窗"，这些"舷窗"上的遮光板有的开启，有的半遮半掩，窗外是我们最熟悉的"云端景色"——机翼、太阳、蓝天、云海……如此一个呆板无趣的走道，顿时鲜活生动了起来，令人浮想翩翩，遨游天际，心情也随之大好……而当你蓦然发觉被欺骗了之时，那一抹会心的微笑尤为动人。

图9-1　阿姆斯特丹机场绘有错视画"舷窗"的自动步道建筑空间

图9-2　挪威卑尔根街头李维斯牛仔服展示设计，斑驳的青砖墙与作旧感的窗户皆出自艺术家高超的错视画技法，将室内翻作室外，营造了一个烘托青春模特儿的舞台

徜徉在西方国家街头，从家居小品到巨型壁画，与错视画艺术的不时邂逅，令我充分领略了西方人的幽默与智巧（图 9-2）。出神入化的视觉魔术能化腐朽为神奇，将一个个沉闷的空间变得风情万种……于是，我萌生了写作一部以最具代表性的、描绘在建筑界面上的西方错视画艺术为研究对象，探析其起源与发展的著作。

经过 5 年的不懈努力，今天《错视画与建筑空间》即将付梓。在此，我要特别感谢给予我莫大支持与帮助的老师们、同学们与我的家人。感谢责任编辑陈仁杰、李东禧和设计师成朝晖及其助手祝岩芬为本书的出版付出的辛勤劳动。

今天，错视画艺术正迎来发展的新高峰，我们从风靡世界的“3D 魔幻艺术巡展”引发的热潮及其受欢迎的程度可见一斑。而不久前结束的里约奥运会开幕式上，我们又看到了错视画艺术，这一次是艺术家运用灯光投影创造的奇迹。开幕式现场整个舞台即是一面超大投影荧幕，其所呈现的波涛汹涌的大海以及城市跑酷等画面，皆是通过投影在舞台上投映出的虚拟 3D 场景实现的。尤其令人震撼的是幻影跑酷，只见原本如拼图般龟裂的地面上，一座座高楼大厦从地下缓缓升起，逼真的地面投

图9-3　2016年巴西里约热内卢奥运会开幕式惊现大型错视画艺术——幻影跑酷

影营造出极具体积感的各种造型，层出不穷、高低起伏，不断延伸……几位身着鲜艳红色运动衣的舞者正跑步穿越这些楼顶。他们在楼顶翻飞腾跃，仿佛一不留神就会跌落深渊，而实际上，他们是在平地上表演，十分安全。影像奇迹带给我们的视觉效果十分惊艳（图 9-3）！

最后，如果你问我，错视画艺术将会迎来一个怎样开放的未来？我的回答是：错视画能满足你所有的想象，而唯一的限制就是人类的想象力！

黄倩
2016 年 8 月

图书在版编目（CIP）数据

错视画与建筑空间——基于建筑界面的西方错视画艺术的起源与发展研究 / 黄倩著. -- 北京：中国建筑工业出版社，2016.8
ISBN 978-7-112-19732-3

Ⅰ. ①错… Ⅱ. ①黄… Ⅲ. ①建筑画—绘画技法—研究 Ⅳ. ①TU204

中国版本图书馆CIP数据核字（2016）第201068号

责任编辑：陈仁杰　李东禧
责任校对：李欣慰　李美娜
书籍设计：成朝晖

错视画与建筑空间——基于建筑界面的西方错视画艺术的起源与发展研究
黄倩　著
*
中国建筑工业出版社出版、发行（北京西郊百万庄）
各地新华书店、建筑书店经销
北京中科印刷有限公司印刷
*
开本：889×1194毫米　1/20　印张：$13\,^1/_5$　字数：285千字
2016年11月第一版　2016年11月第一次印刷
定价：50.00元
ISBN 978-7-112-19732-3
（29277）